化学教科書シリーズ

分析化学概論

田中 稔・澁谷康彦・庄野利之 共著

塩川二朗
松田治和
松田好晴
谷口 宏
監修

丸善出版

発刊にあたって

　この"化学教科書シリーズ"は，大学の理・工学部において講義されている化学・応用化学系のカリキュラムで，必修科目あるいは選択必修科目（第一選択科目）とされている授業科目を取り上げて構成したもので，化学系学科は無論のこと化学系以外の学科の学生も対象としたものである．しかし，工業短期大学，工業高等専門学校の学生，生徒にも十分理解でき，教科書または参考書としても有用であるように考慮した．

　本シリーズの構成は，基礎的科目に重点をおいたことは勿論であるが，現在の化学が広範な領域に拡張されている状況をふまえ，境界領域の分野にも意を注ぐとともに，新素材，バイオテクノロジーなどの先端科学技術に関連のある巻をも配した．

　編集にあたっての基本的なポイントをあげると次のようである．
　① 抽象的な記述をさけ，できるだけ具体的にわかりやすい表現で，豊かな内容を盛り込むこと．
　② 図表を多く挿入して理解しやすくするとともに，図表の読み方，利用の仕方などを丁寧に述べること．
　③ むやみに多くの項目を取り上げ，いずれも中途半端で難解な内容になる愚をさけ，各巻ともミニマムエッセンスを述べるように努めること．
　④ 各巻とも原則として半期（2単位）で終了することのできる分量とし，また講義時間数を考慮に入れて各章の内容をまとめること．

以上のような編集方針のもとに，本シリーズは"講義しやすい教科書"であることを目指した．必要最小限にまとめた記述内容を材料として，これに適当に手を加えてうまく料理して戴き，学生にとって，消化しやすく，味も良く，栄養価の高い食べ物（講義）に仕上げて戴ければ幸いである．

　本シリーズは全巻監修者と執筆者の連携によるものである．すなわち，監修者は読者の立場から，目次，内容，図表，表現などに対して，上記の編集方針に照らして様々な注文をつけた．執筆者には面倒で迷惑なことであったと思うが，難解，独善に陥ることのない本を世に出すことができたと自負している．

　昭和63年　秋涼

監修者代表　塩　川　二　朗

監修者一覧

塩川　二朗　　大阪大学名誉教授
松田　治和　　大阪大学名誉教授
松田　好晴　　山口大学名誉教授
谷口　　宏　　九州大学名誉教授

まえがき

　本書は，4年制大学の化学・応用化学系学科，工業高等専門学校化学系の学生諸君を対象とする分析化学の教科書として執筆したものである．

　科学技術の発展とともにわれわれはその恩恵を大いに享受し，物質的には豊かで利便性にあふれる生活を送っている．科学技術は今後も一段と発展を続けるであろうが，物質的，経済的繁栄と引換えに，科学技術の発展が地球環境の保全と対立する状況となってしまった．

　ダイオキシン，環境ホルモンなどに代表される最近の環境問題は，われわれの日常生活に大きな影響を与えている．これらの環境問題は，社会的影響が大きく，高い信頼度の分析データに基づいて的確に検討，処理されなければならない．そのためには，適切な分析化学的手段・方法に関する理解と，技術者のレベルの向上がますます必要となってきている．

　本書は，"第1編　分析化学の基礎"と"第2編　機器分析"の2編より構成することにした．通年～1年半の講義に見合う内容としたつもりである．出版社の希望もあって，分析化学の学問としての入門書というより，実用の手段としての分析化学であることを意識した．たとえば，目の前にある試料をどのようにしたら分析できるか，その考え方の道筋がつけられることを狙っている．1・3節の各種機器分析法の比較はとくに分析手段を選択する場合に役立つものと考えている．本書が分析化学を学ぼうとする学生諸君の理解を高め，興味を深めることになれば著者

らの喜びはこの上もない．

　執筆にあたり多くの著書や文献を参考にさせていただいた．心から謝意を表する次第である．おわりに，本書を上梓するにあたり原稿のすべてに目を通していただき，多くのアドバイスを賜った塩川二朗，松田治和　両大阪大学名誉教授，ならびに種々ご協力いただいた丸善出版事業部の方々，なかでも中村俊司，小野栄美子の両氏に厚くお礼申し上げる．

　平成 11 年 6 月

著者一同

目　　次

第1編　分析化学の基礎

1　はじめに……………………………………………………………3

1・1　分析化学とはどういう学問か…………………………………3
1・2　分析化学の歴史と発展…………………………………………4
　　近代科学と分析化学（4）　　状態分析からキャラクタリゼーションへ（5）　　非破壊分析とリモートセンシングの必要性（6）　　社会問題と分析情報（6）

2　溶液の濃度………………………………………………………9

2・1　原子量，分子量，式量，物質量………………………………9
2・2　濃度の表し方……………………………………………………10
　　百分率濃度（10）　　モル濃度（11）　　式量濃度（11）
　　モル分率（11）　　規定濃度（12）　　質量モル濃度（12）
　　ppm, ppb, ppt など微量成分の濃度表示（13）　　密度と比重（13）
2・3　活量，イオン強度，活量係数…………………………………14

3　化学反応と化学方程式および反応速度と化学平衡…………17

3・1　化学反応の区分と化学方程式…………………………………17

物質収支と電荷均衡の法則（17）　化学反応の区分（18）
置換反応（19）　酸化還元反応（19）

3・2 化学反応と化学平衡 ……………………………………………… 21
反応速度とそれに影響を及ぼす因子（21）　質量作用の法則と化学平衡（22）

4 酸塩基平衡および酸塩基滴定 ……………………………………… 25

4・1 水の電離，水素イオン濃度と水素指数（pH）……………… 25
4・2 酸と塩基 ………………………………………………………… 26
4・3 強酸と強塩基の水溶液 ………………………………………… 27
4・4 弱酸と弱塩基の水溶液 ………………………………………… 27
一塩基酸および一酸塩基の水素イオン濃度と pH（27）
多価の弱酸および弱塩基の解離平衡（29）
4・5 緩衝液 …………………………………………………………… 30
4・6 混合溶液 ………………………………………………………… 32
4・7 酸塩基滴定（中和滴定）……………………………………… 33
滴定曲線（33）　当量点の指示法（36）　滴定誤差（37）

5 沈殿平衡および沈殿滴定 …………………………………………… 39

5・1 溶解度と溶解度積 ……………………………………………… 39
溶解度積と共通イオン効果（39）　塩効果（41）　定量的沈殿と分別沈殿ならびに酸塩基平衡との競合（41）
5・2 沈殿滴定 ………………………………………………………… 43
滴定曲線（44）　当量点の指示法（45）
5・3 滴定誤差 ………………………………………………………… 47

6 錯生成平衡と錯滴定–キレート滴定 ………………………… 49

6・1 錯体および錯イオン ……………………………………… 49
　配位子の種類とキレート化合物 (50)

6・2 錯生成平衡 …………………………………………………… 50

6・3 錯生成平衡と他の平衡 …………………………………… 53
　錯生成平衡と沈殿生成平衡 (53)　錯生成平衡に及ぼす
　pH の影響 (53)

6・4 錯滴定と EDTA によるキレート滴定 ………………… 54
　金属-EDTA キレートの生成定数と EDTA の解離定数 (54)
　金属-EDTA キレートの条件生成定数 (56)

6・5 金属指示薬 ………………………………………………… 57

6・6 EDTA によるキレート滴定の応用例 ………………… 57
　直接滴定法 (57)　逆滴定法 (58)　間接滴定法 (58)

7 酸化還元平衡および酸化還元滴定 ………………………… 59

7・1 電極電位とネルンストの式 ……………………………… 59

7・2 電極電位に及ぼす種々の影響 …………………………… 60

7・3 酸化還元反応の平衡定数と平衡時の電位 ……………… 63
　平衡定数 (63)　当量点での電位 (64)

7・4 酸化還元滴定 ……………………………………………… 65
　滴定曲線 (65)　酸化還元指示薬 (66)　酸化還元滴定
　の実際 (66)

8 溶媒抽出法 ………………………………………………………… 71

8・1 溶媒抽出に用いられる有機溶媒 ………………………… 72

8・2　抽出剤としてのキレート試薬 …………………………………… 72
　　8・3　溶媒抽出の基礎 ……………………………………………………… 73
　　　　　分配平衡と分配比（73）　抽出百分率（74）　効率的な抽出（74）　キレート試薬を含む有機溶媒による金属イオンの抽出（75）　金属イオンの分離とマスキング剤の利用（76）

付　録 …………………………………………………………………………… 77
　　付録-1　誤　差 …………………………………………………………… 77
　　付録-2　有効数字と数値の丸め方 …………………………………… 78

第2編　機器分析

1　機器分析法概論 ……………………………………………………………… 83
　　1・1　機器分析法の特徴 …………………………………………………… 83
　　1・2　機器分析を実施するにあたっての注意 …………………………… 84
　　1・3　各種機器分析法の比較 ……………………………………………… 85

2　組成分析 ……………………………………………………………………… 95
　　2・1　紫外・可視吸光光度法 ……………………………………………… 95
　　　　　原　理（95）　装　置（96）　測　定（97）　吸収スペクトル（98）　応　用（100）
　　2・2　蛍光（りん光）光度法 ……………………………………………… 102
　　　　　原　理（102）　装置と測定（103）　蛍光（りん光）スペクトル（104）　応　用（106）
　　2・3　原子吸光分析法 ……………………………………………………… 107
　　　　　原　理（108）　装　置（109）　干　渉（112）　検量線の作成（112）　応　用（113）

2・4 発光分析法 ……………………………………………… *114*
　　誘導結合プラズマ（ICP）発光分析法（*114*）　誘導結合プラズマ質量分析法（ICP-MS）（*116*）

2・5 化学発光法 …………………………………………………… *117*
　　原　理（*117*）　特　徴（*119*）　応　用（*119*）

2・6 蛍光X線分析法 ……………………………………………… *120*
　　原　理（*121*）　装　置（*122*）　応　用（*123*）

2・7 放射化分析法 ………………………………………………… *125*
　　原　理（*125*）　放射化分析の感度（*127*）

2・8 質量分析法 …………………………………………………… *128*
　　装　置（*128*）　イオンピークの種類（*133*）　負イオン化学イオン化（*134*）　ガスクロマトグラフ質量分析法（*134*）　液体クロマトグラフ質量分析法（*135*）　タンデム質量分析法（*136*）

3　状態分析 ……………………………………………………… *139*

3・1 赤外分光法 …………………………………………………… *139*
　　原　理（*139*）　装　置（*142*）　スペクトルの例（*144*）
　　応用例（*145*）

3・2 ラマン分光法 ………………………………………………… *146*
　　原　理（*146*）　装　置（*147*）　スペクトルの例
　　（*147*）　応用例（*149*）

3・3 円二色性と旋光性 …………………………………………… *150*
　　旋光性（*150*）　旋光分散と円二色性（*151*）　スペクトルの例と応用（*151*）

3・4 光音響分光法 ………………………………………………… *152*
　　原　理（*152*）　装　置（*153*）　特徴と応用（*153*）

3・5 核磁気共鳴分光法 …………………………………………… *154*
　　原　理（*154*）　装　置（*155*）　化学シフト（*156*）

スピン-スピン結合（*157*）　^{13}C NMR（*159*）
固体 NMR（*159*）　応　用（*160*）

3・6　電子スピン共鳴分光法 ……………………………………… *161*
原　理（*161*）　装　置（*162*）　スペクトルの例と応用（*162*）

3・7　熱分析法 ……………………………………………………… *163*
熱重量測定（*164*）　示差熱分析と示差走査熱量測定（*164*）　TG-DSC 曲線の見方（*165*）　応用例（*166*）

4　電気化学分析と化学センサー ……………………………… *167*

4・1　ポテンシオメトリー（電位差測定分析法）…………… *167*
原　理（*167*）　応　用（*169*）

4・2　電位差滴定 …………………………………………………… *170*

4・3　ボルタンメトリー …………………………………………… *170*

4・4　化学センサー ………………………………………………… *171*
バイオセンサーの原理（*171*）　グルコースセンサー（*172*）　イオンセンサー（*173*）　医用オートアナライザー（*175*）

5　表面分析 ……………………………………………………… *177*

5・1　電子プローブマイクロアナリシス ……………………… *177*
原　理（*177*）　装　置（*178*）　応用例（*178*）

5・2　X 線光電子分光法 …………………………………………… *179*
原　理（*179*）　装　置（*180*）　化学シフト（*180*）
XPS の特徴と応用（*181*）

5・3　二次イオン質量分析法 ……………………………………… *182*
原　理（*182*）　装　置（*183*）　SIMS の特徴と応用（*183*）

6 粉末 X 線回折法 ………………………………………………… *185*
   6・1 原　理 ………………………………………………… *185*
   6・2 応　用 ………………………………………………… *187*

7 走査電子顕微鏡と分析電子顕微鏡 ………………………… *189*

8 分離分析 ………………………………………………………… *193*

   8・1 クロマトグラフィー ………………………………… *193*
       原理と分類（*193*）　クロマトグラフィーの基礎（*195*）
   8・2 ガスクロマトグラフィー …………………………… *198*
       装　置（*199*）　誘導体化ガスクロマトグラフィー（*203*）
   8・3 高速液体クロマトグラフィー ……………………… *203*
       装　置（*204*）　分配クロマトグラフィー（*206*）　吸着クロマトグラフィー（*207*）　イオン交換クロマトグラフィー（*207*）　サイズ排除クロマトグラフィー（*209*）
   8・4 薄層クロマトグラフィー …………………………… *209*
   8・5 キャピラリー電気泳動 ……………………………… *210*
       装　置（*211*）　原　理（*212*）　定性と定量（*214*）
       応　用（*214*）

9 イムノアッセイ ………………………………………………… *215*

付　録 ……………………………………………………………… *219*

第 1 編

分析化学の基礎

1

はじめに

1・1 分析化学とはどういう学問か

　化学は物質をその研究対象としている．分析化学は物質の成分を定性，定量的に追及し，その物理，化学的状態を究明することが守備範囲である．

　Seton Hall 大学の G. W. Ewing 教授の著書には "Analytical chemistry may be defined as the science and art of determining the composition of materials in terms of the elements or compounds contained." と記されている．つまり，分析化学では原理（science）とともにそれを実践する方法，すなわち技術（art）が大きな意味をもっている．

　東京大学名誉教授，藤原鎭男先生は1964年に書かれた総説の中で次のように記しておられる．"ある測定法で得られた知識はその測定操作に制約され，用いた手段の能力，特性のわくを超えることができない．" たとえば，富士山という実体があって，その色の実態を伝えようとしてカラー写真で撮影する場合に，用いるカメラのレンズやフィルムの感度特性で青味に写るものと赤味を帯びて写るものとができる．つまり，同一の富士山という実体が，測定に用いたレンズやフィルムの特性で，得られる像は赤くも青くもなる．しかも，像はまさしく富士山そのものであるのでどちらの像をみるかで，ある人は富士山は青いものと考え，ある人は赤いものと認識するであろう．

　自動化されたカメラで一定品質のフィルムを使用するとだれもが同じ富士山の像を

得ることになるので，富士山のカラー写真という"一つの測定結果"を大部分の人は正しいものとして受け入れることができる．しかし，これはわれわれが日本人として富士山を知っているので受け入れることができるのであって，富士山をみたことのない外国人には，もしその富士山の写真が朝日に染まる赤味を帯びた富士山の像であったとすると，富士山は赤いものと認識するであろう．

つまり，得られた結果の解釈は富士山の写真を撮る人，すなわち分析する人の過去から現在にわたって持ち合わせている知識体系によるところが大きい．分析化学では一つの測定結果をもって常に正しいと信じ込むことは慎まねばならない．

1・2 分析化学の歴史と発展

1・2・1 近代科学と分析化学

18世紀の末頃 A. L. Lavoisier（1743～1794年）はてんびんを用いて化学に定量的な取扱いを導入した．すなわち，硫黄およびリンの燃焼を研究し，燃焼すると重さが増すことを実証し，また有機化合物の元素分析法の原形となる方法を樹立した．彼の物質観は基本的に現代化学のそれと同一で，元素は分解不能な物質と定義し，33の物質を元素として選んでいる．J. J. Berzelius（1779～1848年）はドルトンの原子量表を改め，新しい原子量を発表した（1818年と1827年）．それらはその正確さにおいて現行の原子量表の出発点となっている．精密な分析によってタンタル(1803年)，セレン（1818年），トリウム（1828年）などを発見したのも彼であり，化合物における当量の概念を確立したという点で分析化学の礎を築いた人としてもよいであろう．

分析化学は近代科学において新しい研究法と新しい学問分野の母胎となっている．一例として R. W. Bunsen（1811～1899年）は G. R. Kirchhoff（1824～1887年）とともに分光法を完成して元素確認の方法を確立し(1859年)，自身も鉱泉中からセシウム（1860年）やルビジウム（1861年）を発見した．彼の名をつけたものはブンゼンバーナーを始め多くのものがあり，実験家としても優れた業績を残している．J. Heyrovsky(1890～1967年)と志方益三(1895～1964年)のポーラログラフィー，A. J. P. Martin（1910年～）のペーパークロマトグラフィー，F. W. Aston（1877～1945年）の質量分析法などは分析化学の分野に取り入れられて大きな発展をとげたといえるであろう．H. G. J. Moseley は種々の元素の特性 X 線中の対応するスペクトル線に着目するとき，波数が原子番号 Z に対し $\sqrt{c/\lambda}=K(Z-\alpha)$ に従って変化するという法則（λ は

波長，K, a は定数) を実験的に見出した．このように物理学の分野から生まれ，それが分析化学の中の一つの分野，すなわち一つの機器分析法としてきわめて有用となっているものとして，赤外分光法，ラマン分光法，核磁気共鳴分光法，電子スピン共鳴分光法など多くのものがある．上述の Aston は質量分析計によって既知元素のほとんどすべてについて同位元素の存在を知り，1922 年ノーベル化学賞を受けたが，このことは化学的に元素を分離するのではなく，物理的な方法による元素分離という考え方が導入されたもので，スペクトルなどを利用して元素のもつ特性の信号化と信号の処理，分離検出そして物質を認識するという機器分析の方法論が発展するきっかけとなったのである．

1・2・2　状態分析からキャラクタリゼーションへ

　黒鉛，フラーレン，ダイヤモンドのように同じ炭素でもまったく異なった機能をもつ物質が存在する．この例のように分析化学も元素を分析対象とするのみならず，元素の組合せ方の差，分子の集合状態，結晶などのように分子構造論的な考え方に基づいた機器分析の方法論（状態分析）が発展している．半導体，超伝導材料，バイオセンサーなど現代のハイテク産業をささえている各種の機能性材料は，材料のもつ物性が複合化されてその機能を発現しているものが多い．したがって，単一の分析法を適用して得た分析結果のみでは材料のもつ機能のすべてを表現することが困難である．そのために複数の分析法で材料の特性を評価し，その結果を総合的に解析することが必要となってきている．すなわち，組成や構造との関連で物性を考えることによって始めて物性を正確に表すことができる．これがキャラクタリゼーション（characterization）の概念である．東京大学の鎌田　仁名誉教授によるとキャラクタリゼーションで扱う情報として次のように記述されている[*1]．① 物質を構成している主成分元素の定性・定量分析ならびにそれら構成元素の二次元的あるいは三次元的分布状態に関する情報，② それら構成元素間の結合様式とかミクロな構造に関する情報，③ 化合物集合体の集合状態に関する情報，④ マクロ的な構造，形状（コロイド，一次粒子，二次粒子，繊維，薄膜，塊など）に関するイメージ情報，⑤ 表面，界面状態に関する情報，⑥ 共存微量成分元素，化学的な不純物元素の定性・定量分析およびそれらの分布状態に関する情報，⑦ 物理的な不純物，いわゆる欠陥や空孔，泡に関する情報，⑧ 以

[*1]　日本分析化学会編，"日本分析化学史"，東京化学同人 (1981), p. 14 より．

上の各情報の時間変化に関する情報など，当然，これらの情報の整理にはコンピューターが導入され，データ処理という点からシステム工学的な方法論の導入が試みられている．コンピューターの導入によってデータの取得はきわめて高速となり，1秒当り1000個以上のデータの取得も可能となって，その解析にもフーリエ変換，相関解析などの手法が取り入れられている．

1・2・3 非破壊分析とリモートセンシングの必要性

物質をキャラクタライズ（characterize）する場合に与えられた試料を溶解したり粉砕すると試料が酸化されたり溶媒と反応したりして，元の状態と異なってしまうことがある．また，生物試料を扱う場合にはとくに状態が変化することが多い．そこで，与えられた試料を非破壊で分析するという要求が生じてくることになる．非破壊には *in situ*（元の場所で），*in statu quo*（現状維持で），*in vitro*（人為的環境内で），*in vivo*（生きた有機体内で）のようないろいろな場合があり，それぞれの状態においてもっとも適した分析法が要求されるが，*in vivo* で可能な方法となると非常に限られたものとなってくる．

一方，リモートセンシングも非破壊分析であるが，人工衛星や航空機に搭載したセンサーを用いて地表や大気を観測し，得られたデータから環境や資源，気象に関する情報を得るための技術や，火山ガスのように直接ガスを採取して分析する方法ではガス採取に伴う危険が大きい場合などに用いられる．この場合には，FT–IR 分光計が用いられることが多いが，観測機器からみて噴気ガスの裏側にある高温の表面が赤外光源として使用される．リモートセンシングの特徴は対象を非接触，非破壊で短時間に繰返し観測することにより，対象を乱さずに，点の計測では知ることの困難な広がりのある現象を広域性，同時性，反復しての測定に大きな特徴がある．

1・2・4 社会問題と分析情報

ゴミの焼却によって発生するとされるダイオキシンに加えて，最近では新たに内分泌攪乱物質（環境ホルモン）が大きな社会問題となっている．環境ホルモンと称される化学物質は70種以上が存在するといわれているが，現状ではどの程度の濃度レベルが問題となるのかはっきりしない事例が多い．ダイオキシンと環境ホルモンの二つをとってみても，われわれの衣食住のすべてに関係している問題であり，その濃度レベルの低さから考えても分析化学はきわめて重要な役割を演ずるようになっている．こ

れらの場合では，pg m^{-3}（あるいは pg g^{-1}）以下の分析値がマスコミに報道され，その値を決定する分析法の困難さ，精度に関係なく一人歩きを始める．この意味でも分析化学者の責任は大きいといわねばならない．

2

溶液の濃度

　分析の目的は，物質を同定する定性分析（qualitative analysis）とその存在量を決定する定量分析（quantitative analysis）および分離（separation），濃縮（concentration）ならびに精製（purification）にある．その目的にそって化学的手法による化学分析（chemical analysis）や物理化学的手法による機器分析（instrumental analysis）が用いられる．分析対象となる物質は溶液（solution）状態である場合が多いので，当然，溶液中に存在する物質の量を表す尺度として濃度（concentration）が必要となってくる．

　溶液は，気体，液体または固体状態の溶質（solute）を溶媒（solvent）に溶解（dissolution）させて均一となった混合物として定義され，それらの関係を表すために種々の濃度表示が用いられる．ここでは，一般的な濃度表示ならびに活量について説明する．

2・1　原子量，分子量，式量，物質量

a．原子量

　ある元素の原子量（atomic weight）は，炭素 0.012 kg 中に含まれる炭素原子の数（アボガドロ数：6.022×10^{23}）と同数の原子の集団の質量をグラム単位で示した数値と定義されている．

b．分子量

分子量（molecular weight）は，非電解質の有機化合物に対して使われ，その化合物を構成している 6.022×10^{23} 個の原子の原子量の総和の質量をグラム単位で示した数値を示す（モル質量は物質 1 mol 当りの質量を表す．単位：g mol^{-1}）．

c．式　量

式量（formula weight）は，電解質化合物に対して使われ，6.022×10^{23} 個のその化合物を構成している原子の原子量の総和の質量をグラム単位で示した数値を示す．

d．物質量

物質量（mol）は，アボガドロ数と同数の物質粒子（原子，分子，イオン，電子）を含む物質集団を表す単位として定義される．

たとえば，ニッケル 1 mol は 6.022×10^{23} 個のニッケル原子を含み，その質量は 58.69 g である．ニッケル 1 mol が Ni^{2+} に酸化されるとき，2 mol の電子を放出し，放出される電子数は $2\times6.022\times10^{23}$ 個である．

なお，"生じた化合物のモル数は……"あるいは"グラム数"などと単位に数をつけたいい方は不適切である．"生じた化合物の物質量は……"または"化合物が何 mol 生じた……"というべきである．

2・2　濃度の表し方

濃度は，溶媒あるいは溶液の単位質量（または単位体積）当りの溶質の量（質量あるいは体積）として定義される．実験に応じた濃度表示が用いられる．

2・2・1　百分率濃度（percent concentration；単位：％）

固体試料中のある特定の化合物あるいは元素の含有率を表す場合や，おおよその濃度の試料溶液を調整する場合に用いられ，次のような表し方がある．

a．　質量百分率濃度：％(w/w)

溶液 100 g 中に含まれる溶質の質量（g）を百分率で表す．

b．　質量対容量比濃度：％(w/v)

溶液 100 mL 中に含まれる溶質の質量（g）を百分率で表す．

c．　容量百分率濃度：％(v/v)

溶液 100 mL 中に含まれる溶質の体積（mL）を百分率で表す．

質量対容量比濃度および容量百分率濃度は，おもに液体試料，気体試料に使われるが，温度による体積変化を伴うので，厳密には温度を記載する必要がある．

2・2・2　モル濃度 (molarity, M；単位：mol dm^{-3})

定量分析から速度論的解析まで，もっとも一般的に用いられる濃度表示法で，溶液 1000 mL 中に含まれる溶質の物質量 (mol) を示す．

$$C_\mathrm{M} = \frac{W}{mw} \times \frac{1000}{V} \tag{2・1}$$

ここで，W は溶質の質量 (g)，mw は溶質のモル質量 (g mol^{-1})，V は溶液の体積 (mL) である．また，W/mw の項は，溶質の物質量 (mol) を表す．

なお，物質の量を表すのに古くからグラム分子，グラムイオン，グラム当量が用いられているが，国際単位系の SI 単位では "mol" を用いることだけが許される．また，濃度の単位としての mol L^{-1} (非 SI 単位) は，mol dm^{-3} と記すべきで，さらにモル濃度の単位の記号として M を用いる場合には，その定義 (1 M = 1 mol dm^{-3}) を付記しなければならない．しかし，現在でもグラム当量なる考えや，体積の単位として L, mL が広く用いられているので，それらについても述べる．

2・2・3　式量濃度 (formality, F；単位：mol dm^{-3})

電解質化合物の濃度表示に用いられ，溶液 1000 mL 中に含まれる溶質の物質量 (mol) を示す．

$$C_\mathrm{F} = \frac{W}{fw} \times \frac{1000}{V} \tag{2・2}$$

ここで，W は溶質の質量 (g)，fw は溶質の 1 グラム式量 (formula weight) に相当する質量 (g mol^{-1})，V は溶液の体積 (mL) である．

モル濃度で表す場合と同じ数値となるためモル濃度を用いても支障ない．しかし，NaCl の 58.44 g を溶解させて 1 L とした場合，溶液中には NaCl 分子は存在せず，Na$^+$ および Cl$^-$ が [Na$^+$] = [Cl$^-$] = 1 F (フォルモル) で存在し，また，CaCl$_2$ のような場合，[Ca^{2+}] = 1 mol L^{-1} であるが [Cl$^-$] = 2 mol L^{-1} であることに留意を要する．

2・2・4　モル分率 (mole fraction)

溶液中で生成する錯イオンの組成を調べる際などに用いられ，溶液中の全成分の物

質量の総和に対する特定成分の物質量の比で表す．

たとえば，溶液中に H_4A (n_1 mol)，H_3A^- (n_2 mol)，H_2A^{2-} (n_3 mol)，HA^{3-} (n_4 mol) および A^{4-} (n_5 mol) が存在するとき，H_4A のモル分率 x_1 は式 (2・3) で表される．

$$x_1 = \frac{n_1}{n_1 + n_2 + n_3 + n_4 + n_5} \tag{2・3}$$

残りの各成分のモル分率を $x_2 \sim x_5$ とすると，各成分のモル分率の和 ($x_1 + x_2 + x_3 + x_4 + x_5$) は 1 となる．

2・2・5 規定濃度 (normality, N；単位：eq dm^{-3})

物質の量を表す単位として mol が認められており，グラム当量なる単位の使用は認められていない．また，反応系によって濃度が異なるなどのために 1986 年から廃止されている．しかし，定量分析において濃度計算が容易であり，規定濃度で表示された試薬溶液も市販されているなど，現在でも用いられている．

$$C_N = \frac{W}{eqw} \times \frac{1000}{V} \tag{2・4}$$

$$eqw = \frac{fw}{n} \tag{2・5}$$

式 (2・4) 中の W は溶質の質量 (g)，eqw は化学当量であり溶質の 1 グラム当量に相当する質量 (g eq^{-1})，V は溶液の体積 (mL) を示す．式 (2・5) 中の n は反応単位数 (eq mol^{-1}) を表す．反応単位数 n は，酸塩基反応の場合には置換反応で授受される H^+，OH^- の数に，また酸化還元反応の場合は，反応で移動する電子の物質量に相当する．たとえば，硝酸が酸として働く場合 ($HNO_3 = H^+ + NO_3^-$) は $n=1$ であり，1 グラム当量は式量と等しく 63.01 g eq^{-1} となる．一方，酸化剤として働く場合 ($NO_3^- + 4H^+ + 3e^- = NO + 2H_2O$) は，電子の数から $n=3$ であり，1 グラム当量は式量の 1/3 で 21.003 g eq^{-1} となる．

2・2・6 質量モル濃度 (molality, m；単位：mol kg^{-1})

溶媒 1000 g 中に含まれる溶質の物質量 (mol) を示し，溶質粒子数によって決まる物質の束一性（たとえば，浸透圧，沸点上昇，凝固点降下など）を調べる際に用いられる．

2・2・7　ppm，ppb，ppt など微量成分の濃度表示

分析機器の発達により微量成分の分析が可能となり，それに伴い次のような濃度が用いられる．これらの濃度表示は，基本的には 2・2・1 項の百分率濃度と同様の表し方であり，質量/質量あるいは体積/体積で表すのが妥当である．なお，含まれる物質がきわめて微量な場合，水溶液の密度を 1 とみなせることから，質量/体積で表されることも多いが，その際には ppm(mg L^{-1}) と表示すべきである．

a．百万分率濃度（parts per million, ppm）

溶液 1 000 g 中に含まれる溶質の質量（mg）を表す．

b．十億分率濃度（parts per billion, ppb）

溶液 1 000 g 中に含まれる溶質の質量（μg）を表す．

c．一兆分率濃度（parts per trillion, ppt）

溶液 1 000 g 中に含まれる溶質の質量（ng）を表す．

なお，m，μ および n は SI 単位の接頭語で，それぞれ milli(10^{-3})，micro(10^{-6})，および nano(10^{-9}) である．たとえば，六価クロムの排水基準値は，0.05 ppm である．この濃度表示は，1 L 中に 0.05 mg の六価クロムの存在を示すが，単位によっては，0.00005%，50 ppb あるいは 50 000 ppt となり，この場合は ppm による表し方が，もっともわかりやすい．

2・2・8　密度と比重

一定体積の液体試料を希釈して試料溶液を調製する場合，密度あるいは比重から試料の物質量を求めることになる．密度（density）は，ある温度における単位体積当りの質量（g cm^{-3}）を表す．一方，比重（specific gravity）は，同温・同体積の水の質量に対する試料の質量の比で表される．比重の測定法は，一定温度で試料を比重びんに完全に満たしてその質量をはかり，ついで同じ温度でその比重びんに純水を満たして質量をはかる．比重は式(2・6) で表される．

$$d_t^t = \frac{試料の質量}{水の質量} \quad (2・6)$$

この測定が，20℃ で行われ 4℃ の水を基準とした比重は，d_4^{20} と書き，次式で表される．

$$d_4^{20} = \frac{試料の質量}{水の質量} \times 0.998203 \quad (2\cdot7)$$

なお,水の密度は 4°C で 0.999972 g cm^{-3}, 20°C で 0.998203 g cm^{-3}.

2・3 活量,イオン強度,活量係数

強電解質は希薄水溶液中で完全に電離して,陽イオンと陰イオンに別れてある程度自由に運動できるが,濃度が濃くなるにつれて陽イオンと陰イオンとの間に静電的相互作用が生じて,その一部があたかも未電離のようにふるまう.その結果,濃度 C の電解質溶液について電位差測定などの電気化学分析法で測定すると,測定される濃度 a は濃度 C より若干小さくなる場合が多く,G. N. Lewis によって活量 (activity) と名付けられた.

活量 a と濃度 C との関係は,次式で示される.

$$a_i = f_i C_i \quad (2\cdot8)$$

ここで,C_i はイオン i の濃度,f_i は活量係数 (activity coefficient) である.濃度 C_i は通常,式量濃度で表されるので,活量も濃度と同じ単位である.

活量係数は,溶液中のイオン間の引力を補正する係数で,イオンの総数ならびにそれらの電荷によって変化する.一般に,単純な電解質の希薄溶液 (10^{-4} M 以下) では,活量係数はほぼ 1 に等しく,活量は濃度と等しいとみなせる.しかし,濃度が 10^{-4} M 以上になるか,あるいは他の電解質が加わると活量係数は 1 より小さくなり,活量は濃度より小さくなる.

デバイ-ヒュッケル (Debye-Hückel) 理論によれば,希薄な濃度の溶液における活量係数はイオンの電荷とイオン強度に依存し,式(2・9) により近似できる.

$$-\log f_i = \frac{A Z_i^2 \sqrt{\mu}}{1 + B a \sqrt{\mu}} \quad (2\cdot9)$$

ここで,A, B は定数であり,25°C の水溶液では $A = 0.509$ mol$^{-1/2}$ dm$^{3/2}$,$B = 0.33 \times 10^8$ cm^{-1} mol$^{-1/2}$ dm$^{3/2}$,a は水和イオンの径に相当するパラメーター (Å) である.

表 2・1 に示すように,ほとんどの一価イオンの a は,約 3×10^{-8} cm なので,式(2・9) は式(2・10) のように簡略化できる.

$$-\log f_i = \frac{0.51 Z_i^2 \sqrt{\mu}}{1 + \sqrt{\mu}} \quad (2\cdot10)$$

イオン強度が 0.01 以下では式(2・10) が,またイオン強度が約 0.2 までは式(2・9)

表 2·1 水和イオン径に相当するパラメーターと活量係数

イオン	イオン径 a_i(Å)	イオン強度 0.001	0.01	0.05	0.1
H^+	9	0.975	0.933	0.88	0.86
Li^+	6	0.975	0.929	0.87	0.835
Ag^+, Rb^+, Cs^+, NH_4^+	2.5	0.975	0.924	0.85	0.80
K^+, Cl^-, Br^-, I^-, CN^-, NO_2^-, NO_3^-	3	0.975	0.925	0.85	0.805
OH^-, F^-, NCS^-, HS^-, ClO_3^-, ClO_4^-, MnO_4^-	3.5	0.975	0.926	0.855	0.81
Na^+, ClO_2^-, IO_3^-, HCO_3^-, $H_2PO_4^-$, HSO_3^-	4	0.975	0.928	0.86	0.82
SO_4^{2-}, $S_2O_3^{2-}$, $S_2O_6^{2-}$, CrO_4^{2-}, HPO_4^{2-}	4	0.903	0.740	0.545	0.445
Pb^{2+}, CO_3^{2-}, SO_3^{2-}, MoO_4^{2-}	4.5	0.903	0.742	0.55	0.455
Sr^{2+}, Ba^{2+}, Cd^{2+}, Hg^{2+}, S^{2-}, $S_2O_4^{2-}$, WO_4^{2-}	5	0.903	0.744	0.555	0.465
Ca^{2+}, Cu^{2+}, Zn^{2+}, Sn^{2+}, Mn^{2+}, Fe^{2+}, Ni^{2+}, Co^{2+}	6	0.905	0.749	0.57	0.456
Mg^{2+}, Be^{2+}	8	0.906	0.755	0.595	0.52
PO_4^{3-}, $[Fe(CN)_6]^{3-}$, $[Cr(NH_3)_6]^{3+}$, $[Co(NH_3)_6]^{3+}$	4	0.796	0.505	0.25	0.16
Al^{3+}, Fe^{3+}, Cr^{3+}, Sc^{3+}, Y^{3+}, La^{3+}, In^{3+}, Ce^{3+}, Pr^{3+}	9	0.802	0.54	0.325	0.245
$[Fe(CN)_6]^{4-}$	5	0.668	0.31	0.10	0.048
Th^{4+}, Zr^{4+}, Ce^{4+}, Sn^{4+}	11	0.678	0.35	0.155	0.10
$HCOO^-$, H_2cit^-, $CH_3NH_3^+$	3.5	0.975	0.926	0.855	0.81
CH_3COO^-, $(C_2H_5)_2NH_2^+$, $NH_2CH_2COO^-$	4.5	0.975	0.928	0.86	0.82
$CHCl_2COO^-$	5	0.975	0.928	0.856	0.83
$C_6H_5COO^-$, $C_6H_4OHCOO^-$	6	0.975	0.929	0.87	0.835
$(C_6H_5)_2CHCOO^-$, $(C_3H_7)_4N^+$	8	0.975	0.931	0.880	0.85
$(COO)_2^{2-}$, $Hcit^{2-}$	4.5	0.903	0.741	0.55	0.45

H_3cit：クエン酸を示す．

が適用できる．

なお，単一イオンの活量係数は，実験的に測定できないので，電解質 A_mB_n の平均活量係数を求めることとなる．A イオン，B イオンの活量係数を f_A，f_B とすると，平均活量係数は式(2·11) で定義される．

$$(f_\pm)^{m+n} = f_A{}^m f_B{}^n \qquad (2 \cdot 11)$$

$$f_\pm = \sqrt[m+n]{f_A{}^m f_B{}^n} \qquad (2 \cdot 12)$$

一価一価型電解質の場合，平均活量係数は，電解質の濃度の和すなわち全濃度に依存して変化するが，多価イオンの塩が共存する場合は，全濃度が同じであっても平均活量係数は同じにならない．そこで，次式で定義されるイオン強度 (ionic strength)

なる新しい項が考え出された．

$$\mu = 1/2 \sum C_i Z_i^2 = 1/2(C_1 Z_1^2 + C_2 Z_2^2 + C_3 Z_3^2 + \cdots\cdots) \quad (2\cdot13)$$

ここで，μ はイオン強度，Z_i は個々のイオンの電荷であり，1/2 は陽イオンと陰イオンとの平均を意味し，溶液中に存在するすべての陽イオンと陰イオンが計算に含まれる．

ルイス（Lewis）の法則は，強電解質それのみの溶液でも，他の塩が共存してもイオン強度が同じならばその平均活量係数も同じ値であるというものである．

例として，0.001 M の $CaCl_2$ の活量を求めてみよう．まず，イオン強度は，

$$\mu = 1/2(C_{Ca^{2+}} Z_{Ca^{2+}}^2 + C_{Cl^-} Z_{Cl^-}^2)$$
$$= 1/2(0.001 \times 2^2 + 2 \times 0.001 \times 1^2) = 0.003$$

ついで，この場合の活量係数を式(2・9) より求めると，

$$-\log f_{Ca^{2+}} = \frac{0.51 \times 2^2 \times \sqrt{0.003}}{1 + 0.33 \times 10^8 \times 6 \times 10^{-8} \times \sqrt{0.003}} = 0.101$$

$$f_{Ca^{2+}} = 0.793$$

$$-\log f_{Cl^-} = \frac{0.51 \times 1^2 \times \sqrt{0.003}}{1 + 0.33 \times 10^8 \times 3 \times 10^{-8} \times \sqrt{0.003}} = 0.026$$

$$f_{Cl^-} = 0.942$$

さらに平均活量係数を求めるなら，

$$f_{\pm} = \sqrt[3]{0.793 \times 0.942^2} = 0.889 \quad （表の値と一致している）$$

よって，おのおののイオンの活量は，

$$C_{Ca^{2+}} = 0.793 \times 0.001 = 0.000793 \text{ M}$$
$$C_{Cl^-} = 0.942 \times 0.002 = 0.00188 \text{ M}$$

となる．

3

化学反応と化学方程式
および反応速度と化学平衡

　反応物(reactant)が生成物(product)となる化学変化をイオン式を含む化学式で表した化学方程式(化学反応式)は,化学の基本となる.化学反応式 $AgNO_3+NaCl \rightarrow AgCl+NaNO_3$ は,1 mol (169.91 g)の硝酸銀と 1 mol (58.44 g)の塩化ナトリウムとが定量的に反応して 1 mol (143.35 g)の塩化銀と 1 mol (85.00 g)の硝酸ナトリウムが生じることを意味し,反応前後の構成元素の物質量および各元素の原子量の総和が等しいことを示す.反応がどの程度の速さ(反応速度)ならびに反応終了後の溶液中の各物質の量関係(平衡定数)に関しては,化学方程式からはわからないが,化学方程式は化学量論的計算(stoichiometric calculation)の基礎となる.本章では,それらについて概説する.

3・1　化学反応の区分と化学方程式

3・1・1　物質収支と電荷均衡の法則

　化学方程式では,物質収支(mass balance)の法則と電荷均衡(charge balance)の法則が成立している.物質収支の法則は,質量均衡(material balance)の法則ともよばれ,反応系に加えられた元素は化学変化によって形態が変わっても,系内に必

ず同じ量だけ存在することを意味する．一方，電荷均衡の法則は，電気的中性の規則 (electroneutrality principle) ともよばれ，電解質溶液は過剰の正あるいは負の電荷をもつことなく，すべての溶液は電気的に中性であり，溶液中の正電荷の総和と負電荷の総和は厳密に等しいことを意味する．なお，これらの法則は，溶液内での平衡を取扱う場合にもっとも重要なので，その考え方を2，3例示する．

たとえば，NaCl と $CaCl_2$ の混合水溶液では，Na^+，Ca^{2+}，Cl^- が存在し，これらの量関係を電荷均衡則に従い表すと，

$$[Na^+] + 2[Ca^{2+}] = [Cl^-] \tag{3・1}$$

となる．一方，弱電解質の三塩基酸 H_3A をモル濃度が C_T となるように水に溶かしたとすると，溶液中には H_3A，H_2A^-，HA^{2-}，A^{3-}，H_2O，H^+ および OH^- が存在する．これら化学種の濃度関係を物質収支に従い表すと，式(3・2) が成立し，

$$C_T = [H_3A] + [H_2A^-] + [HA^{2-}] + [A^{3-}] \tag{3・2}$$

また，電荷均衡の法則からは，式(3・3) が成立する．

$$[H^+] = [OH^-] + [H_2A^-] + 2[HA^{2-}] + 3[A^{3-}] \tag{3・3}$$

このほか，プロトン収支 (proton balance) からも溶液中の各化学種の濃度関係を導くことができる．プロトン収支とは，水素イオンを放出して生成する化学種の濃度の和と水素イオンを受け取って生成する化学種の濃度の和が水素イオンの数に関してつり合っていなければならないという考え方であり，物質収支と電荷均衡の法則とも密接に関係している．たとえば，塩化アンモニウムの水溶液を考えると，NH_4^+ と H_2O から H^+ が解離して NH_3 と OH^- となり，一方，H_2O は H^+ を受け取り H_3O^+(H^+ と書く) となりつり合うので，

$$[H^+] = [NH_3] + [OH^-] \tag{3・4}$$

が成り立つ．

3・1・2 化学反応の区分

放射性壊変を除く化学反応は，一般に酸化数 (oxidation number) に変化を伴わない置換反応 (displacement reaction) と酸化数に変化が起こる酸化還元反応 (redox reaction) の二つの種類に区分される．なお，いずれの化学反応も可逆反応と考えられており，反応の方向は2本の等価な両方向の矢印 ($\rightleftarrows$) で示されるが，化学変化が指示方向に定量的に起こる反応では単一の矢印 ($\rightarrow$) が用いられることが多い．平衡の位置はもちろん，おのおのの濃度の変化によって変わる (Le Chatelie's principle).

3・1・3 置換反応

置換反応は反応系から一つまたはそれ以上の生成物が除去されるときに進行する．たとえば，沈殿生成や錯イオン生成，ガスの発生やわずかしかイオン化しない化合物が生成する化学反応では，平衡 (equilibrium) が右方向へ移動する反応が起こる．また，強電解質間の反応では，化合物は完全解離しているため，通常，イオン反応式で表す．一方，固体電解質 (solid electrolyte)，ガスならびに可溶性弱電解質が関与する化学変化は，塩として化学方程式で表される．

$$Ag^+ + Cl^- \longrightarrow AgCl$$
$$S^{2-} + 2\,H^+ \rightleftarrows H_2S$$
$$Cu(OH)_2 + 4\,NH_3 \rightleftarrows [Cu(NH_3)_4]^{2+} + 2\,OH^-$$

3・1・4 酸化還元反応

酸化 (oxidation) とは，一般に物質を構成するある元素の電子が奪われる変化をいい，還元 (reduction) はその逆の変化である．物質 A を酸化するには，A から電子を奪う物質 B が必要であり，電子を奪った B は還元される（この場合，A は還元剤：reducing reagent, B は酸化剤：oxidizing reagent)．すなわち，式(3・5)に示すように，酸化と還元は同時に進行し，このような反応を酸化還元反応とよぶ．ここで，A′，B は酸化体，また A，B′ は還元体である．

$$\underset{\text{還元}}{\overset{\text{酸化}}{A + B \rightleftarrows A' + B'}} \tag{3・5}$$

a. 酸化数

酸化還元反応における電子の移動を容易に理解するために，酸化数あるいは酸化状態 (oxidation state) が用いられる．これは電子の数を次に示す規則に従って数えるとき，原子がもっている電荷として定義される．

① 単体の酸化数はゼロとする．
② 単原子イオンの酸化数はイオンの価数に等しい．
③ 化合物中の酸素の酸化数は -2 とする．なお，例外的に H_2O_2 などの過酸化物の場合は -1，また，F_2O では $+2$ とする．
④ 化合物中の水素の酸化数は $+1$ とする．アルカリおよびアルカリ土類金属の水

素化物は例外である（−1）．

⑤　化合物を構成する原子の酸化数の総和はゼロである．一方，錯イオンなど多原子イオンを構成する原子の酸化数の総和は，そのイオン価数に等しい．

このほか，一般に，酸化数は，ある原子が電気陰性度の高い元素と結合すると正になり，逆に原子が電気陰性度の低い元素と結合すると負になる．一方，同一の原子間で結合する時はゼロである．電気陰性度（electronegativity）は H＜C＜N＜O の順序に大きくなる．原子（たとえば炭素）が電気陰性度の異なる二つまたはそれ以上の原子と結合している場合に，炭素の酸化数はそれら酸化数の総和から計算することもできる．

たとえば，炭素の酸化数で炭素-炭素結合ではゼロ，CH 結合では−1となる．また，窒素については，アミン（RNH_2）では−3，ニトロ化合物（RNO_2）では＋3である．

b．酸化還元反応の化学方程式

上に述べたように，酸化還元反応において，おのおのの酸化体（oxidant）と還元体（reductant）は等しい量で反応する．以下に，酸化還元反応の化学方程式の書き方を説明する．

（ⅰ）半反応または半電池反応（half-cell reaction）を用いる方法　　還元および酸化についての半電池反応を用いて，次に示す①〜⑥の6段階を経て反応式が完成される．

たとえば，硫酸酸性条件下で過マンガン酸カリウムを過酸化水素によってマンガン（Ⅱ）イオンに還元する場合の酸化還元反応について，二つの半反応（$MnO_4^- \to Mn^{2+}$，$H_2O_2 \to O_2$）から反応式を完成させてみよう．

①　半電池反応の適切な側に水分子を加えて，反応前後の酸素の数を等しくする．

$\langle MnO_4^- \longrightarrow Mn^{2+} + 4\,H_2O \rangle$，　$\langle H_2O_2 \longrightarrow O_2 \rangle$

②　左辺または右辺にプロトンを加え，反応前後の水素の数を等しくする．

$\langle MnO_4^- + 8\,H^+ \longrightarrow Mn^{2+} + 4\,H_2O \rangle$，　$\langle H_2O_2 \longrightarrow O_2 + 2\,H^+ \rangle$

もし，溶液がアルカリ性であるときは，さきに加えたプロトン（H^+）を中和するためにその反応の両辺に適切な数の OH^- を加える．各プロトンは水分子に変換されるか，または可能なら前記の水分子で相殺される．

③　反応前後の電荷をつり合わせるために適切な数の電子を加える．

$\langle MnO_4^- + 8\,H^+ + 5\,e^- \longrightarrow Mn^{2+} + 4\,H_2O \rangle$，　$\langle H_2O_2 \longrightarrow O_2 + 2\,H^+ + 2\,e^- \rangle$

④　このようにして得た還元および酸化の両半反応の電子数を等しくするために，

用いる物質の物質量を整える.

⟨2 MnO$_4^-$ + 16 H$^+$ + 10 e$^-$ ⟶ 2 Mn^{2+} + 8 H$_2$O⟩,
⟨5 H$_2$O$_2$ ⟶ 5 O$_2$ + 10 H$^+$ + 10 e$^-$⟩

⑤ 得られた二つの式を加えて,式の左辺にある同じ項については消去する.

⟨2 MnO$_4^-$ + 6 H$^+$ + 5 H$_2$O$_2$ ⟶ 2 Mn^{2+} + 8 H$_2$O + 5 O$_2$⟩

⑥ 電荷および元素の原子数が両辺でつり合っていることを確かめる.

⟨2 KMnO$_4$ + 3 H$_2$SO$_4$ + 5 H$_2$O$_2$ ⟶ 2 MnSO$_4$ + 8 H$_2$O + 5 O$_2$ + K$_2$SO$_4$⟩

(ii) 酸化還元反応の化学反応式の係数を求める代数計算法　反応式の係数は,物質収支すなわちおのおのの元素の原子数は式の両辺で同じであるとの法則に基づいて代数計算することができる.なお,イオン式においては物質収支以外に電荷均衡についても考慮しなければならない.

たとえば,aCrO$_3$+bKI+cHCl→dCrCl$_3$+eI$_2$+fKCl+gH$_2$O に係数をつけてつり合わせてみよう.両辺の各元素の数については,

① Cr:$a=d$, ② O:$3a=g$, ③ K:$b=f$, ④ I:$b=2e$, ⑤ H:$c=2g$, ⑥ Cl:$c=3d+f$ の関係にある.まず,任意に $a=d=1$ とおき,②から $g=3$,⑤から $c=6$,⑥から $f=3$,③から $b=3$,ついで④から $e=3/2$ と順に決める.

CrO$_3$ + 3 KI + 6 HCl ⟶ CrCl$_3$ + 3/2 I$_2$ + 3 KCl + 3 H$_2$O

となるが,係数は最小の整数であるので,

2 CrO$_3$ + 6 KI + 12 HCl ⟶ 2 CrCl$_3$ + 3 I$_2$ + 6 KCl + 6 H$_2$O

となる.しかし,実際には,係数をつけるべき反応式を自ら考えねばならず,化学便覧などに記載されている半反応式を組み合わせて反応式を完成させる(i)の方法が適当である.なお,半反応については7章で述べる.

3・2　化学反応と化学平衡

3・2・1　反応速度とそれに影響を及ぼす因子

化学反応の速度は反応に関与する物質の単位時間当りの変化量として定義される.A+B⇄C+D なる反応において,右方向への反応速度 v は式(3・6)によって示される.

$$v = \frac{d[C]}{dt} = \frac{d[D]}{dt} = -\frac{d[A]}{dt} = -\frac{d[B]}{dt} \tag{3・6}$$

式中の d[C]/dt, d[D]/dt, d[A]/dt および d[B]/dt は微少時間 dt におけるおのおのの濃度の微少変化を示し, 負の符号は A, B が反応に伴って消失することを示す. 濃度は通常 M=mol L^{-1} で表されるので, 反応速度は単位時間当りのモル濃度の変化 (単位 M s^{-1}) で表される. 反応速度は多くの因子によって影響を受ける. 反応体がイオンまたは分子であるかによっても反応速度は影響され, 一般にイオン間の反応は速く, 分子間の反応は比較的遅い. また, 温度の影響を受けやすく, 温度の上昇とともに反応速度は増加する. 触媒が存在する系では通常反応は速められる. さらに, 濃度の増大に伴って速度は増加する. 溶媒も速度に影響する.

3・2・2 質量作用の法則と化学平衡

溶液中にある m mol の A と n mol の B, ……が反応して, p mol の X と q mol の Y, ……が生成する反応は, 式(3・7) で表される.

$$m\mathrm{A} + n\mathrm{B} + \cdots\cdots \underset{v_2}{\overset{v_1}{\rightleftarrows}} p\mathrm{X} + q\mathrm{Y} + \cdots\cdots \tag{3・7}$$

上に述べたように, この化学変化の進行を左右する主な因子として, 温度, 圧力, 濃度があげられるが, 気体の発生を伴わない限り, 圧力の変化は無視できる. また, 実際の化学分析における反応は, 通常大気圧下の室温で行われ, 比較的希薄溶液内での反応なので, 反応熱による温度変化も無視できる. そこで, 圧力・温度を一定とするなら, 式(3・7) の化学変化は溶質の濃度のみに左右されることになる. すなわち, 右方向への化学変化の反応速度 v_1 と逆方向への反応速度 v_2 は, 質量作用の法則 (law of mass action) に従い, 次式のように濃度のべき関数で表される.

$$v_1 = k_1[\mathrm{A}]^m[\mathrm{B}]^n\cdots\cdots \tag{3・8}$$
$$v_2 = k_2[\mathrm{X}]^p[\mathrm{Y}]^q\cdots\cdots \tag{3・9}$$

ここで, [A], [B]……[X], [Y]……は物質の濃度を, k_1, k_2 は反応速度定数 (rate constant) を表す. 一般に, 化学量論的係数の和 ($m+n+\cdots\cdots+p+q+\cdots\cdots$) を反応次数 (order of reaction) とよぶ (反応次数は実験によって求められるもので, 化学量論的係数の和と一致しないこともある).

反応が見掛け上起こらなくなるのは, $v_1=v_2$ であり, このとき反応が平衡に達したという. その関係から, 次式が得られる.

$$\frac{[\mathrm{X}]^p[\mathrm{Y}]^q\cdots}{[\mathrm{A}]^m[\mathrm{B}]^n\cdots} = \frac{k_1}{k_2} = K' \tag{3・10}$$

ここで，K' は濃度平衡定数（concentration equilibrium constant）あるいは見掛けの平衡定数とよばれ，温度一定の条件ではその値は一定である．厳密には，式(3・11)に示す活量の関数である熱力学的平衡定数（thermodynamic equilibrium constant）あるいは活量定数と区別される．

$$\frac{a_X^p a_Y^q \cdots}{a_A^m a_B^n \cdots} = K \tag{3・11}$$

熱力学的平衡定数は，ギブズ（Gibbs）の標準自由エネルギー変化 ΔG^0 と式(3・12)に示す関係があるので，物質の熱力学的な性質を議論する際には重要であるが，通常の化学分析（酸塩基，酸化還元，沈殿ならびに錯滴定）において濃度平衡定数は十分実用的であり，平衡状態におけるおのおのの成分の濃度を定量することによって求めることができる．

$$-\Delta G^0 = RT \ln \frac{a_X^p a_Y^q \cdots}{a_A^m a_B^n \cdots} \tag{3・12}$$

たとえば，氷酢酸 1.00 mol と無水アルコール 1.00 mol とを反応させ，反応終了後，酢酸エチルが 0.645 mol 生じていたとする．反応式（$CH_3COOH + C_2H_5OH \rightleftarrows CH_3COOC_2H_5 + H_2O$）より，$CH_3COOC_2H_5$ と等しい物質量で水が生じ，その分だけ酢酸とアルコールが減少するから，各物質の平衡時の濃度（この場合，物質量）は，

$$[CH_3COOH] = [C_2H_5OH] = (1.00 - 0.645) \text{ mol},$$
$$[CH_3COOC_2H_5] = [H_2O] = 0.645 \text{ mol}$$

これらの値を次式に代入すると，

$$K = \frac{[CH_3COOC_2H_5][H_2O]}{[CH_3COOH][C_2H_5OH]} = \frac{(0.645)^2}{(1.00 - 0.645)^2} = 3.30$$

となる．温度一定ではこの値は，変化しないので，もし同じ温度で氷酢酸 1.00 mol に無水アルコール 2.00 mol を反応させた場合，次式より生じるエステルの物質量 x がわかる．

$$3.30 = \frac{[CH_3COOC_2H_5][H_2O]}{[CH_3COOH][C_2H_5OH]} = \frac{x^2}{(1.00-x)(2.00-x)} \qquad x = 0.825 \text{ mol}$$

分析化学では，水の解離を扱う水のイオン積，沈殿生成平衡での溶解度積，酸塩基平衡での酸解離定数，加水分解定数および指示薬定数，錯生成平衡での安定度定数または錯解離定数ならびに溶媒抽出における抽出平衡定数などの名称の平衡定数がある．それらが定性や定量の各分析法の条件設定の基礎となっている．

4

酸塩基平衡および酸塩基滴定

4・1 水の電離,水素イオン濃度と水素指数(pH)

水は弱電解質であるが,式(4・1)のように解離する.
$$H_2O + H_2O \rightleftarrows H_3O^+ + OH^- \tag{4・1}$$
この解離反応は,一般的に $H_2O \rightleftarrows H^+ + OH^-$ で表され,25℃の純水について Kohlrausch による実測では,$[H^+] = 1 \times 10^{-7}$ M であった.この解離反応の平衡定数 K は式(4・2)で表され,

$$K = \frac{[H^+][OH^-]}{[H_2O]} \tag{4・2}$$

純水では $[H_2O] = 1\,000/18 = 55.6$ M であり,解離による水分子の減少は無視できるので,一定とみなされる.そこで,式(4・2)は式(4・3)となり,この場合の平衡定数 K_w は水のイオン積(ion product)といい,室温(25℃)で $K_w = 10^{-14}$.

$$K[H_2O] = K_w = [H^+][OH^-] \tag{4・3}$$

式(4・3)は,溶液中に酸または塩基を加えても $[H^+]$ と $[OH^-]$ の積が常に一定 (10^{-14}) であることを示す.

H^+,OH^- などのイオンの濃度は,その常用対数の負の値で示される.これをイオン指数といい,H^+ については水素指数(hydrogen exponent)とよぶ.

$$-\log[H^+] = pH \tag{4・4}$$

$$-\log[\mathrm{OH^-}] = \mathrm{pOH} \tag{4・5}$$

また,式(4・3)を同様にイオン指数化すると

$$-\log K_\mathrm{w} = -\log[\mathrm{H^+}] - \log[\mathrm{OH^-}] \tag{4・6}$$

$$pK_\mathrm{w} = \mathrm{pH} + \mathrm{pOH} = 14 \tag{4・7}$$

となり,それらの関係は室温(25℃)において常に成立する.

4・2 酸と塩基

酸(acid)と塩基(base)の定義として,電子対受容体(electron pair acceptor)を酸,電子対供与体(electron pair donor)を塩基とするルイスの定義と,プロトン供与体を酸,プロトン受容体を塩基とするブレンステッド-ローリー(Brønsted-Lowry)の定義がよく用いられている.前者の方がより包括的であるが,後者は,解離定数による量的取扱いが容易なため,分析化学で広く用いられている.

ブレンステッド-ローリーの定義に従って,一塩基酸(モノプロトン酸)HA および一酸塩基 $\mathrm{B^-}$ の水中での解離を表すと,それぞれ式(4・8),式(4・9)のようになる.

$$\underset{(酸)}{\mathrm{HA}} + \underset{(塩基)}{\mathrm{H_2O}} \rightleftharpoons \underset{(酸)}{\mathrm{H_3O^+}} + \underset{(塩基)}{\mathrm{A^-}} \tag{4・8}$$

$$\underset{(塩基)}{\mathrm{B^-}} + \underset{(酸)}{\mathrm{H_2O}} \rightleftharpoons \underset{(酸)}{\mathrm{BH}} + \underset{(塩基)}{\mathrm{OH^-}} \tag{4・9}$$

酸には適当な濃度において水中で完全に解離する強酸と,その一部しか解離していない弱酸がある.塩基にも同様に強塩基と弱塩基がある.酸が解離するためにはそのプロトンを受容する塩基の共存が,一方,塩基がプロトンを受容するためにはそれを供与する酸の共存が必要である.水中での酸あるいは塩基の解離[*1]では,水がこれらの共存する塩基あるいは酸として働いている.すなわち,酸塩基の反応はプロトン移動反応であり,その媒体となる溶媒はプロトン性溶媒(protonic solvent)という.水は酸あるいは塩基として作用するために,プロトン性溶媒のなかの両性溶媒(amphiprotic solvent)に分類される.なお,アルコール類も両性溶媒であるが,このほかカルボン酸類などの酸性溶媒(acidic solvent),アミン類などの塩基性溶媒(basic solvent)がある.一方,プロトンを供与したり,受容する傾向がほとんどない溶媒は非

[*1] 水中では遊離の $\mathrm{H^+}$ はほとんど存在せず,水と結合したヒドロニウムイオン(hydronium ion;$[\mathrm{H(H_2O)}_n]^+$)として存在し,通常,プロトンに水1分子が配位したオキソニウムイオン(oxonium ion;$\mathrm{H_3O^+}$)がもっとも多いといわれている.

プロトン性溶媒とよばれる．

4・3　強酸と強塩基の水溶液

　強酸は水溶液中でほとんど完全に解離しているので，その濃度はほぼ水素イオン濃度に等しいとみなされる．
$$\text{HA} \longrightarrow \text{H}^+ + \text{A}^- \tag{4・10}$$
　強酸 HA の濃度が C_aM となるような水溶液を用意したとする（C_aM を初濃度という）．式(4・10)はほぼ完全に右方向に進行して，HA 分子は存在しないことになり，また生じた水素イオンによって水の解離が抑制されるので，
$$C_\mathrm{a} = [\text{H}^+] = [\text{A}^-] \tag{4・11}$$
となる．しかし，10^{-7}M あるいはそれ以下のきわめて希薄な濃度では，水の解離によって生じる水素イオンも考慮しなければならない．この場合，電荷均衡則から，
$$[\text{H}^+] = [\text{A}^-] + [\text{OH}^-] \tag{4・12}$$
が成り立つ．また，水のイオン積が一定であり，式(4・11) と式(4・12) から，
$$K_\mathrm{w} = (C_\mathrm{a} + [\text{OH}^-])[\text{OH}^-] \tag{4・13}$$
$$[\text{H}^+]^2 - [\text{H}^+]C_\mathrm{a} - K_\mathrm{w} = 0 \tag{4・14}$$
が導かれる．すなわち，非常に希薄な強酸水溶液の $[\text{H}^+]$ は式(4・14)から求められる．一方，強塩基の場合も同様に，初濃度 $C_\mathrm{b} = [\text{OH}^-]$ とみなせるが，非常に希薄な場合には，水の解離を考慮しなければならない（4・7・1項で例示する）．

4・4　弱酸と弱塩基の水溶液

4・4・1　一塩基酸および一酸塩基の水素イオン濃度と pH

　ブレンステッド–ローリーの定義に従うと，一塩基酸（モノプロトン酸）HA の水中での解離は式(4・8)で表され，酸の解離定数（dissociation constant）K_a は式(4・15)で定義されるが，通常，HA の解離平衡は便宜的に式(4・16)のように表され，
$$K_\mathrm{a} = \frac{[\text{H}_3\text{O}^+][\text{A}^-]}{[\text{HA}]} \tag{4・15}$$
式(4・15) も式(4・17) と書くことが多い．
$$\text{HA} \rightleftharpoons \text{H}^+ + \text{A}^- \tag{4・16}$$

$$K_a = \frac{[H^+][A^-]}{[HA]} \tag{4・17}$$

同様に，一酸塩基 B^- に対しても解離平衡の式(4・9) と塩基の解離定数 K_b が得られる．

$$K_b = \frac{[BH][OH^-]}{[B^-]} \tag{4・18}$$

a． 弱酸 HA の水溶液の pH

溶液中では二つの平衡 ($HA \rightleftarrows H^+ + A^-$ と $H_2O \rightleftarrows H^+ + OH^-$) が成立する．いま，弱酸 HA の初濃度を C_a とすると，溶液中の各化学種の濃度については，物質収支から

$$C_a = [HA] + [A^-] \tag{4・19}$$

また，電荷均衡則から

$$[H^+] = [A^-] + [OH^-] \tag{4・20}$$

の関係にあることがわかる．これらの関係を式(4・17) に代入すると，式(4・21) が得られる．

$$K_a = \frac{[H^+]([H^+] - [OH^-])}{C_a - ([H^+] - [OH^-])} \tag{4・21}$$

ここで，水のイオン積から $[OH^-] = K_w/[H^+]$ なので，K_a と C_a が既知であれば，$[H^+]$ を求めることができ，さらに他の化学種の濃度も計算できる．しかし，式(4・1) の水の解離が無視できる $[H^+] \gg [OH^-]$ の場合には，式(4・20) で $[H^+] = [A^-]$ と近似でき，式(4・21) は

$$K_a = \frac{[H^+]^2}{C_a - [H^+]} \tag{4・22}$$

と近似できる．さらに，$C_a \gg [H^+]$ なら式(4・22) を式(4・23) と近似することができる．

$$K_a = \frac{[H^+]^2}{C_a}, \quad \text{すなわち} \quad [H^+] = \sqrt{K_a C_a} \tag{4・23}$$

b． 弱塩基 B^- の水溶液の pH

初濃度 C_b の一酸塩基 B^- の水溶液についても一塩基酸の場合と同様に考え，物質収支の式(4・24) と電荷均衡則の式(4・25) を式(4・18) に代入すると水酸化物イオン濃度を与える式(4・26) が導ける．

$$C_b = [B^-] + [BH] \tag{4・24}$$

$$[\mathrm{H^+}] + C_\mathrm{b} = [\mathrm{B^-}] + [\mathrm{OH^-}] \tag{4・25}$$

$$K_\mathrm{b} = \frac{[\mathrm{OH^-}]([\mathrm{OH^-}] - [\mathrm{H^+}])}{C_\mathrm{b} - ([\mathrm{OH^-}] - [\mathrm{H^+}])} \tag{4・26}$$

ここで，$[\mathrm{OH^-}] \gg [\mathrm{H^+}]$ なら式(4・26)は，

$$K_\mathrm{b} = \frac{[\mathrm{OH^-}]^2}{C_\mathrm{b} - [\mathrm{OH^-}]} \tag{4・27}$$

さらに，$C_\mathrm{b} \gg [\mathrm{OH^-}]$ なら，式(4・28)と近似できる.

$$K_\mathrm{b} = \frac{[\mathrm{OH^-}]^2}{C_\mathrm{b}}, \quad \text{すなわち} \quad [\mathrm{OH^-}] = \sqrt{K_\mathrm{b} C_\mathrm{b}} \tag{4・28}$$

4・4・2　多価の弱酸および弱塩基の解離平衡

多価の弱酸 $\mathrm{H}_n\mathrm{A}$ ($n \geq 2$) は，次のように段階的に解離し，それぞれに対応する逐次酸解離定数 $K_1 \sim K_n$ が定義される.

$$\mathrm{H}_n\mathrm{A} \rightleftharpoons \mathrm{H^+} + \mathrm{H}_{n-1}\mathrm{A^-} \qquad K_1 = \frac{[\mathrm{H^+}][\mathrm{H}_{n-1}\mathrm{A^-}]}{[\mathrm{H}_n\mathrm{A}]} \tag{4・29}$$

$$\mathrm{H}_{n-1}\mathrm{A^-} \rightleftharpoons \mathrm{H^+} + \mathrm{H}_{n-2}\mathrm{A}^{2-} \qquad K_2 = \frac{[\mathrm{H^+}][\mathrm{H}_{n-2}\mathrm{A}^{2-}]}{[\mathrm{H}_{n-1}\mathrm{A^-}]} \tag{4・30}$$

$$\vdots \qquad \qquad \vdots$$

$$\mathrm{HA}^{(n-1)-} \rightleftharpoons \mathrm{H^+} + \mathrm{A}^{n-} \qquad K_n = \frac{[\mathrm{H^+}][\mathrm{A}^{n-}]}{[\mathrm{HA}^{(n-1)-}]} \tag{4・31}$$

逐次酸解離定数の値は，$K_1 > K_2 > \cdots > K_n$ と連続的に大きく減少するから，このような多価の弱酸の水溶液中の水素イオン濃度を求めるには，第1段と第2段の解離によって生じる水素イオンを考慮するだけで十分である.

例として，炭酸のような二塩基酸を取り上げる．この場合，解離平衡は，

$$\mathrm{H}_2\mathrm{A} \rightleftharpoons \mathrm{H^+} + \mathrm{HA^-} \qquad K_1 = \frac{[\mathrm{H^+}][\mathrm{HA^-}]}{[\mathrm{H}_2\mathrm{A}]} \tag{4・32}$$

$$\mathrm{HA^-} \rightleftharpoons \mathrm{H^+} + \mathrm{A}^{2-} \qquad K_2 = \frac{[\mathrm{H^+}][\mathrm{A}^{2-}]}{[\mathrm{HA^-}]} \tag{4・33}$$

であり，$\mathrm{H}_2\mathrm{A}$ の初濃度を C_a とすると，

物質収支から

$$C_\mathrm{a} = [\mathrm{H}_2\mathrm{A}] + [\mathrm{HA^-}] + [\mathrm{A}^{2-}] \tag{4・34}$$

電荷均衡則から

$$[\mathrm{H^+}] = [\mathrm{HA^-}] + 2[\mathrm{A}^{2-}] + [\mathrm{OH^-}] \tag{4・35}$$

となる．ついで，式(4・32)～式(4・35) と $K_w = [H^+][OH^-]$ から，溶液中の $[H^+]$ を与える式(4・36) が得られる．

$$[H^+]^4 + K_1[H^+]^3 + (K_1K_2 - K_w - K_1C_a)[H^+]^2 \\ - (K_1K_w + 2K_1K_2C_a)[H^+] - K_1K_2K_w = 0 \quad (4・36)$$

ここで，水の解離が無視できるなら，

$$[H^+]^3 + K_1[H^+]^2 + (K_1K_2 - K_1C_a)[H^+] - 2K_1K_2C_a = 0 \quad (4・37)$$

さらに，$K_1 \gg K_2$ の場合は，第2段の解離が無視でき，一塩基酸として扱えるので，式(4・37) は式(4・22) と同様に近似でき，

$$[H^+]^2 + K_1[H^+] - K_1C_a = 0 \quad (4・38)$$

また，$C_a \gg [H^+]$ なら，さらに式(4・39) と書ける．

$$[H^+] = \sqrt{K_1C_a} \quad (4・39)$$

式(4・39) は，二価以上の多価の弱酸についても適用できる．

一方，二価の弱塩基についてもまったく同様であり，式(4・36)～式(4・39) 中の $[H^+]$ および C_a のかわりに $[OH^-]$ および C_b をそれぞれ用いた式から，水酸化物イオン濃度を計算できる．

4・5　緩衝液

J. N. Brønsted の酸塩基の概念によると，酸に対しては必ずそれに共役な塩基が存在する．式(4・16) に示す HA と A^- の対，また式(4・9) に示す BH と B^- の対をそれぞれ共役酸塩基対 (conjugate acid-base pair) という．弱酸とその共役塩基との混合水溶液は緩衝液 (buffer solution) としてよく用いられる．酢酸-酢酸ナトリウムやアンモニア-塩化アンモニウムの混合溶液は緩衝液の代表的なもので，キレート滴定など反応の途中で pH 変化を避けたい時に用いられ，少量の酸や塩基を加えても，また希釈しても緩衝液の pH 値はごくわずかしか変化しないという性質がある．

初濃度 C_a の弱酸 HA と初濃度 C_b の共役塩基 A^- の混合溶液を考える．

物質収支から

$$C_a + C_b = [HA] + [A^-] \quad (4・40)$$

電荷均衡則から

$$[H^+] + C_b = [A^-] + [OH^-] \quad (4・41)$$

式(4・40) と式(4・41) から

$$[A^-] = C_b + [H^+] - [OH^-], \quad [HA] = C_a - [H^+] + [OH^-]$$

これらを式(4・17)に代入すると式(4・42)が得られ，$C_b=0$ なら式(4・21)になる．

$$K_a = \frac{[H^+]([C_b + [H^+] - [OH^-]])}{C_a - ([H^+] - [OH^-])} \tag{4・42}$$

一方，$C_a=0$ なら

$$K_a = \frac{[H^+]([C_b + [H^+] - [OH^-]])}{[OH^-] - [H^+]} = \frac{K_w}{[OH^-]} \times \frac{C_b - ([OH^-] - [H^+])}{[OH^-] - [H^+]} \tag{4・43}$$

から

$$K_b = \frac{[OH^-]([OH^-] - [H^+])}{C_b - ([OH^-] - [H^+])} = \frac{K_w}{K_a} \tag{4・44}$$

となり，$K_w = K_a K_b$ を与える．

さて，$C_a \gg |[H^+] - [OH^-]|$ および $C_b \gg |[H^+] - [OH^-]|$ なら，式(4・42)は式(4・45)と簡略化できる．

$$K_a = \frac{[H^+]C_b}{C_a} \tag{4・45}$$

すなわち，

$$[H^+] = \frac{C_a}{C_b} K_a \tag{4・46}$$

と表すことができる．

たとえば，酸性領域のpH緩衝液として用いられる酢酸（$K_a = 1.8 \times 10^{-5}$）と酢酸ナトリウムの混合水溶液を考える．

$C_a = C_b = 0.100$ M とすると，式(4・46)より $[H^+] = 1.8 \times 10^{-5}$ M であり，pH = 4.74 となる．この混合溶液 100 mL に 0.100 M NaOH を 1 mL 加えたとすると，$[CH_3COOH] = 0.1(100-1)/101 = 0.098$ M, $[CH_3COO^-] = 0.1(100+1)/101 = 0.100$ M となり，$[H^+] = 1.76 \times 10^{-5}$ M, pH = 4.75 となる．

一方，同じ混合溶液 100 mL に 0.100 M HCl を 1 mL 加えたとすると，$[CH_3COOH] = 0.1(100+1)/101 = 0.100$ M, $[CH_3COO^-] = 0.1(100-1)/101 = 0.098$ M となり，$[H^+] = 1.84 \times 10^{-5}$ M, pH = 4.74 となる．

また，水で希釈した場合も $[CH_3COO^-]$ 対 $[CH_3COOH]$ の比は変わらないので，pH も変わらない．

このように，緩衝液に酸または塩基の少量を加えてもル・シャトリエの原理によって平衡が移動するために pH 緩衝作用を示す．その度合は，緩衝容量（buffer capacity) β とよばれ(緩衝能,緩衝指数(buffer index)あるいは緩衝価(buffer value)ともよばれる),溶液に加えた強塩基の量(dC_b)あるいは強酸の量(dC_a)と pH の増加(dpH)との比($\beta = dC_b/dpH = -dC_a/dpH$)で定義される.$\beta$ が大きいほど緩衝作用が大で,緩衝液としての有効性も高いといえるが,先の例からもわかるように,$C_a = C_b$ とし($pH = pK_a$),おのおの C_a と C_b の値が大きいほど強い緩衝作用を示すことになる.

4・6　混合溶液

酸と塩基の混合は,次節に述べる酸塩基滴定でみられるが,酸と酸,あるいは塩基と塩基が混合される場合もある.弱酸と強酸ならびに弱塩基と強塩基との混合溶液では,おのおの強酸,強塩基単独の水溶液と考えて差し支えなく,また強酸同士あるいは強塩基同士の混合水溶液では,両者の算術和に等しい.

ここでは,解離定数の異なる二つの一塩基弱酸(解離定数 K_1 である HA_1 と K_2 である HA_2)の混合溶液(HA_1 の初濃度 C_{a1},HA_2 の初濃度 C_{a2})について考える.

電荷均衡則から

$$[H^+] = [A_1^-] + [A_2^-] + [OH^-] \quad (4 \cdot 47)$$

物質収支から

$$C_{a1} = [HA_1] + [A_1^-] \quad (4 \cdot 48)$$

$$C_{a2} = [HA_2] + [A_2^-] \quad (4 \cdot 49)$$

おのおのの解離定数は

$$K_1 = [H^+][A_1^-]/[HA_1] \quad (4 \cdot 50)$$

$$K_2 = [H^+][A_2^-]/[HA_2] \quad (4 \cdot 51)$$

これらから,

$$[A_1^-] = K_1 C_{a1}/([H^+] + K_1) \quad (4 \cdot 52)$$

$$[A_2^-] = K_2 C_{a2}/([H^+] + K_2) \quad (4 \cdot 53)$$

水のイオン積とこれらを式(4・47)に代入すると

$$[H^+] = K_1 C_{a1}/([H^+] + K_1) + K_2 C_{a2}/([H^+] + K_2) + K_w/[H^+] \quad (4 \cdot 54)$$

ここで,もし,$[H^+] \gg K_1$,$[H^+] \gg K_2$ なら次のように近似できる.

$$[H^+] = K_1 C_{a1}/[H^+] + K_2 C_{a2}/[H^+] + K_w/[H^+]$$

$$[H^+]^2 = K_1 C_{a1} + K_2 C_{a2} + K_w \quad (4 \cdot 55)$$

となり,弱酸同士の混合溶液の水素イオン濃度を計算できる.

一方,弱塩基同士の混合溶液についても同様の考えによる式(4・56)を用いて水酸化物イオン濃度を計算できる.

$$[\mathrm{OH}^-]^2 = K_1 C_{b1} + K_2 C_{b2} + K_w \quad (4 \cdot 56)$$

4・7 酸塩基滴定(中和滴定)

試料溶液に既知の濃度の標準液(standard solution)を滴下し,化学量論的に等しい当量点(equivalence point)までに要した標準液の体積から試料溶液中の対象成分の含有量を決定する定量法を容量分析といい,この一連の操作を滴定(titration)という.

ここで取り上げる酸塩基滴定は,容量分析の典型的な例である.滴定に伴う滴定溶液の水素イオン濃度の変化を図示したものを滴定曲線(titration curve)という.酸塩基反応に限らず反応は,当量点で完結するが,実際の滴定では指示薬(indicator)の変色や,滴定曲線の変曲点などから実験者が当量点を判断することになる.これを終点(end point)といい,終点が許容実験誤差内で当量点と一致しなければならず,両者の差は滴定誤差(titration error)あるいは終点誤差とよばれる.

4・7・1 滴定曲線

酸塩基滴定には,強酸-強塩基,強酸-弱塩基,弱酸-強塩基および弱酸-弱塩基の4種類の組合せが考えられる.弱酸-弱塩基の場合は,当量点近傍でのpH変化が小さく,終点が決めにくく,しいて標準液として弱酸や弱塩基を用いる必要もないので,この組合せの滴定は行われない.

ここでは,試料溶液としての酸に標準液である強塩基を滴下していく過程の水素イオン濃度の変化について説明する.

a. 強酸を強塩基で滴定する場合

濃度 C_a の強酸 HA を濃度 C_b の強塩基 B^- で滴定する場合を考える.

① 滴定前のpH:4・3節に述べたように,強酸のみの水溶液なので,その濃度が 10^{-5} M 以上であるなら $[\mathrm{H}^+] = C_a$ と近似でき,式(4・11)より

$$\mathrm{pH} = -\log C_a \quad (4 \cdot 57)$$

として計算できる.なお,強酸の濃度が非常に希薄な場合(10^{-7} M 以下)には式(4・

14) から誘導される式 (4・58) によって計算できる.

$$[\mathrm{H^+}] = \frac{C_\mathrm{a} + \sqrt{C_\mathrm{a}^2 + 4K_\mathrm{w}}}{2} \qquad (4・58)$$

② 当量点までの pH：水の解離が無視できる範囲において，水素イオン濃度は，未中和の酸の濃度に等しいと近似できるので，①と同じ式を用いて計算できる．

③ 当量点における pH：当量点では，

$$[\mathrm{H^+}] = \sqrt{K_\mathrm{w}} \qquad (4・59)$$

④ 当量点以降の pH：当量点のごく近傍で水の解離が無視できない範囲では，過剰の塩基の濃度を C とし，式 (4・60) より求める.

$$[\mathrm{OH^-}]^2 - C[\mathrm{OH^-}] - K_\mathrm{w} = 0 \qquad (4・60)$$

$$[\mathrm{H^+}] = \frac{C + \sqrt{C^2 + 4K_\mathrm{w}}}{2} \qquad (4・61)$$

水の解離が無視できる範囲では，$C = [\mathrm{OH^-}]$ であり，

$$\mathrm{pH} = \mathrm{p}K_\mathrm{w} + \log C \qquad (4・62)$$

となる．

これらに従い，1.00×10^{-1} M，1.00×10^{-2} M および 1.00×10^{-3} M の HCl 10.00 mL

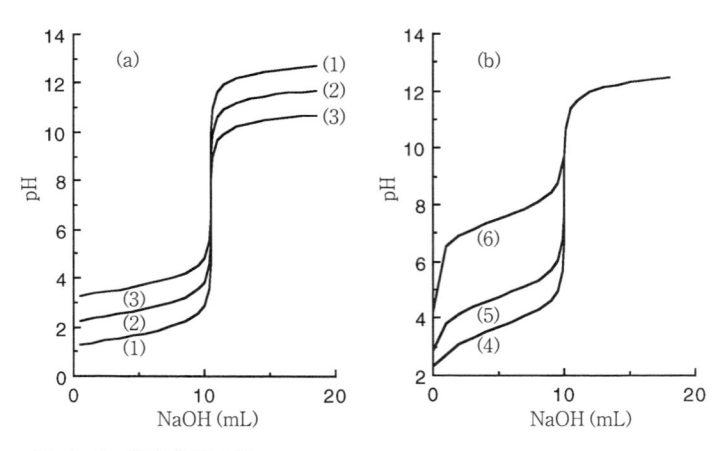

図 4・1 滴定曲線の例
 (a) HCl の 1.00×10^{-1} M (1)，1.00×10^{-2} M (2)，1.00×10^{-3} M (3) をおのおの同じ濃度の NaOH 溶液で滴定する場合
 (b) 1.00×10^{-1} M の HCOOH ($\mathrm{p}K_\mathrm{a} = 3.68$) (4)，$\mathrm{CH_3COOH}$ ($\mathrm{p}K_\mathrm{a} = 4.74$) (5)，HClO ($\mathrm{p}K_\mathrm{a} = 7.49$) (6) を 1.00×10^{-1} M の NaOH 溶液で滴定する場合

に相当する同じ濃度の NaOH 溶液を滴下するときの pH を求めると，図 4・1(a) に示す滴定曲線が得られる．

b. 弱酸を強塩基で滴定する場合

1.00×10^{-1} M CH_3COOH 10.00 mL を同じ濃度の NaOH 溶液で滴定する場合の滴定曲線を考える．

① 滴定開始前の pH：弱酸 HA のみの水溶液の $[H^+]$ を求める式(4・23) より，
$$[H^+] = \sqrt{1.80 \times 10^{-5} \times 1.00 \times 10^{-1}} = 1.34 \times 10^{-3} \text{ M}$$
$$pH = 2.87$$

② 当量点までの pH：NaOH 溶液 1.00 mL 加えたとすると，
$[CH_3COOH] = 1.00 \times 10^{-1} \times (10.00 - 1.00)/(10.00 + 1.00) = 8.18 \times 10^{-2}$ M
$[CH_3COONa] = 1.00 \times 10^{-1} \times 1.00/(10.00 + 1.00) = 0.91 \times 10^{-2}$ M
の混合溶液であり，式(4・46) より，
$$[H^+] = \frac{8.18 \times 10^{-2}}{0.91 \times 10^{-2}} \times 1.80 \times 10^{-5} = 1.62 \times 10^{-4} \text{ M}, \quad pH = 3.79$$

③ 当量点での pH：NaOH 溶液を 10.00 mL 滴下したところが当量点となる．当量点では，$[CH_3COONa] = 1.00 \times 10^{-1} \times 10.00/(10.00 + 10.00) = 5.00 \times 10^{-2}$ M であり，$CH_3COO^- + H_2O \rightleftarrows CH_3COOH + OH^-$ で示される平衡が成立する．ここで，水の解離が無視でき $[OH^-] \gg [H^+]$，$[A^-] \gg [OH^-]$ とすると，式(4・28) に従う．式(4・28) は式(4・63) と書ける．

$$[OH^-] = \sqrt{\frac{K_w}{K_a} C_s} \quad (C_s \text{は塩の濃度}) \qquad (4 \cdot 63)$$

これより，
$$[OH^-] = \sqrt{(10^{-14}/1.80 \times 10^{-5}) \times 5.00 \times 10^{-2}} = 5.27 \times 10^{-6}$$
$$pOH = 5.28, \quad pH = 8.72$$
となる．

④ 当量点以降の pH：強酸を強塩基で滴定する場合と同じ．

上記のように滴定に伴う pH 変化を求めると，図 4・1(b) に示す曲線(5) が得られる．なお，図(b) に示すように，解離定数が小さくなるほど当量点付近での pH 変化が小さくなり，次項に述べるように指示薬を選択する際に注意を要することがわかる．

4・7・2 当量点の指示法

酸塩基滴定の当量点を指示する方法には，pH メーターによる滴定溶液の pH 直接測定や，滴定溶液の電気伝導度測定などの電気的な指示法と，指示薬の呈色変化を用いる方法がある．

酸塩基指示薬は，一般に有機の弱酸または弱塩基で，共役酸と共役塩基のいずれか一方あるいはその両方が呈色する．いま，弱酸の指示薬を HIn で表すと，次式に示す

表 4・1 主な pH 指示薬

pH 指示薬	略 称	変色域（pH および色）		
		酸 側		アルカリ側
クリスタルバイオレット		緑	0.8 ～ 2.6	青紫
m-クレゾールパープル		赤	1.2 ～ 2.8	黄
チモールブルー	TB	赤	1.2 ～ 2.8	黄
トロペオリン OO		赤	1.4 ～ 2.6	黄
2,6-ジニトロフェノール		無	1.7 ～ 4.4	黄
メチルエロー	MY	赤	2.9 ～ 4.0	黄
ブロモフェノールブルー	BPB	黄	3.0 ～ 4.6	青紫
コンゴーレッド		青	3.0 ～ 5.0	赤
メチルオレンジ	MO	赤	3.1 ～ 4.4	黄
アリザリン S		黄	3.7 ～ 5.2	紫
ブロモクレゾールグリーン	BCG	黄	3.8 ～ 5.4	青
メチルレッド	MR	赤	4.2 ～ 6.3	黄
クロロフェノールレッド	CPR	黄	5.0 ～ 6.6	赤
p-ニトロフェノール		無	5.0 ～ 7.0	黄
ブロモクレゾールパープル	BCP	黄	5.2 ～ 6.8	紫
ブロモチモールブルー	BTB	黄	6.0 ～ 7.6	青
フェノールレッド	PR	黄	6.8 ～ 8.4	赤
クレゾールレッド	CR	黄	7.2 ～ 8.8	赤
m-クレゾールパープル		黄	7.4 ～ 9.0	紫
トロペオリン OOO		黄	7.6 ～ 8.9	赤
チモールブルー	TB	黄	8.0 ～ 9.6	青
フェノールフタレイン	PP	無	8.3 ～ 10.0	赤
チモールフタレイン	TP	無	9.3 ～ 10.5	青
ナイルブルー		青	10 ～ 11	桃
トロペオリン O		黄	11.0 ～ 13.0	橙
インジゴカルミン		青	11.6 ～ 14	黄
トリニトロ安息香酸ナトリウム		無	12.0 ～ 14	赤

[上野景平，今村寿明，"試薬便覧"，南江堂 (1983)，p.102]

ように解離して酸性色（未解離色）と塩基性色（解離色）を呈する．

$$\text{HIn} \underset{\text{共役酸}}{\rightleftharpoons} \text{H}^+ + \underset{\text{共役塩基}}{\text{In}^-} \qquad \frac{[\text{H}^+][\text{In}^-]}{[\text{HIn}]} = K_\text{I} \qquad (4\cdot 64)$$

$[\text{HIn}] = [\text{In}^-]$ のとき $K_\text{I} = [\text{H}^+]$ であり，これに相当する pH 値を指示薬指数 $\text{p}K_\text{I}$ という．通常，$[\text{In}^-]/[\text{HIn}] \leq 0.1$ では酸性色，$[\text{In}^-]/[\text{HIn}] \geq 10$ では塩基性色にみえるといわれている．すなわち，指示薬の色調の変化は，$\text{p}K_\text{I} \pm 1$ の間で起こる．この間の pH 域を指示薬の変色域という．代表的な酸塩基指示薬の変色域と色については表 4・1 に示す．

4・7・3　滴定誤差

滴定誤差は，終点と当量点との不一致によるが，指示薬の選択ミスが原因であることが多い．このほかに標準液の濃度，器具の検度[*1]，あと流れ[*2]などによる誤差がある．

滴定誤差は次式で与えられる．

$$\frac{\text{未中和の酸(塩基)の物質量}}{\text{滴定されるべき酸(塩基)の物質量}} \times 100$$

また

$$\frac{\text{過剰に加えられた塩基(酸)の物質量}}{\text{滴定されるべき酸(塩基)の物質量}} \times 100$$

たとえば，0.10 M NaOH で 10 mL の 0.10 M HCl を滴定し，pH 5.0 で終点としたときの滴定誤差について考える．滴定されるべき HCl の物質量は $0.10 \times 10 \times 10^{-3}$ mol，また，pH = 5.0 で，そのときの体積を 20 mL と見積ると，未中和の HCl の物質量は $1.0 \times 10^{-5} \times 20 \times 10^{-3}$ mol なので，

$$\frac{\text{未中和の酸の物質量}}{\text{滴定されるべき酸の物質量}} \times 100 = \frac{1.0 \times 10^{-5} \times 20 \times 10^{-3}}{0.10 \times 10 \times 10^{-3}} \times 100$$

当量点前には−，当量点後では＋をつけると，この場合の滴定誤差は -2.0×10^{-2}％ と

[*1] 検定済みの計量器具（メスフラスコ，ビュレット，ホールピペットなど）でも，検定公差内の誤差があり，精密な実験をするときには各自で器具の補正を行なう．これにより，誤差を 0.1％以下にすることができる．

[*2] ビュレットから液体を流出させると，内壁に付着する溶液が徐々におちてくる．このため，多量の液を短時間で流出させた場合，しばらく時間をおいてから滴定値を読みとると誤差を小さくすることができる．ホールピペットを用いる場合も同様に，あと流れを考慮しなければならない．

なる．ここでは，水の解離を無視したが，さらに終点が当量点近くになれば水の解離による水素イオン濃度を考慮しなければならない．

5

沈殿平衡および沈殿滴定

5・1 溶解度と溶解度積

　物質の水への溶けやすさの尺度としての溶解度（solubility）は，ある温度で物質を溶け得るまで溶解させてつくった飽和溶液中の溶質の濃度で表される．溶解度の表し方もさまざまであるが，固体物質の溶解度については質量百分率濃度とモル溶解度による表し方が代表的である．質量百分率濃度（飽和溶液 100 g 中に含まれる物質の質量；略記号 w）は，比較的よく溶ける物質について，また難溶性の物質についてはモル濃度（モル溶解度という：飽和溶液 1 dm^3 中の溶質の物質量；略記号 S）が用いられる．

　溶解度積（solubility product）は，難溶性塩の解離反応について質量作用の法則を適用したもので，重量分析や沈殿滴定における沈殿生成反応の定量的な考察に役立つ．

5・1・1　溶解度積と共通イオン効果

　難溶性塩（溶けると完全にイオン化する）M_mX_n の飽和溶液では，固相と液相との間で式 (5・1) の平衡が成立する．

$$M_mX_n(s) \rightleftarrows mM^{n+} + nX^{m-} \qquad K = \frac{[M^{n+}]^m [X^{m-}]^n}{[M_mX_n]} \qquad (5・1)$$

$[M^{n+}]$ および $[X^{m-}]$ はイオン濃度（厳密には活量で表す）を示す．$[M_mX_n]$ は固体

M_mX_n の活量を表すが，その値は固体が存在する限りその量に無関係に一定（標準状態で活量は1）である．そこで，式(5·1)は式(5·2)のように改められる．

$$[M^{n+}]^m[X^{m-}]^n = K \cdot \text{constant} = K_{sp} \qquad (5 \cdot 2)$$

この K_{sp} を塩 M_mX_n の溶解度積といい，その値は物質によって固有であり，一定の温度では一定である．したがって，

$[M^{n+}]^m[X^{m-}]^n < K_{sp}$：不飽和（沈殿生成が起こらない）

$[M^{n+}]^m[X^{m-}]^n = K_{sp}$：飽和状態

$[M^{n+}]^m[X^{m-}]^n > K_{sp}$：過飽和（飽和状態まで沈殿生成が起こる）

が想定でき，M_mX_n の飽和溶液に塩と共通するイオン（X^{m-} または M^{n+}）を含む別の塩の溶液を加えると，$[M^{n+}]^m[X^{m-}]^n > K_{sp}$ となり，M^{n+} または X^{m-} を M_mX_n としてさらに沈殿させることができる．

たとえば，Ag_2CrO_4 の飽和水溶液では，$Ag_2CrO_4(s) \rightleftarrows 2Ag^+ + CrO_4^{2-}$ の平衡関係が成立しており，溶解度積は

$$\begin{aligned} K_{sp} &= [Ag^+]^2[CrO_4^{2-}] \\ &= 1.9 \times 10^{-12} \end{aligned} \qquad (5 \cdot 3)$$

と求められている．この飽和溶液における Ag_2CrO_4 のモル溶解度 S （この場合は，$S = [CrO_4^{2-}]$）を次のようにして求めることができる．

電荷均衡則から

$$[Ag^+] = 2[CrO_4^{2-}] \qquad (5 \cdot 4)$$

であり，これを式(5·3)に代入すると，

$$K_{sp} = 4[CrO_4^{2-}]^3 \qquad (5 \cdot 5)$$

$$S = [CrO_4^{2-}] = \sqrt[3]{K_{sp}/4} \qquad (5 \cdot 6)$$

となり，$S = [CrO_4^{2-}] = 7.8 \times 10^{-5}$ M と求められる．また，この値を式(5·4)に代入して $[Ag^+] = 1.56 \times 10^{-4}$ M となる．

この飽和溶液に Na_2CrO_4 を 0.050 M となるように加えると，加えた Na_2CrO_4 はほぼ完全に解離し，これによる $[CrO_4^{2-}]$ は 0.050 M であり，Ag_2CrO_4 の解離によって生じる $[CrO_4^{2-}]$ が無視できる．そこで，式(5·3) より

$[Ag^+]^2[CrO_4^{2-}] = [Ag^+]^2 \times 0.050 = 1.9 \times 10^{-12}$ となり，

$[Ag^+] = 6.2 \times 10^{-6}$ M で，

$S = [Ag^+]/2 = 3.1 \times 10^{-6}$ となる．

このように，純水中では $[Ag^+]=1.56\times 10^{-4}$ M であったものが，共通するイオンを含む Na_2CrO_4 塩を共存させると，$[Ag^+]=6.2\times 10^{-6}$ M となり，難溶性塩の溶解度がはなはだしく減少する．これを共通イオン効果（common ion effect）という．共通イオン効果を応用すると，溶液中の特定のイオンを定量的に沈殿させることができる．

5・1・2 塩効果

濃度の関数とした式(5・2)は，厳密には活量で表されなければならない．たとえば，難溶性塩 MX の解離平衡（$MX(s) \rightleftarrows M^+ + X^-$）についての溶解度積は，

$$K_{sp} = a_{M^+} \cdot a_{X^-} \tag{5・7}$$

で表される．ここで，a_{M^+} および a_{X^-} はおのおの M^+, X^- の活量を示す．活量は活量係数と濃度の積で表されるので，式(5・7)は式(5・8)となる．

$$K_{sp} = [M^+][X^-]f_{M^+}f_{X^-} \tag{5・8}$$

ここで，f_{M^+}, f_{X^-} は各イオンの活量係数を示す．したがって，

$$[M^+][X^-] = \frac{K_{sp}}{f_{M^+}f_{X^-}} \tag{5・9}$$

難溶性塩 MX の飽和溶液ではイオンの濃度はきわめて小さいから，f_{M^+} および f_{X^-} はほとんど1に等しいとみなせるので，式(5・2)を用いても一般的には支障がない．しかし，この飽和溶液に他の電解質を多量に添加すると，溶液のイオン強度が増大して f_{M^+}, f_{X^-} が1以下に減少する．K_{sp} は定数なので，活量係数の減少に伴って $[M^+]$ と $[X^-]$ の積は増大することになる．すなわち，電解質の添加によって難溶性塩の溶解度が増加する．この効果を塩効果（salt effect）という．

前項で述べた共通イオン効果は，難溶性塩の溶液にその塩と共通するイオンをもつ電解質の添加によって塩の溶解度を減少させるが，この効果は，塩効果によって若干相殺されるとともに，大過剰の塩の添加は定量的な沈殿生成を妨げることがある．

5・1・3 定量的沈殿と分別沈殿ならびに酸塩基平衡との競合

共通イオン効果を利用すると，溶液中に溶けている金属イオンを定量的（初濃度の1/1000以下になること）に沈殿させたり，一種類の沈殿剤を加えて，溶液中の共存イオンをその溶解度の差を利用して別々に沈殿させる（分別沈殿（fractional precipitation））ことができる．

Mn^{2+} と Pb^{2+} が共存する溶液から，Pb^{2+} だけを定量的に分別沈殿させるための条件

を考えよう．ここで，PbS および MnS の溶解度積は，8.0×10^{-28} および 8.0×10^{-14} であり，$[\mathrm{Mn}^{2+}]=[\mathrm{Pb}^{2+}]=1.0\times10^{-3}$ M とする．

Pb^{2+} が PbS として定量的（99.9% 以上）に沈殿した場合，溶液中に残存する $[\mathrm{Pb}^{2+}]=1.0\times10^{-6}$ M となり，このとき $K_{\mathrm{sp}}=[\mathrm{Pb}^{2+}][\mathrm{S}^{2-}]=8.0\times10^{-28}$ を成立していなければならないので，$[\mathrm{S}^{2-}]=8.0\times10^{-28}/(1.0\times10^{-6})=8.0\times10^{-22}$ M であればよいことになる．一方，MnS が沈殿し始めるときは $[\mathrm{S}^{2-}]=8.0\times10^{-14}/(1.0\times10^{-3})=8.0\times10^{-11}$ M．したがって，PbS だけを定量的に沈殿させるときの $[\mathrm{S}^{2-}]$ の濃度範囲は，$8.0\times10^{-11}\,\mathrm{M}>[\mathrm{S}^{2-}]\geq 8.0\times10^{-22}\,\mathrm{M}$ となる．

硫化物イオン濃度をこの濃度範囲に調節するには，以下のように溶液の水素イオン濃度を変化させることで可能となる．

すなわち，弱酸である H_2S は次のように 2 段階に解離する．

$$\mathrm{H_2S} \rightleftharpoons \mathrm{H^+} + \mathrm{HS^-} \qquad \frac{[\mathrm{H^+}][\mathrm{HS^-}]}{[\mathrm{H_2S}]}=K_1=1.0\times10^{-7} \qquad (5\cdot10)$$

$$\mathrm{HS^-} \rightleftharpoons \mathrm{H^+} + \mathrm{S^{2-}} \qquad \frac{[\mathrm{H^+}][\mathrm{S^{2-}}]}{[\mathrm{HS^-}]}=K_2=1.0\times10^{-14} \qquad (5\cdot11)$$

両式から，$\dfrac{[\mathrm{H^+}]^2[\mathrm{S^{2-}}]}{[\mathrm{H_2S}]}=K_1\cdot K_2=1.0\times10^{-21}$

また，H_2S の分圧が 1 atm のとき水溶液中の $[\mathrm{H_2S}]\fallingdotseq0.1$ M なので，

$$[\mathrm{S^{2-}}]=\frac{1.0\times10^{-22}}{[\mathrm{H^+}]^2} \qquad (5\cdot12)$$

となる．これより，先の $[\mathrm{S^{2-}}]$ の濃度範囲 $(8.0\times10^{-11}\,\mathrm{M}>[\mathrm{S^{2-}}]\geq 8.0\times10^{-22}\,\mathrm{M})$ とするのに必要な水素イオン濃度を求めると，

$$\sqrt{1.0\times10^{-22}/(8.0\times10^{-11})}<[\mathrm{H^+}]\leq\sqrt{1.0\times10^{-22}/(8.0\times10^{-22})}$$
$$1.12\times10^{-6}\,\mathrm{M}<[\mathrm{H^+}]\leq0.35\,\mathrm{M}$$

となる．

分別沈殿のより具体的な例は，2 編付録に示す硫化物法による陽イオンの系統的分析法にみられる．通常の定性分析において，第 2 族イオン（Hg^{2+}，Cu^{2+}，Cd^{2+}，Pb^{2+}，Sn^{2+} など）は，0.3 M HCl 溶液に H_2S ガスを通じると硫化物として沈殿するが，第 4 属イオン（Co^{2+}，Ni^{2+}，Zn^{2+}，Mn^{2+} など）はこの条件では沈殿しない．

たとえば，$\mathrm{Cu}^{2+}(K_{\mathrm{sp\,CuS}}=4\times10^{-36})$ と $\mathrm{Zn}^{2+}(K_{\mathrm{sp\,ZnS}}=1.6\times10^{-23})$ がともに 0.01 M 含まれる溶液を 0.3 M HCl の酸性溶液とし，H_2S ガスを通じるときを考える．この条件では，式(5・12)より，溶液中の $[\mathrm{S^{2-}}]=1.0\times10^{-22}/0.3^2=1.1\times10^{-21}$ M であり，溶

液中に溶解し得る金属イオン濃度は、おのおのの溶解度積から、

$$[Cu^{2+}] = 4 \times 10^{-36}/1.1 \times 10^{-21} = 3.6 \times 10^{-15} \text{ M}$$
$$[Zn^{2+}] = 1.6 \times 10^{-23}/1.1 \times 10^{-21} = 1.5 \times 10^{-2} \text{ M}$$

となる。すなわち、Cu^{2+} はほぼ完全に沈殿するが、Zn^{2+} は沈殿せず両者を分離できる。その後、Zn^{2+} を定量的に沈殿させるには、溶液中に溶解し得る $[Zn^{2+}] < 1 \times 10^{-5}$ M となるように、$[S^{2-}] > 1.6 \times 10^{-5}$ に増大させる必要があり、式(5・12)より $[H^+] = \sqrt{1.0 \times 10^{-22}/1.6 \times 10^{-5}} = 2.5 \times 10^{-9}$ M で、pH＝8.6 のアルカリ条件下が適当であるとわかる。

沈殿させた硫化物の中には、希塩酸や希硫酸に容易に溶解するものがある。式(5・13)に示すように、硫化物の解離によってわずかに生ずる S^{2-} は弱酸の共役塩基であり、pH が低くなると式(5・14)に従い H_2S となる。さらに、H_2S が飽和状態になるとガスとして逸散するので、H^+ が十分な状態では硫化物は溶解することになる。

$$MS \rightleftharpoons M^{2+} + S^{2-} \quad (5・13)$$
$$S^{2-} + H^+ \rightleftharpoons HS^- \quad HS^- + H^+ \rightleftharpoons H_2S \quad (5・14)$$

このようにして、K_{sp} が比較的大きい（$10^{-27} \sim 10^{-14}$ 程度）MnS, ZnS, FeS, CdS などは、希塩酸、希硫酸に溶解するが、CuS は 3 M HCl や 1.5 M H_2SO_4 に溶解しない。さらに、HgS は $K_{sp} = 10^{-50}$ ときわめて解離し難いため、王水などで硫化物イオンを酸化消失させなければ溶解させることはできない。

このほか、炭酸塩、水酸化物などの溶解性についても同様に、溶液中の酸度の影響を受ける。

5・2　沈殿滴定

沈殿生成反応に基づく滴定を沈殿滴定（precipitation titration）といい、標準液として分析目的イオンと難溶性の沈殿を与える物質（沈殿剤）の溶液を用いる。酸塩基反応の場合と異なり、沈殿生成反応は必ずしも迅速でなく、共沈により不正確になることもある。また、金属イオンの定量には錯滴定法が便利なため、主に陰イオン、とくにハロゲン化銀の沈殿生成によるハロゲン化物イオンがこの方法で定量される。銀滴定法（argentometry）が代表的である。

5・2・1 滴定曲線

ハロゲン化物イオン（X^-）の銀滴定を取り上げる．

$$X^- + Ag^+ \longrightarrow AgX \qquad (5・15)$$

酸塩基滴定では縦軸を pH としたように，この場合は縦軸を pX とし，0.10 M Cl^- 10.0 mL を同じ濃度の $AgNO_3$ 標準液で滴定する場合の滴定曲線を考える．

① 滴定前の pCl：pCl $= -\log[Cl^-]$ なので，pCl $= 1.00$

② 当量点までの pCl：加えた Ag^+ の物質量に相当する Cl^- が AgCl として沈殿するので，pCl は溶液中に残存する $[Cl^-]$ により求められる．$AgNO_3$ 標準液を 2.0 mL 加えたとき，$[Cl^-] = 0.1(10.0-2.0)/(10.0+2.0) = 6.7 \times 10^{-2}$，pCl $= 1.18$ となる．なお，AgCl の解離により生じる Cl^- を考慮しなければならないが，当量点のごく近傍以外では無視してよい．

③ 当量点での pCl：AgCl の飽和溶液と同じなので，$[Cl^-] = [Ag^+] = \sqrt{K_{sp}}$ であり，$[Cl^-] = \sqrt{1.8 \times 10^{-10}}$，pCl $= 4.87$ となる．

④ 当量点以降の pCl：過剰に加えられた $[Ag^+]$ を求め，pCl $= pK_{sp} - pAg$ より求める．このようにして求めた滴定曲線を図 5・1 に示す．図にみるように，生成する沈殿の溶解度積が小さいほど当量点付近でのイオン濃度の変化が大きくなる．

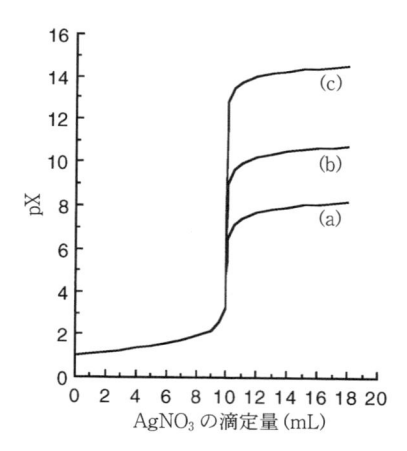

図 5・1 0.10 M の Cl^- ($pK_{sp}=9.74$) (a)，Br^- ($pK_{sp}=12.3$) (b)，I^- ($pK_{sp}=16.1$) (c) のおのおのを同じ濃度の $AgNO_3$ 溶液で滴定するときの滴定曲線

5・2・2 当量点の指示法

沈殿滴定における当量点の指示法として，イオン濃度（正確には活量）の変化による電位差や沈殿生成による透過光（濁り測定）あるいは散乱光（比濁分析）を測定する方法などがある．一方，指示薬を用いる方法では，指示薬が反応完結後に加えられた過剰の試薬（沈殿剤）と反応し，着色した沈殿を生じるか，あるいは溶液が呈色することや，沈殿表面上への吸着による変色などが利用される．その具体例を述べる．

a．モール（Mohr）法（クロム酸カリウムを指示薬とする直接滴定法）

式(5・15)に示すようにハロゲン化銀が沈殿した後，式(5・16)で赤色のクロム酸銀の沈殿が生成するところを終点とする方法である．

$$2\,Ag^+ + CrO_4^{2-} \longrightarrow Ag_2CrO_4 \qquad (5・16)$$

当量点で Ag_2CrO_4 の沈殿生成を確認することは難しい．実際には，試料溶液 25 mL に対して 5% K_2CrO_4 溶液を 2 滴ほど加えるが，Ag_2CrO_4 の生成を確認するまでには 0.05 M $AgNO_3$ 溶液の 0.2 mL 程度を余分に滴下することになる．このため，あらかじめ空実験（blank experiment）を行い，その量を求めておかねばならない．このほか，試料溶液のpHが 6.5～10 の範囲内でなければならない．酸性側では $H^+ + CrO_4^{2-} \rightleftarrows HCrO_4^-$, $2\,H^+ + 2\,CrO_4^{2-} \rightleftarrows Cr_2O_7^{2-} + H_2O$ により CrO_4^{2-} が減じ，アルカリ性側では AgOH の生成を経て Ag_2O となるので，滴定誤差が大きくなる．

b．フォルハルト（Volhard）法（硫酸アンモニウム鉄(III) $Fe(NH_4)(SO_4)_2\cdot 12\,H_2O$ を指示薬とする逆滴定法）

式(5・17)に示すように，ハロゲン化物イオンに一定既知量の Ag^+ を過剰に加え，過剰の Ag^+ を Fe^{3+} を指示薬として SCN^-（NH_4SCN を使用）標準液で滴定し，赤色のチオシアン酸鉄イオン生成が認められたところを終点とする滴定法である．

$$X^- + \text{excess}\ Ag^+ \longrightarrow AgX + \text{rest}\ Ag^+ \qquad (5・17)$$

$$\text{rest}\ Ag^+ + SCN^- \longrightarrow AgSCN \qquad (5・18)$$

$$Fe^{3+} + SCN^- \longrightarrow FeSCN^{2+} \qquad (5・19)$$

酸性側での滴定が可能であり，$FeSCN^{2+}$ の生成反応はきわめて敏感で当量点は終点と等しいとして差し支えないなどの利点がある．ただし，AgSCN の $K_{sp}=1.0\times10^{-12}$ であり，AgCl の $K_{sp}=1.8\times10^{-10}$ より小さいため，式(5・20)の反応が起こるために，終点指示が遅れる．

$$AgCl + SCN^- \longrightarrow AgSCN + Cl^- \qquad (5・20)$$

これを避けるために，式(5・17)の反応により生じた AgCl を沪過，洗浄し，その沪液を SCN⁻ で滴定するか，あるいは沪過を省きニトロベンゼンを少量加えて強くふりまぜて AgCl を凝結させた後，SCN⁻ で滴定するとよい．

なお，Br⁻ および I⁻ の場合，AgBr : $K_{sp} = 5 \times 10^{-13}$，AgI : $K_{sp} = 8.5 \times 10^{-17}$ であり，式(5・20) の反応が起こる心配がないため，沪過などの操作を省略できる．

c. ファヤンス (Fajans) 法

沈殿は，その表面に自身と共通するイオンを引き付け結合しようとする．たとえば，AgCl の沈殿生成において，NaCl が過剰の場合（図 5・2(a)），Cl⁻ の吸着により沈殿は負に帯電し，逆に AgNO₃ が過剰の場合（図 (b)）には Ag⁺ の吸着により正に帯電する．その結果，図 5・2 に示すように沈殿粒子と溶液の間に電気二重層（electric double layer）が生じる．ファヤンス法は，フルオレセインやエオシンなど（表 5・1）の吸着指示薬を用いる銀滴定で，当量点を過ぎると AgCl の表面に Ag⁺ が吸着し，正に帯電した沈殿表面に指示薬の陰イオンが吸着して着色するところを終点とする．

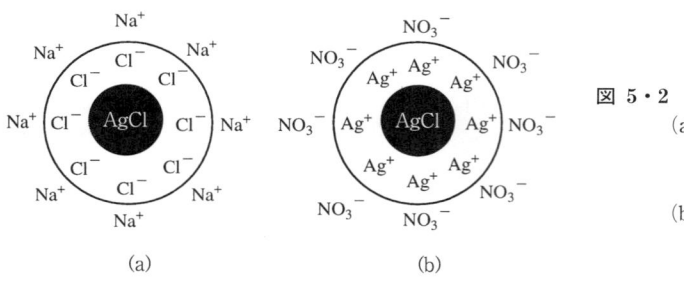

図 5・2 吸着現象
(a) NaCl が過剰の場合（当量点前）
(b) AgNO₃ が過剰の場合（当量点後）

表 5・1 吸着指示薬

指示薬	目的イオン	滴定剤	条件
ジクロロフルオレセイン	Cl⁻	Ag⁺	pH 4
エオシン	Br⁻, I⁻, SCN⁻	Ag⁺	pH 2 酢酸酸性
メチルバイオレット	Ag⁺	Cl⁻	酢酸酸性
ローダミン 6G	Ag⁺	Br⁻	硝酸酸性

5・3　滴定誤差

　塩化物イオンのモール法における滴定誤差を考えることにする．指示薬として 5.0×10^{-3} M K_2CrO_4 を含む 0.10 M NaCl 溶液の 50 mL を同じ濃度の $AgNO_3$ で滴定する場合を考える．

　当量点では，全体積は 100 mL であり溶液中の $[CrO_4^{2-}]=2.5\times10^{-3}$ M となる．Ag_2CrO_4 が沈殿し始めるときの $[Ag^+]$ は，式(5・3) より，

$$[Ag^+]^2[CrO_4^{2-}]=[Ag^+]^2\times2.5\times10^{-3}=1.9\times10^{-12}$$
$$[Ag^+]=2.76\times10^{-5} \text{ M}$$

$[Ag^+]$ は，過剰の $AgNO_3$ と AgCl の溶解による Ag^+ との合計である．AgCl の溶解による $[Ag^+]$ は $[Cl^-]$ で示すことができるので，AgCl の溶解度積から求めた $[Ag^+]$ $(1.8\times10^{-10}/2.76\times10^{-5}=6.5\times10^{-6})$ を差し引くと，過剰の Ag^+ の物質量が求められる．

$$(2.76\times10^{-5}-6.5\times10^{-6})\times100=2.11\times10^{-3} \text{ mmol}$$

一方，当量点までに要する $AgNO_3$ の物質量は，5.0 mmol なので，滴定誤差は

$$(2.11\times10^{-3}/5.0)\times100=+0.04\%$$

となる．なお，過剰の Ag^+ (2.11×10^{-3} mmol) は，0.10 M $AgNO_3$ 溶液の 0.02 mL に相当するが，実際には黄褐色の沈殿生成をみて終点とするので，$AgNO_3$ 溶液をもう少し余分に加えるであろう．そこで，前もって指示薬の濃度をほぼ同じとした Cl^- を含まない溶液を滴定し（空実験），終点決定までに要する $AgNO_3$ 溶液の体積を求め，これを滴定値から差し引くことによって，滴定誤差を小さくすることができる．

6

錯生成平衡と錯滴定-キレート滴定

錯イオンの生成反応と錯生成定数および錯イオン生成に基づく錯滴定として,主に EDTA を用いる金属イオンのキレート滴定法について説明する.

6・1　錯体および錯イオン

錯体 (complex) あるいは錯イオンといっても特別なものではなく,水溶液中の金属イオンは水分子が配位結合したアクア錯イオンとして存在する.結晶硫酸銅 $CuSO_4 \cdot 5H_2O$ あるいは硫酸銅の水溶液が薄い青色にみえるのは,Cu^{2+} イオンの色でなく,水分子が配位した $Cu(H_2O)_4^{2+}$ が存在するためである.これにアンモニア水を加えると,はじめは淡青色の水酸化銅(II)が沈殿するが,さらにアンモニア水を加えると沈殿が溶解して深青色の溶液となる.この変化は,Cu^{2+} に NH_3 の4分子がつぎつぎに配位結合して $Cu(NH_3)_4^{2+}$ が生成するためである.化学結合の考え方から,Cu^{2+} イオンは空の軌道をもっており,これが供与基からの電子対を受容する.ルイスの酸・塩基の概念に従えば,金属イオンは電子対を受容するルイス酸にあたり,アンモニア分子は非共有電子対をもつルイス塩基になる.このように錯体または錯イオンは,電子供与基をもつイオンまたは分子(配位子:ligand)が金属イオンに配位結合して生じた化合物であり,配位化合物 (coordination compound) ともよばる.

配位子の電荷と金属イオンの電荷によって,生じた正または負の電荷をもつものを

錯イオンといい，多くの場合，水に可溶である．一方，電気的に中性な錯体は，水には不溶で有機溶媒に可溶なものが多い．すなわち，水和金属イオンを錯体とすることによる性質の変化が，後述するキレート滴定法や溶媒抽出による分離，定量ならびに2編の吸光光度分析など金属イオンの分析に応用される．

6・1・1 配位子の種類とキレート化合物

金属イオンに配位結合できる孤立電子対を有する原子をもつ分子またはイオンが，無機，有機化合物にかかわらず配位子となり得る．代表的な配位子を表6・1に示す．アンモニアのように1分子中に一つの配位原子（N，O，P，Sなど）をもつものを単座配位子（monodentate ligand）といい，このほかにハロゲン化物イオン，チオシアン酸イオンなどがある．また，エチレンジアミンやイミノジ酢酸イオンなどのように1分子中に二つまたはそれ以上の配位原子をもつものも多い．その配位原子の数に応じて二座配位子（bidentate ligand），三座配位子（tridentate ligand）とよび，これらを総称して多座配位子（polydentate ligand）またはキレート剤（chelating agent）という．また，多座配位子が一つの金属イオンと結合して生成した錯体をキレート化合物（chelate compound）という．六座配位子（hexadentate ligand）として代表的なEDTA（ethylenediaminetetraacetic acid）は，通常，金属イオンと1：1組成の安定な錯体を生成するので，キレート滴定などの金属イオンの分析以外に工業的にも広範に用いられている．

6・2 錯生成平衡

配位子Lと金属イオンM（電荷を省略）との反応により錯体MLが生成する反応の平衡定数Kを生成定数あるいは安定度定数といい，式(6・1)で表される．

$$M + L \rightleftarrows ML \qquad K = \frac{[ML]}{[M][L]} \qquad (6・1)$$

一般に，錯生成反応は，多段階的に進行し，$Cu(NH_3)_4^{2+}$の場合は以下の4段階で表される．

$$Cu^{2+} + NH_3 \rightleftarrows Cu(NH_3)^{2+} \qquad K_1 = 1.9 \times 10^4$$
$$Cu(NH_3)^{2+} + NH_3 \rightleftarrows Cu(NH_3)_2^{2+} \qquad K_2 = 3.6 \times 10^3$$
$$Cu(NH_3)_2^{2+} + NH_3 \rightleftarrows Cu(NH_3)_3^{2+} \qquad K_3 = 7.9 \times 10^2$$

表 6・1 代表的な配位子

単座配位子 (monodentate ligand)	H_2O, NH_3, SCN^-, NO_2^-, Cl^-, CH_3NH_2, (pyridine)
二座配位子 (bidentate ligand)	(en), (H₂dmg), (o-phen) (Hacac), (H₂sal), (Hoxin)
三座配位子 (tridentate ligand)	(dien), (H₂ida)
四座配位子 (quadridentate ligand)	(trien), $N-(COOH)_3$ (H₃nta)
五座配位子 (quinquedentate ligand)	(tertren)
六座配位子 (hexadentate ligand)	(EDTA)

括弧内：配位子の略記号で，H はプロトンとして解離する．

$$Cu(NH_3)_3^{2+} + NH_3 \rightleftarrows Cu(NH_3)_4^{2+} \quad K_4 = 1.5 \times 10^2$$

このとき，全反応は，次式で示される．

$$\text{Cu}^{2+} + 4\,\text{NH}_3 \rightleftharpoons \text{Cu(NH}_3)_4^{2+} \qquad \beta = \frac{[\text{Cu(NH}_3)_4^{2+}]}{[\text{Cu}^{2+}][\text{NH}_3]^4} \qquad (6\cdot2)$$

ここで,$K_1 \sim K_4$ を逐次生成定数(successive formation constant),また β を全生成定数(overall formation constant)といい,$\beta = K_1 K_2 K_3 K_4 = 8.1 \times 10^{12}$ となる.これらから,全生成定数が大きい場合でも,高次配位錯体の生成が容易でないことがわかる.

生成定数から溶液中に存在するおのおのの錯イオン種および遊離の金属イオン濃度を次のようにして求めることができる.いま,金属イオン M の全濃度を C_M,配位子 L との錯イオン種を ML,ML_2,$\cdots \text{ML}_n$,それらの逐次生成定数を K_1,K_2,$\cdots K_n$ とし,n 段階の平衡を考えよう.ここで,平衡状態における遊離の金属イオン M および錯イオン種 ML,ML_2,$\cdots \text{ML}_n$ のおのおののモル分率(金属イオンの全濃度に対するおのおののイオン種の割合)を β_0,β_1,β_2,$\cdots \beta_n$ とすると次式が成り立つ(この場合の β は全生成定数とは無関係の記号である).

$$\beta_0 = [\text{M}]/C_\text{M} = 1/(1 + K_1[\text{L}] + K_1 K_2[\text{L}]^2 + \cdots + K_1 K_2 \cdots K_n[\text{L}]^n) \qquad (6\cdot3)$$

$$\beta_1 = [\text{ML}]/C_\text{M} = K_1[\text{L}]/(1 + K_1[\text{L}] + K_1 K_2[\text{L}]^2 + \cdots + K_1 K_2 \cdots K_n[\text{L}]^n)$$
$$= \beta_0 K_1[\text{L}] \qquad (6\cdot4)$$

$$\beta_2 = [\text{ML}_2]/C_\text{M} = K_1 K_2[\text{L}]^2/(1 + K_1[\text{L}] + K_1 K_2[\text{L}]^2 + \cdots + K_1 K_2 \cdots K_n[\text{L}]^n)$$
$$= \beta_0 K_1 K_2[\text{L}]^2 \qquad (6\cdot5)$$

$$\vdots$$

$$\beta_n = [\text{ML}_n]/C_\text{M} = \beta_0 K_1 K_2 \cdots K_n[\text{L}]^n \qquad (6\cdot6)$$

これらの式から,各イオン種の分布を配位子の濃度の関数として表すことができる.一般に,錯イオン種の濃度分布は対数表示され,非常に低濃度のレベルまで計算される.

ところで,式 (6・2) とは逆方向の反応を $\text{Cu(NH}_3)_4^{2+} \rightleftarrows \text{Cu}^{2+} + 4\,\text{NH}_3$ と書き,この解離反応の平衡定数 K を不安定度定数(instability constant)または錯解離定数(complex dissociation constant)とする考え方もある.

$$K = \frac{[\text{Cu}^{2+}][\text{NH}_3]^4}{[\text{Cu(NH}_3)_4^{2+}]} \qquad (6\cdot7)$$

6・3 錯生成平衡と他の平衡

実際的な錯生成反応では沈殿生成反応あるいは配位子の酸塩基反応など他の反応を考慮することが必要となる.

6・3・1 錯生成平衡と沈殿生成平衡

臭化銀は水に難溶性であるが，希アンモニア水にはよく溶ける．この変化は，次式に示すように，臭化銀の電離によって生じた Ag^+ にアンモニアが配位してジアンミン銀イオンが生じるためである．

$AgBr \rightleftarrows Ag^+ + Br^-$ $\quad K_{sp}=[Ag^+][Br^-]=5.0\times10^{-13}$

$Ag^+ + NH_3 \rightleftarrows Ag(NH_3)^+$ $\quad K_1=\dfrac{[Ag(NH_3)^+]}{[Ag^+][NH_3]}=2.0\times10^3$

$Ag(NH_3)^+ + NH_3 \rightleftarrows Ag(NH_3)_2^+$ $\quad K_2=\dfrac{[Ag(NH_3)_2^+]}{[Ag(NH_3)^+][NH_3]}=8.5\times10^3$

例として，0.100 M NH_3 溶液中における AgBr の溶解度を計算してみよう．沈殿の溶解によって生じる銀イオンの全濃度 C_{Ag} は

$$C_{Ag}=[Ag^+]+[Ag(NH_3)^+]+[Ag(NH_3)_2^+]$$

AgBr の溶解度が小さいので錯生成によって NH_3 の濃度が変化せず $[NH_3]=0.100$ M とすると，式(6・3)より $[Ag^+]$ のモル分率（$\beta_0=[Ag^+]/C_{Ag}$）は，

$$\beta_0=1/\{1+(2.0\times10^3)(0.100)+(2.0\times10^3)(8.5\times10^3)(0.100)^2\}=5.9\times10^{-6}$$

ここで，$K_{sp}=[Ag^+][Br^-]=\beta_0 C_{Ag}[Br^-]$ と書け，AgBr のモル溶解度 $S=C_{Ag}=[Br^-]$ なので，$S=\sqrt{K_{sp}/\beta_0}=(\sqrt{(5.0\times10^{-13})/(5.9\times10^{-6})}=2.9\times10^{-4}$ M となる．

このように，純水中での AgBr の溶解度（$\sqrt{5.0\times10^{-13}}=7.1\times10^{-7}$ M）に比べて，0.100 M NH_3 溶液中のそれは 2.9×10^{-4} M であり，約 400 倍溶けることがわかる．

6・3・2 錯生成平衡に及ぼす pH の影響

はじめに述べたように，錯体は，ルイス酸としての金属イオンとルイス塩基としての配位子との配位結合で生じたルイス塩といえる．すなわち，配位子は電子対供与体であると同時にプロトン受容体でもある．このため，溶液中の pH が低い場合，配位原子が水素イオンと結合するため，錯形成反応が妨害されるばかりか，生じた錯イオン

が分解されることになる．一方，pH が高い場合，金属イオンの水酸化物生成が進行するため，やはり錯形成反応が妨害される．このように，実際的な錯生成反応を考えるには，錯生成平衡に配位子の酸-塩基平衡および金属イオンの沈殿生成平衡を加味した条件生成定数（conditional formation constant）または見掛けの生成定数（apparent formation constant）を求める必要がある．この考え方についてはキレート滴定の節で述べる．

6・4　錯滴定と EDTA によるキレート滴定

錯生成反応を利用する滴定の総称を錯滴定（complexometric titration）という．J. Liebig が次の反応を利用してシアン化物イオンの定量を行ったのがその最初といわれている．

$$2\,CN^- + Ag^+ \rightleftharpoons Ag(CN)_2^-$$
$$Ag(CN)_2^- + Ag^+ \rightleftharpoons Ag[Ag(CN)_2]\downarrow \quad \text{（終点では白色沈殿）}$$

現在ではエチレンジアミン四酢酸（EDTA）などを用いるキレート滴定が応用範囲も広く，一般的である．ここでは，EDTA を用いるキレート滴定について，その原理と滴定の種類を説明する．

6・4・1　金属-EDTA キレートの生成定数と EDTA の解離定数

EDTA（H_4Y と略す）は四価の弱酸であり，式(6・8)～式(6・11)に示すように解離する．

$$H_4Y \rightleftharpoons H^+ + H_3Y^- \quad K_1 = \frac{[H^+][H_3Y^-]}{[H_4Y]} = 1.02\times 10^{-2} \quad (6\cdot 8)$$

$$H_3Y^- \rightleftharpoons H^+ + H_2Y^{2-} \quad K_2 = \frac{[H^+][H_2Y^{2-}]}{[H_3Y^-]} = 2.14\times 10^{-3} \quad (6\cdot 9)$$

$$H_2Y^{2-} \rightleftharpoons H^+ + HY^{3-} \quad K_3 = \frac{[H^+][HY^{3-}]}{[H_2Y^{2-}]} = 6.92\times 10^{-7} \quad (6\cdot 10)$$

$$HY^{3-} \rightleftharpoons H^+ + Y^{4-} \quad K_4 = \frac{[H^+][Y^{4-}]}{[HY^{3-}]} = 5.50\times 10^{-11} \quad (6\cdot 11)$$

また，EDTA は Y^{4-} として金属イオンと錯形成するので，その平衡を考えるには溶液の pH に依存して変化する Y^{4-} の割合，すなわちモル分率（α_4）を考慮しなければならない．

いま，EDTA の全濃度を C_Y とすると，

$$C_Y = [H_4Y] + [H_3Y^-] + [H_2Y^{2-}] + [HY^{3-}] + [Y^{4-}] \quad (6 \cdot 12)$$

式 (6・8)〜式 (6・11) の H_4Y，H_3Y^-，H_2Y^{2-}，HY^{3-} の平衡濃度を求めて式 (6・12) に代入して，Y^{4-} のみの式にし，これを $[Y^{4-}]$ で除すと，

$$\frac{C_Y}{[Y^{4-}]} = \frac{1}{\alpha_4} = \frac{[H^+]^4}{K_1K_2K_3K_4} + \frac{[H^+]^3}{K_2K_3K_4} + \frac{[H^+]^2}{K_3K_4} + \frac{[H^+]}{K_4} + 1 \quad (6 \cdot 13)$$

となり，この式 (6・13) から Y^{4-} のモル分率 ($\alpha_4 = [Y^{4-}]/C_Y$) が計算できる．同様に他の化学種のモル分率 ($\alpha_0 = [H_4Y]/C_Y$，$\alpha_1 = [H_3Y^-]/C_Y$，$\alpha_2 = [H_2Y^{2-}]/C_Y$，$\alpha_3 = [HY^{3-}]/C_Y$) が求められる．各 pH に対するモル分率の関係は図 6・1 で示される．

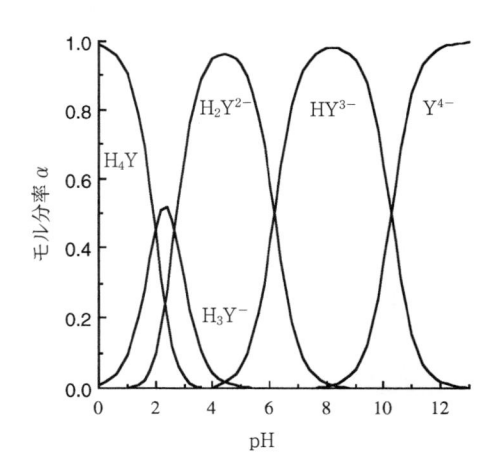

図 6・1 各 pH において存在する EDTA 化学種の割合

表 6・2 金属-EDTA キレートの生成定数 (20〜25°C)

金属イオン	$\log K_{MY}$	金属イオン	$\log K_{MY}$
Li^+	2.97	Mn^{2+}	13.79
Ag^+	7.32	Ni^{2+}	18.62
Ba^{2+}	7.76	Pb^{2+}	18.04
Ca^{2+}	10.70	Sn^{2+}	22.1
Cd^{2+}	16.46	Zn^{2+}	16.50
Co^{2+}	16.31	Al^{3+}	16.13
Cu^{2+}	18.80	Bi^{3+}	27.9
Fe^{2+}	14.33	Co^{3+}	40.7
Hg^{2+}	21.80	Eu^{3+}	17.35
Mg^{2+}	8.69	Fe^{3+}	25.1

一方,金属イオンとEDTAとの錯形成反応は式(6・14)で示される.

$$M^{n+} + Y^{4-} \rightleftarrows MY^{(n-4)+} \qquad (6 \cdot 14)$$

その生成定数 K_{MY} は式(6・15)で表され,絶対生成定数とよばれる.

$$K_{MY} = \frac{[MY^{(n-4)+}]}{[M^{n+}][Y^{4-}]} \qquad (6 \cdot 15)$$

表6・2に種々の金属-EDTAキレートの生成定数を示す.

6・4・2 金属-EDTAキレートの条件生成定数

金属イオンのキレート滴定による分析は,弱酸性,中性または弱塩基性溶液で行われる.このpH領域では $\alpha_4 < 1$ であるので,上に述べたEDTAの酸としての性質を加味してキレート生成反応を考えなければならない.

この場合の反応は式(6・16)で表される.

$$M^{n+} + C_Y \rightleftarrows [MY]^{(n-4)+} \qquad (6 \cdot 16)$$

$$K'_{MY} = \frac{[MY^{(n-4)+}]}{[M^{n+}]C_Y} \qquad (6 \cdot 17)$$

K'_{MY} は,条件生成定数とよばれ, $\alpha_4 = [Y^{4-}]/C_Y$ なので,

$$K'_{MY} = \frac{[MY^{(n-4)+}]}{[M^{n+}]([Y^{4-}]/\alpha_4)} = K_{MY}\alpha_4 \qquad (6 \cdot 18)$$

で表される. $K'_{MY} > 1 \times 10^6$ であればキレート生成反応は定量的といえる.

たとえば,pH=7.0において $\alpha_4 = 4.8 \times 10^{-4}$ であり,表6・2の K_{MY} の値が $K'_{MY}/$

表6・3 EDTAによるキレート滴定(直接滴定法)の条件

金属イオン	条件(緩衝液,pH)		金属指示薬	(終点での変色)
Ba^{2+}	NH_3-NH_4Cl	10	BT	赤→青
Ca^{2+}	NaOH	12	MX	赤→紫
Cd^{2+}	NH_3-NH_4Cl	10	BT	赤→青
Co^{2+}	NH_3	8	MX	黄→赤紫
Cu^{2+}	CH_3COOH-CH_3COONa	>2.5	PAN	赤紫→黄
Fe^{3+}	CH_3COONH_4	4.5	Cu-PAN	赤→黄
Mg^{2+}	NH_3-NH_4Cl	10	BT	赤→青
Mn^{2+}	NH_3-NH_4Cl	10	MX	黄→紫
Ni^{2+}	NH_3-NH_4Cl	10~12	MX	黄→青
Zn^{2+}	CH_3COONa	5~7	PAN	赤紫→黄

BT:エリオクロムブラックT,MX:ムレキシド,PAN:1-(2-ピリジルアゾ)-2-ナフトール,Cu-PAN:Cu-EDTAとPANの混合製剤.

$\alpha_4 = (1\times10^6/4.8\times10^{-4}) = 2\times10^9$ 以上であれば，該当する金属イオンをこのpH条件で定量できることになる．

実際の滴定では金属-EDTA キレート生成に伴う pH 変化を抑制する目的と，金属水酸化物の生成を避けるために，NH_3-NH_4Cl 系の pH 緩衝液が補助錯化剤として用いられる．表 6・3 に示す滴定条件の pH の項には，補助錯化剤がキレート生成反応に及ぼす影響も加味されている．

6・5 金属指示薬

酸塩基滴定ならびに酸化還元滴定の場合と同様に，キレート滴定においても指示薬を用いて終点を求める．この場合の指示薬を金属指示薬（metal indicator）という．金属指示薬は，金属-EDTA キレート生成に影響を及ぼさない程度に配位力の弱い多座配位子であり，式(6・19)に示すように，金属イオンと錯形成した MIn と遊離の状態 In とで色調が異なる性質をもつ．

$$\text{MIn} + \text{Y} \rightleftharpoons \text{MY} + \text{In} \quad (\text{In は金属指示薬の略}) \quad (6・19)$$

金属指示薬は一般に OH 基をもっており，溶液の pH によっては解離により色が変わる．代表的な金属指示薬および滴定の条件を表 6・3 に示す．

6・6 EDTA によるキレート滴定の応用例

EDTA を用いるキレート滴定によって，ほとんどの金属イオンを定量分析することができ，その手法として直接滴定法，逆滴定法などがある．また，他の反応と組み合わせることによって陰イオンを定量分析する間接滴定法がある．以下におのおのの概略を述べる．

6・6・1 直接滴定法

式(6・14)に示す反応の反応速度が速く，また条件平衡定数が定量的反応を満足する場合，直接滴定法が便利である．すなわち，試料溶液中の金属イオンに EDTA 標準液を加えて金属指示薬の変色によって終点を求めるもっとも基本的な滴定法で，水の硬度測定に代表される．たとえば，Ca^{2+} と Mg^{2+} とを含む試料を pH 10 とし，指示薬として BT を加えて滴定し，Ca^{2+} と Mg^{2+} の合計量を求める．ついで，pH 12〜13 と

し，Mg^{2+} を $Mg(OH)_2$ として沈殿させた後，溶液中の Ca^{2+} を指示薬に MX を用い滴定する．滴定値の差から Mg^{2+} 量が求められる．なお，試料となる河川水が妨害イオンとして重金属イオンを含む場合には，CN^- を加えて安定なシアノ錯イオンとし，妨害イオンによって EDTA が消費されないようにする．その際，重金属イオンが CN^- でマスク（mask）されたといい，このような操作をマスキング（masking）という．マスキングに用いる CN^- のような試薬をマスキング剤（masking agent）とよぶ．なお，他の反応において，EDTA がマスキング剤として用いられることもある．

6・6・2　逆滴定法

多くの金属イオンは直接滴定で定量できるが，適当な指示薬や pH 条件がない，あるいは式(6・14)の反応速度が遅い場合には，逆滴定法が採用される．式(6・20)と式(6・21)に示すように，金属イオン（M）に Y を一定過剰に加えて金属キレートを生成させた後，余剰分の Y を他の金属イオン（M′）標準液で滴定する．終点は，M′In の着色で求める．なお，条件安定度定数に $K'_{MY} > K'_{M'Y}$ の関係が必要条件であり，もし逆であれば式(6・22)が起こり，滴定誤差をまねく．

$$M + \text{excess } Y \longrightarrow MY + \text{rest } Y \qquad (6・20)$$

$$\text{rest } Y + \text{In} + M' \longrightarrow M'Y \qquad (6・21)$$

$$MY + M' \longrightarrow M'Y + M \qquad (6・22)$$

置換不活性（inert）な Cr^{3+} の定量には，逆滴定法が用いられ，金属標準液として安定度定数の小さな金属キレートを生成する Mn^{2+}，Zn^{2+}，Ca^{2+} などが用いられる．

6・6・3　間接滴定法

キレート滴定法では，安定度定数の大きな金属キレートの生成が必須条件であるので，安定度定数の小さな Ag^+ あるいはキレート試薬とほとんど相互作用しない SO_4^{2-} などの陰イオンについては，他の反応と組み合わせることによって間接的にそれらイオンを定量することができる．

たとえば，$2Ag^+ + Ni(CN)_4^{2-} \rightleftarrows 2Ag(CN)_2^- + Ni^{2+}$ と併用して，遊離する Ni^{2+} をキレート滴定することにより Ag^+ を間接的に定量する．また，SO_4^{2-} については，一定過剰の Ba^{2+} を加えて $BaSO_4$ として沈殿させ，これを沪過し，沪液中の余剰の Ba^{2+} を滴定して SO_4^{2-} を間接的に定量する．

7

酸化還元平衡および酸化還元滴定

酸化還元反応とそれに基づく滴定法について，ネルンストの式を用いて説明する．

7・1 電極電位とネルンストの式

酸化あるいは還元の変化を示す式(7・1)は，半電池反応 (half cell reaction) あるいは半反応という．

$$\mathrm{Ox} + n\mathrm{e}^- \rightleftarrows \mathrm{Red} \qquad (7・1)$$

ここで，Ox は酸化体 (oxidant)，Red は還元体 (reductant)，n は酸化還元に伴って移動する電子の物質量を示す．この半反応の方向性，すなわち Red の酸化されやすさや Ox の還元されやすさの絶対的な傾向は，電極電位 (E) の値でわかるが，その系単独の電極電位の測定が困難で決定できない．そこで，図7・1に示すようなガルバニ電池を構成し，水素イオンと水素との半反応 ($2\,\mathrm{H}^+ + 2\,\mathrm{e}^- \rightleftarrows \mathrm{H}_2$) に基づく電位を基準とすることによって電極電位が相対的に決められる．電極電位と酸化体ならびに還元体の活量（それぞれ a_{Ox} および a_{Red} で表す）との関係は，式(7・2)のネルンストの式で表される．

$$E = E^0 + \frac{RT}{nF} \ln \frac{a_{\mathrm{Ox}}}{a_{\mathrm{Red}}} \qquad (7・2)$$

ここで，R は気体定数（8.3143 V C K^{-1} mol^{-1}），T は絶対温度，F はファラデー定

[H⁺]=1M のラベル付き図

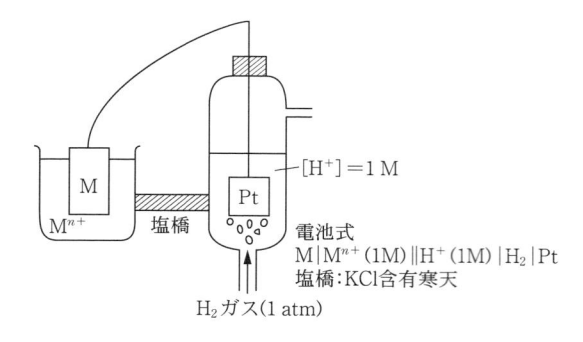

電池式
M|M^{n+}(1M)‖H$^+$(1M)|H$_2$|Pt
塩橋：KCl含有寒天

H$_2$ガス(1 atm)

図 7・1 電極電位の測定

数（96 484.56 C mol^{-1}）であり，25°C において

$$E = E^{0\prime} + \frac{0.0591}{n} \log \frac{[\mathrm{Ox}]}{[\mathrm{Red}]} \tag{7・3}$$

で示される．なお，活量の関数で表される E^0 を標準電極電位，また濃度の関数で表される $E^{0\prime}$ を式量電位（formal potential）または条件標準電位（conditional standard potential）といい，両者は区別される．しかし，日常的には $E^0 = E^{0\prime}$ としてさしつかえなく，以後，区別せず E^0 と記す．

さて，電極電位は両電極の間に発生する起電力のことであり，ガルバニ電池の片方の半電池を標準水素電極（normal hydrogen electrode, NHE と略す：Pt 電極，H$^+$ の活量=1 mol dm^{-3}，水素ガス=1 atm，25°C）とし，もう片方の半電池を目的物質（標準状態）としたときの電極電位が標準電極電位である．標準電極（酸化還元）電位の値（表7・1）が正のときには酸化還元対の酸化体が水素イオンより強い酸化剤として作用することを示す．一方，負の場合は酸化還元対の還元体が水素より強い還元剤として作用することを示す．なお，標準酸化還元電位は基準電極として NHE を用いた場合の値であるが，実際には構造が複雑で壊れやすい NHE の代りに表7・2に示すカロメル電極や銀-塩化銀電極などの参照電極を用いる．このため，測定した電位を対 NHE の値に換算するか，用いた参照電極を明記しなければならない．

7・2 電極電位に及ぼす種々の影響

a. 金属 M を金属イオン M^{n+} の溶液に浸した場合

金属 M を金属イオン M^{n+} の溶液に浸した場合の電極電位については，25°C, 1 atm

表 7・1 標準電極（酸化還元）電位 E^0 (vs. NHE)

半電池反応	E^0 (V)	半電池反応	E^0 (V)
$Li^+ + e^- \rightleftarrows Li$	-3.04	$AgI + e^- \rightleftarrows Ag + I^-$	-0.151
$K^+ + e^- \rightleftarrows K$	-2.92	$AgBr + e^- \rightleftarrows Ag + Br^-$	$+0.095$
$Ba^{2+} + 2e^- \rightleftarrows Ba$	-2.90	$AgCl + e^- \rightleftarrows Ag + Cl^-$	$+0.2224$
$Sr^{2+} + 2e^- \rightleftarrows Sr$	-2.89	$Br_2 + 2e^- \rightleftarrows 2Br^-$	$+1.065$
$Ca^{2+} + 2e^- \rightleftarrows Ca$	-2.87	$Ce^{4+} + e^- \rightleftarrows Ce^{3+}$	$+1.695$
$Na^+ + e^- \rightleftarrows Na$	-2.71	$Cl_2 + 2e^- \rightleftarrows 2Cl^-$	$+1.359$
$Mg^{2+} + 2e^- \rightleftarrows Mg$	-2.37	$Cr^{3+} + e^- \rightleftarrows Cr^{2+}$	-0.41
$Al^{3+} + 3e^- \rightleftarrows Al$	-1.66	$Cr_2O_7^{2-} + 14H^+ + 6e^- \rightleftarrows 2Cr^{3+} + 7H_2O$	$+1.33$
$Ti^{2+} + 2e^- \rightleftarrows Ti$	-1.63	$CrO_4^{2-} + 4H_2O + 3e^- \rightleftarrows [Cr(OH)_4]^- + 4OH^-$	-0.17
$Mn^{2+} + 2e^- \rightleftarrows Mn$	-1.18	$Cu^{2+} + e^- \rightleftarrows Cu^+$	$+0.153$
$Zn^{2+} + 2e^- \rightleftarrows Zn$	-0.763	$Co^{3+} + e^- \rightleftarrows Co^{2+}$	$+1.82$
$Cr^{3+} + 3e^- \rightleftarrows Cr$	-0.74	$F_2 + 2e^- \rightleftarrows 2F^-$	$+2.85$
$Fe^{2+} + 2e^- \rightleftarrows Fe$	-0.440	$Fe^{3+} + e^- \rightleftarrows Fe^{2+}$	$+0.771$
$Cd^{2+} + 2e^- \rightleftarrows Cd$	-0.403	$Hg_2Cl_2 + 2e^- \rightleftarrows 2Hg + 2Cl^-$	$+0.2680$
$Co^{2+} + 2e^- \rightleftarrows Co$	-0.277	$I_2 + 2e^- \rightleftarrows 2I^-$	$+0.5355$
$Ni^{2+} + 2e^- \rightleftarrows Ni$	-0.250	$MnO_4^- + 8H^+ + 5e^- \rightleftarrows Mn^{2+} + 4H_2O$	$+1.51$
$Sn^{2+} + 2e^- \rightleftarrows Sn$	-0.136	$MnO_4^- + 4H^+ + 3e^- \rightleftarrows MnO_2 + 2H_2O$	$+1.695$
$Pb^{2+} + 2e^- \rightleftarrows Pb$	-0.129	$NO_2^- + H_2O + e^- \rightleftarrows NO + 2OH^-$	-0.46
$2H^+ + 2e^- \rightleftarrows H_2$	0.000	$NO_3^- + H_2O + 2e^- \rightleftarrows NO_2^- + 2OH^-$	$+0.01$
$Cu^{2+} + 2e^- \rightleftarrows Cu$	$+0.337$	$H_2O_2 + 2H^+ + 2e^- \rightleftarrows 2H_2O$	$+1.77$
$Cu^+ + e^- \rightleftarrows Cu$	$+0.521$	$O_2 + 2H^+ + 2e^- \rightleftarrows H_2O_2$	$+0.682$
$Hg_2^{2+} + 2e^- \rightleftarrows 2Hg$	$+0.789$	$O_2 + 4H^+ + 4e^- \rightleftarrows 2H_2O$	$+1.229$
$Ag^+ + e^- \rightleftarrows Ag$	$+0.799$	$SO_4^{2-} + 4H^+ + 2e^- \rightleftarrows H_2SO_3 + H_2O$	$+0.17$
$Pt^{2+} + 2e^- \rightleftarrows Pt$	$+1.19$	$2H_2SO_3 + 2H^+ + 2e^- \rightleftarrows S_2O_3^{2-} + 3H_2O$	$+0.40$
$Au^{3+} + 3e^- \rightleftarrows Au$	$+1.50$	$Sn^{4+} + 2e^- \rightleftarrows Sn^{2+}$	$+0.15$

における金属Mの活量は1とされているので，次式で与えられる．

$$E = E^0 + \frac{0.0591}{n} \log[M^{n+}] \qquad (7・4)$$

なお，$Cu^{2+} + 2e^- \rightleftarrows Cu$ と $Zn^{2+} + 2e^- \rightleftarrows Zn$ とを組み合わせたダニエル電池の起電力

表 7・2 参照電極の種類と電位 (25℃)

種類と略記号	組 成	E (V vs. NHE)
飽和カロメル電極 (SCE)	Hg|Hg$_2$Cl$_2$|KCl (飽和)	0.2412
カロメル電極 (NCE)	Hg|Hg$_2$Cl$_2$|KCl (1 M)	0.2801
カロメル電極 (1/10 NCE)	Hg|Hg$_2$Cl$_2$|KCl (0.1 M)	0.3337
銀-塩化銀電極	Ag|AgCl|KCl (飽和)	0.199

(electromotive force, EMF) は,次式からおのおの求めた E_{Cu} と E_{Zn} の差に等しい.

$$E_{Cu}=E_{Cu^{2+},Cu^0}+\frac{0.0591}{2}\log[Cu^{2+}], \quad E_{Zn}=E_{Zn^{2+},Zn^0}+\frac{0.0591}{2}\log[Zn^{2+}]$$

b. 半反応に水素イオンが関与する場合

水素イオンあるいは水酸化物イオンが半反応で必要な場合には,その系の電極電位は [H$^+$] の影響を受ける.

たとえば,MnO$_4^-$ の酸化剤としての性質への水素イオン濃度の影響は,式(7・5)で示される.

$$MnO_4^- + 8\,H^+ + 5\,e^- \rightleftarrows Mn^{2+} + 4\,H_2O$$

$$E=E^0+\frac{0.0591}{5}\log\frac{[MnO_4^-][H^+]^8}{[Mn^{2+}]}=E^0+\frac{0.0591}{5}\log\frac{[MnO_4^-]}{[Mn^{2+}]}+0.094\log[H^+]$$

$$(7\cdot5)$$

c. 沈殿生成や錯生成反応が関与する場合

たとえば,Ag$^+$+e$^-\rightleftarrows$Ag 単独の場合の電極電位は,式(7・6) で表されるが,

$$E=E^0+0.0591\log[Ag^+] \quad (7\cdot6)$$

塩化物イオン共存下では,Ag$^+$+Cl$^-\rightleftarrows$AgCl を考慮し,式(7・6) 中の [Ag$^+$] を [Ag$^+$]=K_{sp}/[Cl$^-$] とした式(7・7) で表される.

$$E=E^0+0.0591\log\frac{K_{sp}}{[Cl^-]}=E^0+0.0591\log K_{sp}-0.0591\log[Cl^-] \quad (7\cdot7)$$

一方,Ag$^+$+e$^-\rightleftarrows$Ag の系にアンモニアが共存する場合も同様に考えるとよい.アンモニア共存下では Ag(NH$_3$)$^+$ ならびに Ag(NH$_3$)$_2^+$ が生成し,[Ag$^+$] が減少する.

そこで,銀イオンの全濃度を C_{Ag} とすると,

$$C_{Ag}=[Ag^+]+[Ag(NH_3)^+]+[Ag(NH_3)_2^+] \quad (7\cdot8)$$

遊離の [Ag$^+$] は式(6・3) より,

$$[Ag^+]=C_{Ag}/(1+K_1[NH_3]+K_1K_2[NH_3]^2) \quad (7\cdot9)$$

これを式(7・6) に代入すると，

$$E = E^0 + 0.0591 \log C_{Ag} - 0.0591 \log(1 + K_1[\mathrm{NH_3}] + K_1 K_2 [\mathrm{NH_3}]^2) \quad (7・10)$$

となる．

たとえば，$C_{Ag}=1.00\,\mathrm{M}$ とし $1.00\,\mathrm{M}\,\mathrm{NH_3}$ 水中で電極電位を求めると（Ag のアンミン錯イオンの生成定数 $K_1=2.00\times 10^3$, $K_2=8.51\times 10^3$)，

$$E = 0.7994 + 0.0591 \log 1.00 - 0.0591 \log\{1 + 2.00\times 10^3 + (2.00\times 10^3)\times(8.51\times 10^3)\}$$
$$= 0.3721\,\mathrm{V}$$

となり，$\mathrm{Ag}|\mathrm{Ag^+}(1.00\,\mathrm{M})$ の場合の $E=0.7994\,\mathrm{V}$ に比べて大幅に低下する．

7・3 酸化還元反応の平衡定数と平衡時の電位

3章に述べたように，二つの半反応の適当な組合せによって酸化還元反応式を書くことができる．しかし，滴定への応用が可能かどうかの目安は平衡定数から，また用いる指示薬については当量点における電位から判断される．

7・3・1 平衡定数

二つの半反応，式(7・11) および式(7・12) の組合せによる酸化還元反応式は，式(7・13) で表される．この場合の平衡定数 K について考えてみよう．

$$\mathrm{Ox_1} + ne^- \rightleftharpoons \mathrm{Red_1} \quad \text{標準電極電位の値} = E_1^0 \quad (7・11)$$

$$\mathrm{Ox_2} + me^- \rightleftharpoons \mathrm{Red_2} \quad \text{標準電極電位の値} = E_2^0 \quad (7・12)$$

$$m\mathrm{Ox_1} + n\mathrm{Red_2} \rightleftharpoons m\mathrm{Red_1} + n\mathrm{Ox_2} \quad K = \frac{[\mathrm{Red_1}]^m[\mathrm{Ox_2}]^n}{[\mathrm{Ox_1}]^m[\mathrm{Red_2}]^n} \quad (7・13)$$

各半反応の電位を E_1 および E_2 とすると，

$$E_1 = E_1^0 + \frac{0.0591}{n}\log\frac{[\mathrm{Ox_1}]}{[\mathrm{Red_1}]} \quad (7・14)$$

$$E_2 = E_2^0 + \frac{0.0591}{m}\log\frac{[\mathrm{Ox_2}]}{[\mathrm{Red_2}]} \quad (7・15)$$

平衡状態では，$E_1 = E_2 = E_{eq}$ であるから，

$$E_1^0 + \frac{0.0591}{n}\log\frac{[\mathrm{Ox_1}]}{[\mathrm{Red_1}]} = E_2^0 + \frac{0.0591}{m}\log\frac{[\mathrm{Ox_2}]}{[\mathrm{Red_2}]} \quad (7・16)$$

整理すると，

$$E_1^0 - E_2^0 = \frac{0.0591}{mn} \log \frac{[\text{Red}_1]^m [\text{Ox}_2]^n}{[\text{Ox}_1]^m [\text{Red}_2]^n} \tag{7・17}$$

さらに，式(7・13)の関係から，

$$E_1^0 - E_2^0 = \frac{0.0591}{mn} \log K \tag{7・18}$$

が得られる．

ここで，$m=n=1$ の場合の反応が定量的に進行するには，平衡定数 $K=(99.9\times 99.9)/(0.1\times 0.1) \fallingdotseq 1\times 10^6$ 以上であればよく，この条件を満たすには二つの半反応の標準電極電位の差 $\Delta E^0 (=E_1^0-E_2^0)$ が (0.0591×6) V 以上であればよいことになる．

7・3・2　当量点での電位

Ox_1 と Red_2 とをモル比 $(m:n)$ で混合した溶液の電位について考えよう．反応前後の各物質量の変化は以下のようになる．

	$m\text{Ox}_1$	$+$	$n\text{Red}_2$	$\rightleftharpoons$	$m\text{Red}_1$	$+$	$n\text{Ox}_2$
反応前	mC mol		nC mol		0		0
平衡時	$m(C-x)$ mol		$n(C-x)$ mol		mx mol		nx mol

このときの各半反応の電位を E_1 および E_2 とすると，

$$E_1 = E_1^0 + \frac{0.0591}{n} \log \frac{m(C-x)}{mx} \tag{7・19}$$

$$E_2 = E_2^0 + \frac{0.0591}{m} \log \frac{nx}{n(C-x)} \tag{7・20}$$

ついで，

$$0.0591 \log \frac{C-x}{x} = n(E_1 - E_1^0) \tag{7・21}$$

$$0.0591 \log \frac{C-x}{x} = -m(E_2 - E_2^0) \tag{7・22}$$

整理すると，

$$n(E_1 - E_1^0) = -m(E_2 - E_2^0), \quad nE_1 + mE_2 = nE_1^0 + mE_2^0 \tag{7・23}$$

ここで，$E_1 = E_2$ であり，E_{eq} と書くと，

$$E_{\text{eq}} = (nE_1^0 + mE_2^0)/(m+n) \tag{7・24}$$

となる．

たとえば，Fe^{2+} を $[\text{H}^+]=1$ M の酸性条件下 MnO_4^- で滴定するときの当量点での電位は，$E_{\text{eq}} = (5\times 1.51 + 1\times 0.771)/(5+1) = 1.39$ V である．

7・4 酸化還元滴定

酸化還元滴定は応用範囲の広い容量分析法の一つである．この分析法では用いる標準液の性質と種類によって酸化法と還元法に分類される．酸化法としては過マンガン酸カリウム法，二クロム酸カリウム法，ヨウ素法，硫酸セリウム(IV)法が，また，還元法としては塩化スズ(II)，亜ヒ酸法などがあげられる．いずれも，強い酸化剤あるいは還元剤である．

7・4・1 滴定曲線

酸化還元滴定における標準液の滴定量と滴定溶液の電位変化との関係は，滴定曲線で表され，次のような計算であらかじめ求めることができる．

例として，$Fe^{2+} + Ce^{4+} \rightleftarrows Fe^{3+} + Ce^{3+}$ なる酸化還元反応(ただし，$Fe^{3+} + e^- \rightleftarrows Fe^{2+}$；$E^0_{Fe^{3+},Fe^{2+}} = +0.771$ V，$Ce^{4+} + e^- \rightleftarrows Ce^{3+}$；$E^0_{Ce^{4+},Ce^{3+}} = +1.695$ V として)を利用して，0.10 M Ce(IV) 溶液で 0.080 M Fe(II) 溶液 25.00 mL を滴定すると考えよう．

まず，両半反応の標準電極電位の差 ΔE^0 が 0.924 V であることから，この反応は定量的に進行すると考えられるが，その平衡定数は，式(7・18) より

$$\log K = (E^0_{Ce^{4+},Ce^{3+}} - E^0_{Fe^{3+},Fe^{2+}})/0.0591$$
$$= (1.695 - 0.771)/0.0591 = 15.63$$
$$\therefore \quad K = 4.3 \times 10^{15}$$

この値は十分に大きく，反応は定量的に進行するので，下記の b. 項および c. 項のように計算できる．

a. 滴定前の Fe(II) 溶液の電位

溶存酸素により空気酸化を受けごくわずかに Fe(III) が存在するかもしれないが，その濃度が不明であり電位の計算は不可能．

b. 滴定開始直後から当量点までの電位

Ce(IV) 溶液を 2.50 mL 添加したとする．このとき，Ce(IV) の物質量に相当する Fe(II) が消費されて Fe(III) が生じるので，

$[Fe^{2+}] = (0.080 \times 25.00 - 0.10 \times 2.50)/(25.00 + 2.50)$

$[Fe^{3+}] = (0.10 \times 2.50)/(25.00 + 2.50)$

$\therefore \quad E = 0.771 + 0.0591 \log\{(0.10 \times 2.50)/(0.080 \times 25.00 - 0.10 \times 2.50)\} = 0.721$ V

c. 当量点における電位

Ce(IV) 溶液の 20.00 mL を添加したとき当量点となる．式 (7・24) より，
$$E_{eq} = (1.695 + 0.771)/2 = 1.233 \text{ V}$$

d. 当量点以降の Ce(IV) 過剰の電位

Ce(IV) 溶液の 21.00 mL を添加したとする．過剰に Ce(IV) 溶液を加えても，Fe(II) は存在しないので Ce(IV) は消費されない．

$[Ce^{3+}] = (0.10 \times 20.00)/(25.00 + 21.00)$

$[Ce^{4+}] = (0.10 \times 21.00 - 0.080 \times 25.00)/(25.00 + 21.00)$

∴ $E = 1.695 + 0.0591 \log(0.10 \times 21.00 - 0.080 \times 25.00)/(0.10 \times 21.00) = 1.62$ V

このように滴定量に対して電位を求めプロットすると滴定曲線を描くことができる．

7・4・2 酸化還元指示薬

酸化還元滴定では当量点付近で急激に電位変化が起こる．化学分析では，この電位変化に対応して可逆的に還元体⇌酸化体となり，変色する物質が指示薬として用いられる．表 7・3 に代表的な指示薬の色および酸化還元電位を示す．滴定誤差を小さくするためには，分析目的の系について当量点での電位を求め，この値に近い酸化還元電位をもつ指示薬を選択することが大切である．なお，指示薬の酸化還元電位も溶液のpH に依存するので，実際に使用する場合にはこの点にも注意を要する．

表 7・3 代表的な酸化還元指示薬

指示薬の名称	色の変化 (還元体⇌酸化体)	酸化還元電位 (V) (1M H_2SO_4 中)
ビス(ジメチルグリオキシマト)鉄(II)錯体	赤⇌黄	1.25 (20℃)
1,10-フェナントロリン鉄(II)錯体	赤⇌淡青	1.06 (25℃)
エリオグラウシン A	赤⇌青	1.00 (20℃)
ジフェニルアミン-4-スルホン酸	無⇌赤紫	0.83 (30℃)
ジフェニルアミン	無⇌紫	0.76 (30℃)
メチレンブルー	無⇌紫	0.53 (30℃)
インジゴスルホン酸	無⇌青	0.26 (30℃)

7・4・3 酸化還元滴定の実際

a. 過マンガン酸カリウム法

過マンガン酸カリウムは強い酸化剤であり，それ自身を指示薬とすることもできる

ので，還元性物質の定量によく用いられる．ただし，滴定溶液の pH によって半反応が異なるので，その影響が物質収支の計算に及ぶことに注意しなければならない．

硫酸酸性では　　　$MnO_4^- + 8H^+ + 5e^- \rightleftarrows Mn^{2+} + 4H_2O$　　$E^0 = +1.51$ V

中性または塩基性では　　$MnO_4^- + 4H^+ + 3e^- \rightleftarrows MnO_2 + 2H_2O$

$E^0 = +1.70$ V

たとえば，鉄(II) との反応を考えると，$KMnO_4$ の 1 mol は，硫酸酸性では鉄(II) の 5 mol に相当するが，中性，塩基性では 3 mol に相当する．

過マンガン酸カリウム法の代表的な応用例として，化学的酸素要求量（chemical oxygen demand, COD）の測定があげられる．産業排水などに一定量の $KMnO_4$ 溶液を加え，水に含まれている還元性物質（Fe^{2+}，NO_2^-，S^{2-}，有機物）を酸化するのに要した過マンガン酸カリウムを求め，これを酸素量（mg L^{-1}：ppm）に換算して水質汚濁の指標の一つとしている．その他の応用例を以下に反応式で示す．なお，$KMnO_4$ 標準液は，使用前に式(7・25) あるいは式(7・26) の反応により第一次標準液である $Fe(NH_4)_2(SO_4)_2$ または $Na_2C_2O_4$ で濃度標定しなければならない．詳細については実験書を参照されたい．

$2 KMnO_4 + 10 Fe(NH_4)_2(SO_4)_2 + 8 H_2SO_4$
$\quad = K_2SO_4 + 2 MnSO_4 + 5 Fe_2(SO_4)_3 + 8 H_2O + 10 (NH_4)_2SO_4$ 　　(7・25)

$2 KMnO_4 + 5 Na_2C_2O_4 + 8 H_2SO_4$
$\quad = K_2SO_4 + 2 MnSO_4 + 5 Na_2SO_4 + 8 H_2O + 10 CO_2$ 　　(7・26)

$2 KMnO_4 + 5 KNO_2 + 3 H_2SO_4$
$\quad = K_2SO_4 + 2 MnSO_4 + 5 KNO_3 + 3 H_2O$ 　　(7・27)

b．二クロム酸カリウム法

$K_2Cr_2O_7$ の酸化力（$Cr_2O_7^{2-} + 14 H^+ + 6e^- \rightleftarrows 2 Cr^{3+} + 7 H_2O$，$E^0 = +1.33$ V）は $KMnO_4$ に比べて少し弱く，$KMnO_4$ のように着色していないので酸化還元指示薬を必要とするなどの不利な点があるが，加熱によってそれ自身変化しにくいので，アルコールなどの有機化合物の分析に用いられる．また，$K_2Cr_2O_7$ は第一次標準試薬[*1] として市販されており，一定量を水に溶かしてそのまま標準液とすることができるなど，先に述べた $KMnO_4$ 法に代る COD の測定法にも用いられる．応用例を反応式で示す．

[*1] JIS に規定されている酸化還元滴定用標準試薬として，$Na_2C_2O_4$(>99.95%)，$K_2Cr_2O_7$ (99.98%)，KIO_3(>99.95%) が市販されている．

$$2\,K_2Cr_2O_7 + 3\,C_2H_5OH + 8\,H_2SO_4 \\ = 2\,K_2SO_4 + 2\,Cr_2(SO_4)_3 + 3\,CH_3COOH + 11\,H_2O \quad (7\cdot28)$$

$$K_2Cr_2O_7 + 6\,FeSO_4 + 7\,H_2SO_4 \\ = K_2SO_4 + Cr_2(SO_4)_3 + 3\,Fe_2(SO_4)_3 + 7\,H_2O \quad (7\cdot29)$$

$$K_2Cr_2O_7 + 6\,KI + 14\,HCl \\ = 8\,KCl + 2\,CrCl_3 + 3\,I_2 + 7\,H_2O \quad (7\cdot30)$$

c. ヨウ素法

ヨウ素の半反応 ($I_3^- + 2\,e^- \rightleftarrows 3\,I^-$) の標準酸化還元電位が $E^0 = +0.5355\,V$ であり中程度の酸化力を有することから，ヨウ素法では通常の直接滴定法と間接滴定法がある．直接滴定法はヨージメトリー (iodimetry) とよばれ，式(7・31)に示すように還元性物質を標準ヨウ素溶液で滴定する．当量点の少し手前で指示薬としてのデンプン液を加え，過剰の I_3^- がデンプンに包接されて生じる深青色の呈色で終点を決定する．滴定誤差が無視できるほどきわめて鋭敏である．

$$還元体 + I_3^- \rightleftarrows 酸化体 + 3\,I^- \quad (7\cdot31)$$

一方，間接滴定法はヨードメトリー (iodometry) とよばれ，式(7・32)に示すように，酸化体に過剰の I^- を反応させ，遊離する I_3^- をチオ硫酸ナトリウム ($Na_2S_2O_3$) の標準液で滴定する方法である．この場合もヨウ素-デンプン反応により終点が決定される．

$$酸化体 + 過剰\,I^- \rightleftarrows 還元体 + I_3^-$$

$$I_3^- + 2\,S_2O_3^{2-} \rightleftarrows 3\,I^- + S_4O_6^{2-} \quad S_4O_6^{2-}: 四チオン酸イオン \quad (7\cdot32)$$

ヨウ素は水に難溶であるが，ヨウ化物イオンを加えると $I_2 + I^- \rightleftarrows I_3^-$ が進行し，その溶解度は非常に増加する．これを利用して滴定に用いるヨウ素溶液が調製される．

【0.1 M ヨウ素溶液の調製】 フラスコ内で KI の約 12 g を少量の水に溶かし，これに I_2 を約 6.5 g 加えて溶解させた後，水を加えて 1 L とする．その濃度標定は式(7・33)の反応により $Na_2S_2O_3$ 標準液で行われる．

(i) ヨージメトリーの応用例

$$2\,Na_2S_2O_3 + I_2 = Na_2S_4O_6 + 2\,NaI \quad (7\cdot33)$$

$$2\,Na_3AsO_3 + I_2 + H_2O = Na_3AsO_4 + 2\,HI \quad (7\cdot34)$$

$$Na_2SO_3 + I_2 + H_2O = Na_2SO_4 + 2\,HI \quad (7\cdot35)$$

$$H_2S + I_2 = 2\,HI + S \quad (7\cdot36)$$

(ii) ヨードメトリーの応用例　生じる I_2 を式(7・33)の反応により滴定する．

$$2\,CuSO_4 + 4\,KI = Cu_2I_2 + I_2 + 2\,K_2SO_4 \tag{7・37}$$

$$K_2Cr_2O_7 + 6\,KI + 14\,HCl = 8\,KCl + 2\,CrCl_3 + 3\,I_2 + 7\,H_2O \tag{7・38}$$

$$2\,KMnO_4 + 10\,KI + 16\,HCl = 12\,KCl + 2\,MnCl_2 + 5\,I_2 + 8\,H_2O \tag{7・39}$$

$$KBrO_3 + 6\,KI + 6\,HCl = KBr + 3\,I_2 + 6\,KCl + 3\,H_2O \tag{7・40}$$

このほか，H_2O_2，ClO^-，SbO_4，$[Fe(CN)_6]^{3-}$ なども定量できる．

8

溶媒抽出法

　溶媒抽出（solvent extraction）は，二つのまざり合わない溶媒間での溶質の分配平衡に基づくもっとも効果的な分離法の一つである．一般的には水溶液中（水相：aqueous phase）の目的成分を有機溶媒（有機相：organic phase）とふりまぜる．その際，水に溶けやすい無機塩類やアルコールなどの親水性（hydrophilic）の物質は水相に残存し，水に溶けにくい有機化合物や I_2 ならびに Br_2 などの疎水性（hydrophobic）の物質は有機相に分配される．また，金属イオンに適切な有機試薬（organic reagent）を加えて非電解質型錯体とすることによって有機溶媒相中に分配させることもできる．分配後，二相の密度（density）が異なるので境界面が生じて分離される．これらの現象を利用する溶媒抽出法は，有機合成化学や錯体化学など各分野において，混合物からの目的物質の分離精製ならびに希薄溶液から目的物質の濃縮や定量に利用されている．

　なお，抽出によって物質を除去する際，その物質に対して選択的なことが重要となる．分離の難しい物質に対しても，水素イオン濃度，抽出剤の種類と濃度，抽出速度など多くのパラメーターを適切に選択することによって，迅速かつ定量的に分離することができる．いったん，有機相に抽出した物質を水相に分配させることを逆抽出（back extraction）という．ここでは，金属イオンの溶媒抽出法を概説する．

8・1 溶媒抽出に用いられる有機溶媒

　有機溶媒の性質は，キレート剤ならびに錯体の分配比を左右し，金属イオンの抽出全般に大きな影響を与える場合が多い．表8・1に溶媒抽出でよく用いられる代表的な溶媒を示す．一般に，イオン対の抽出には誘電率の小さな溶媒が有利とされるが，抽出される化学種に応じて用いる溶媒を選択することになる．その際には，水と有機溶媒との相互溶解度が小さいもの，密度の差が大きいことのほかに有機溶媒の性質（たとえば，揮発性の強いものは抽出化学種の推定などには不向きであり，エーテルは過酸化物を蓄積しやすい，クロロホルムは塩基性の溶液と接触させるとギ酸が生じるなど）にも注意を要する．

表 8・1　抽出用の代表的な溶媒の種類と性質

溶　媒	誘電率	沸点 ($°C$)	比重 ($g\ cm^{-3}$)	相互溶解度 (W%) 水への	相互溶解度 (W%) 溶媒への水の
ヘキサン	1.9	69	0.66	0.01	—
四塩化炭素	2.2	77	1.58	0.08	0.01
ベンゼン	2.3	80	0.88	0.08	0.06
トルエン	2.4	111	0.87	0.05	0.06
m-キシレン	2.4	139	0.86	0.01	0.04
ジエチルエーテル	4.4	35	0.71	6.95	1.26
クロロホルム	4.9	61	1.49	0.80	0.97
酢酸エチル	6.4	77	0.90	7.94	3.01
n-ブチルアルコール	16.1	118	0.81	7.80	20.0
ニトロベンゼン	34.8	211	1.21	0.21	0.22

8・2 抽出剤としてのキレート試薬

　金属イオンの溶媒抽出においては，キレート試薬が抽出剤として用いられる．この場合のキレート試薬としては，基本的には解離し得る水素イオンをもち，陰イオンとして金属イオンに配位結合するさまざまな二座あるいは三座配位子が用いられる．図8・1に代表的なキレート試薬を示す．最近，これらのキレート試薬とは異なるクラウンエーテルなどの大環状化合物が，アルカリ金属イオンならびにアルカリ土類金属イ

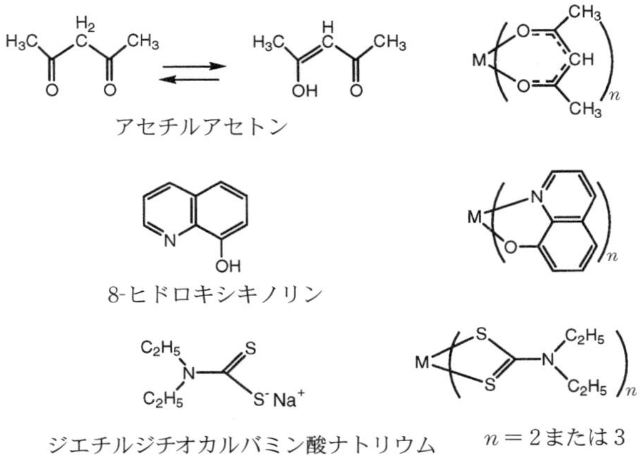

図 8・1 代表的なキレート試薬と金属キレート

アセチルアセトン

8-ヒドロキシキノリン

ジエチルジチオカルバミン酸ナトリウム $n=2$ または 3

オンの抽出剤として用いられるようになってきた．

8・3 溶媒抽出の基礎

8・3・1 分配平衡 (distribution equilibrium) と分配比 (distribution ratio)

　一定の温度および圧力のもとで，ある溶質が互いに混ざり合わない二つの溶媒に溶解して平衡（分配平衡）に達した場合，両溶媒相における溶質の濃度の比は，希薄溶液とみなされる範囲では溶質の絶対量の多少にかかわらず一定となる．すなわち，分配係数または分配定数 (distribution coefficient または partition coefficient) は，物質 A が二つの溶媒 a および溶媒 o に分配して平衡状態に達したときの平衡定数 K_D であり，式 (8・1) で示される．

$$K_D = a_o / a_a \tag{8・1}$$

ここで，a_a，a_o はそれぞれ相 a，o における物質 A の活量を示す．与えられた溶媒系では K_D は温度のみに依存する．

　式 (8・1) は両相に溶質が同じ化学種で存在する時に用いられる．多くの場合，分配に伴って溶質である化学種の解離，二量化あるいは多量化 (polymerization) および錯形成が起こるので，K_D の代りに分配比 (distribution ratio) D を使用するのがよい．

$$D = C_o / C_a \tag{8・2}$$

ここで，C_a，C_o はそれぞれ相 a，o における物質 A の分析濃度である．なお，二つの溶媒のうち一つが水である場合，式(8・2)の分母を水相中の濃度，また分子を有機相中の濃度とする．分配比は実験条件に依存する．

8・3・2 抽出百分率

水相から有機相に分配された溶質の割合を表すのに，式(8・3)に示すように，抽出百分率（percent of extraction）E が用いられる．

$$E(\%) = \frac{C_o V_o}{C_o V_o + C_a V_a} \times 100 \tag{8・3}$$

式(8・3)に式(8・2)をあてはめると，

$$E(\%) = \frac{D}{D + V_a/V_o} \times 100 \tag{8・4}$$

式中の V_a は水相の体積，V_o は有機相の体積を表す．ここで，$V_a = V_o$ とすると，分配比 D が 100 から 1000 と 10 倍になっても，抽出率は 99.0% から 99.9% と向上するのみである．また，定量的に抽出するには，分配比 D が 1000 以上でなければならないこともわかる．

8・3・3 効率的な抽出

抽出百分率を上げたい場合，抽出液（extractant）を一度に多量用いるよりも，少量ずつ数回にわけて連続抽出（successive extraction）を行う方が効果的である．

いま，溶媒 a の V_1 mL に存在する物質 A の W_0 g が，溶媒 o の V_2 mL で n 回抽出操作を行ったとすると，溶媒 a に残る物質 A の量 W_n g は式(8・5)で示される．

$$W_n = \left(\frac{V_1}{DV_2 + V_1}\right)^n W_0 \tag{8・5}$$

この式(8・5)は次の式で用いられる．

$$f_n = \frac{W_n}{W_0} = \left(\frac{V_1}{DV_2 + V_1}\right)^n \tag{8・6}$$

ここで，f_n は n 回抽出後の溶媒 a に残っている A の分率を示す．抽出に用いる溶媒 o の全容積を V とすると $V_2 = V/n$ であり，抽出分率はその回数 n を増すことで増大することがわかる．このように，少量の溶媒を用いて数回抽出操作を繰り返すのが効果的であり，これによって水相に残る溶質量は指数関数的に減少する．しかし，5 回以上の抽出操作を行わないと抽出率が不十分な場合は，溶媒を検討する方がよい．

8・3・4 キレート試薬を含む有機溶媒による金属イオンの抽出

金属イオンは親水性であり有機溶媒にはきわめて難溶であるが，疎水性のキレート剤とで非電解質型の金属キレートを形成させると有機溶媒に易溶となり有機溶媒に抽出される．金属イオンの抽出過程は，次の4種類の平衡によって表される．

抽出試薬の分配平衡
($HL_a \rightleftarrows HL_o$)
$$K_{D,HL} = \frac{[HL]_o}{[HL]_a} \tag{8・7}$$

水相中での抽出試薬の解離
($HL \rightleftarrows H^+ + L^-$)
$$K_a = \frac{[H^+][L^-]}{[HL]} \tag{8・8}$$

錯生成平衡
($M^{n+} + nL^- \rightleftarrows ML_n$)
$$K_f = \frac{[ML_n]}{[M^{n+}][L^-]^n} \tag{8・9}$$

錯体の分配平衡
($[ML_n]_a \rightleftarrows [ML_n]_o$)
分配係数 $$K_{D,ML_n} = \frac{[ML_n]_o}{[ML_n]_a} \tag{8・10}$$

また，金属イオンの分配比は
$$D = \frac{[ML_n]_o}{[M^{n+}]_a + [ML_n]_a} \tag{8・11}$$

錯体の有機相への分配が優先するなら，$[ML_n]_a$は無視できるので，式(8・11)は式(8・12)とできる．

$$D = \frac{[ML_n]_o}{[M^{n+}]_a} \tag{8・12}$$

式(8・9) と式(8・10) を式(8・12) に代入すると，

$$D = K_{D,ML_n} \cdot K_f \cdot [L^-]_a^n \tag{8・13}$$

さらに，式(8・13) に式(8・7) と式(8・8) を代入すると，

$$D = \frac{K_{D,ML_n} \cdot K_f \cdot K_a^n \cdot [HL]_o^n}{K_{D,HL}^n \cdot [H^+]_a^n} \tag{8・14}$$

を得る．ついで，定数項 (K_{D,ML_n}, K_f, $K_{D,HL}$, K_a) をまとめて，

$$K_{ex} = \frac{K_{D,ML_n} \cdot K_f \cdot K_a^n}{K_{D,HL}^n} \tag{8・15}$$

とし，K_{ex}を条件抽出定数と定義すると，式(8・14) は，

$$D = K_{ex} \frac{[HL]_o^n}{[H^+]_a^n} \tag{8・16}$$

となる．両辺の対数をとると，

$$\log D = \log K_{ex} + n\log[HL]_o - n\log[H^+]_a \tag{8・17}$$

または

$$\log D = \log K_{\mathrm{ex}} + n\log[\mathrm{HL}]_\mathrm{o} + n\mathrm{pH} \tag{8・18}$$

を得る．

式(8・18)から，金属イオンの分配には水相のpH，有機相中のキレート試薬の濃度$[\mathrm{HL}]_\mathrm{o}$が大きく影響することがわかる．また，水相のpHを一定として種々の$[\mathrm{HL}]_\mathrm{o}$の条件で抽出操作を行い，pHに対して$\log D$をプロットすると傾きnの直線が得られ，傾きnからは抽出される錯化学種の配位子の数を推定でき，切片（$\log K_{\mathrm{ex}} + n\log[\mathrm{HL}]_\mathrm{o}$）からは条件抽出定数を知ることができる．

8・3・5　金属イオンの分離とマスキング剤の利用

2種の金属イオン（$\mathrm{M_1}$, $\mathrm{M_2}$）の抽出分離において，$\mathrm{M_1}$の99％以上が有機相に分配され，$\mathrm{M_2}$の99％が水相に残存するとき，両イオンは相互分離されるという．その分離の尺度として式(8・19)に示す分離係数S(separation factor) が用いられる．

$$S = \frac{D_{\mathrm{M_1}}}{D_{\mathrm{M_2}}} \tag{8・19}$$

すなわち，両者の分配比（$D_{\mathrm{M_1}} \fallingdotseq 10^2$, $D_{\mathrm{M_2}} \fallingdotseq 10^{-2}$）を式(8・19)に代入すると分離係数が$S \geqq 10^4$となり，これが分離の目安となる．

金属イオンごとに$K_{\mathrm{D,ML}_n}$やK_fの値が異なるとともに，水相のpHを調節することによっても$\log D$を変化させられるので，一種類のキレート試薬を用いて溶媒抽出法で金属イオン分離が可能となる．しかし，$\mathrm{M_1}$と$\mathrm{M_2}$が同程度の分配比を示して分離係数Sが10^4以上にならない場合には，表8・2に示すようなマスキング剤を加えて$\mathrm{M_1}$あるいは$\mathrm{M_2}$のいずれか一方を水溶性の錯体とすることで，両イオンを分離することも可能である．

表 8・2　溶媒抽出に用いられる代表的なマスキング剤

マスキング剤	マスクされる金属イオン
EDTA	Al, Ba, Bi, Ca, Cd, Ce, Co, Cr, Hf, Hg, Mg, Mn, Ni, Pb など
CN^-	Ag, Au, Cd, Co, Cu, Hg, Ni, Tl, V, Zn など
$\mathrm{S_2O_3^{2-}}$	Ag, Au, Cd, Co, Cu, Fe, Pb, Pd など
クエン酸塩 酒石酸塩	Al, Ba, Bi, Ca, Cd, Ce, Co, Cr, Cu, Fe, Hf, Hg, Mg, Mn など

付　録

付録-1　誤　差

　誤差（E）とは測定値（Xi）と真の値（μ）との差，$E=Xi-\mu$である．誤差の要因は，① 測定原理の不完全さ，② 計測器の構成あるいは動作の不完全さ，③ 測定環境や測定条件の変動，④ 測定者の経験の未熟さ，などがあげられる．誤差にはその性格に関連して系統誤差（systematic error）と偶然誤差（random error）がある．

　一般に測定の操作を繰返すと，測定値は不ぞろいを示すが，このような測定値のばらつきとなって現れる誤差が偶然誤差である．偶然誤差は測定回数を増すことによりある程度減少させることができるが，ゼロにすることはできない．偶然誤差の分布は正規分布（normal distribution）に従う．

　測定値について母集団を仮定すると，この母集団の母平均が真の値に等しいとはかぎらない．この差をかたよりといい，このかたよりを与えるような原因に基づく誤差を系統誤差という．系統誤差は一定であり，E の絶対値はすべての値に対して同じである．たとえば，すべての試料に加えられる試薬の一定量が不純な物質を含むときは，分析結果には必ずその一定量による誤差が存在する．偶然誤差は統計モデルに基づいて評価できるが，系統誤差は個々の計測システムに依存し，個別的な特性を示すので一般的な取扱いが難しい．

　測定の正確さ（accuracy）は実験値（Xi）が真の値（μ）にどれだけ近いか，すなわちかたよりを示す．測定の精度（precision）は同一試料について，同一の多数の実験を繰り返し，得られた測定値についてのばらつきの大きさで示される．正確さは絶対誤差として E で示され，精度は標準偏差として客観的に示すことができる．なお，誤差を表すのに，その真の値に対する比を用いることも多い．これを相対誤差（relative error）Er という．

$$Er=E/\mu$$

　均一な試料を多数回（無限回）分析し，その結果を最小値から最大値まで並べて，ある小さな範囲（a）に入るデータの数を縦軸にとり，横軸に真値からの差（誤差）をとって図示（図1）した曲線がヒストグラムである．

　実際には有限回の分析値の集団から分布曲線を推定する．μ は母平均（正規分布曲線

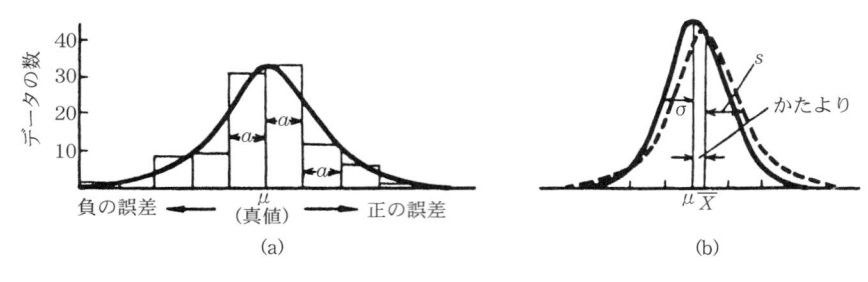

図 1 誤差の分布
  (a) ヒストグラム
  (b) もとの分布(正規分布)と測定値の分布
[吉森孝良,"入門分析化学",東京理科大学出版会(1985), p.11]

の平均値)といい,μから曲線の変曲点までの距離をσで表し,(母)標準偏差という.実際には破線の結果が得られるから,母平均μは得られず,測定値の平均値($\bar{X}$)およびσに代るs(標準偏差)でσを推定する.μと$\bar{X}$との差はかたより(bias)または偏差(deviation)とよぶ.

$$s=\sqrt{\frac{\Sigma(Xi-\bar{X})^2}{n-1}}$$

もし,μがわかっていれば

$$\sigma=\sqrt{\frac{\Sigma(Xi-\bar{\mu})^2}{n}}$$

なお,$s/\bar{X}$を相対標準偏差(relative standard deviation)とよぶ.これを100倍して%で示したものをC.V.%,変動係数(coefficient of variation)といい,これで精度を表すこともある.

付録-2 有効数字と数値の丸め方

分析をする場合,いくつかの測定のなかのもっとも精度の低い測定によって操作全体の精度が左右されてしまい,それ以外の測定精度を向上させても全体の精度はよくならない.有効数字(significant figures)の数は"測定精度に一致した測定結果を表すのに必要な数字の桁数"と定義される.

測定における有効数字の桁数は,小数点の位置とは無関係である.54321という数字

を例にとると，この数の有効数字は5桁であり，小数点がどこにあるかは関係がない．0.054321という数の5より前にある0は単に小数点の位置を示すための0であり，有効数字の桁数とは関係がない．54321.0という数字の0は小数点の位置を示すためにあるのではなく，有効数字の桁数の一部である．

有効数字の桁数の異なる数値を"加減"するときには，元の数値の有効数字だけを成分にし，不確定部分を含まない桁の数を使うのが普通である．"乗除"計算においても，積あるいは商の有効桁数は元の数値の最小有効桁数と同じである．何回かの分析を繰り返して，それぞれがよい精度の分析結果であるときには，その平均値を個々のデータよりも1桁多く書いてもよい．計算結果はいつも1桁多く出し，四捨五入するのが原則である．

たとえば，9.449および9.451を有効数字2桁に丸める（round off）と9.4および9.5となる．丸め方についてはJIS Z 8401の規約に従う．

3桁に丸める例

38.649	38.6（4桁目が4以下の場合，切り捨て）
38.660	38.7（4桁目が6以上の場合，切り上げ）
38.5502	38.6（4桁目が5で，それ以下に0以外の数字がある場合，切り上げ）
38.450	38.4（4桁目が5で，それ以下が0，3桁目が0または偶数の場合，切り捨て）
38.350	38.4（4桁目が5で，3桁目が奇数の場合，切り上げ）

第 2 編

機器分析

1

機器分析法概論

　機器分析法には多くの種類があるが，本書では化学系学生諸君に必要であると考えられる方法を順に記述している．

1・1　機器分析法の特徴

a．選択性がよいこと
　機器分析法では物質のもっている性質を信号化し，それを種々の手段で分離して分析を行っているので，物質をとくに化学的に処理してあらかじめ分離する必要のない場合も多い．とくに，有機化合物の構造異性体，元素の同位体化合物などの場合は，化学的な分離は困難な場合が多いので機器分析法が有利である．

b．迅速性
　化学分析では前処理として化合物，イオンなどの分離のために分解，沈殿，沪過，蒸留など各種の操作が必要であるが，機器分析では前処理が比較的簡単である．したがって，生産工程の管理分析に用いる場合も迅速かつ経済性に優れている．

c．分析感度の向上と試料の微量化
　最近の誘導結合プラズマ質量分析を例にとると，数 ppt の元素の同時定量が容易に行えるようになっており，機器分析は一般に操作が容易で個人差が少ない利点がある．

d．自動化，連続化，非破壊分析

コンピューターの発達によって自動化，連続化が便利に行えるようになってきている．たとえば，医用オートアナライザーは血液臨床化学自動分析装置とよばれ，病院の中央検査室などで疾患に関する血液中の多数の成分が自動的に同時分析されている．また，放射化分析，蛍光X線分析，X線回折，光音響分析のように非破壊的に分析ができる場合も多い．

e．標準物質の必要性

機器分析は，物質のもっている性質を信号化して利用しているため，一般的に標準物質を必要とする．したがって，標準物質の測定値との比較で分析を行うのが常道である．たとえば，ダイオキシン類の分析では，存在する異性体の数が非常に多く，操作も多くの処理工程をもつ煩雑な方法であるうえに，要求される精度が高いので，ダイオキシンの安定同位体が内標準物質として添加され，同位体希釈法により濃度計算が行われる．一般にこれらの標準物質は非常に高価である．

f．有効桁数が少ない

機器分析では記録計によるペン式記録，あるいは信号がデジタル化されていることが多いが，一般的には相対誤差 0.5〜数 % と考えるべきである．

g．機器の価格と維持管理

機器を設置するのに空調設備のある専用の部屋を必要とすることが多く，また高価な不活性ガスの使用，オペレーターの用意など保守，管理が簡単でないものも多い．

1・2　機器分析を実施するにあたっての注意

本書に記述されている機器分析の方法を利用するにあたって，分析の目的を明確にする必要があることはいうまでもない．考慮しなければならないのは次のような事項である．

（1）　試料中の含有元素，共存成分，試料の状態（気体，液体，固体），主成分の分析か微量成分の分析かをはっきりすること．

（2）　定性か定量か，あるいは構造解析かを決めること．

（3）　分析範囲，機器の感度，精度，正確さおよび測定に使える試料量．

（4）　経済性，迅速性，安全性および測定者の経験の有無など．

もちろん，これらの項目は単独で考えるべきものではなく，互いに関連する場合が

ほとんどであろう．機器分析では本来，与えられた試料をそのまま分析できればそれにこしたことはない．しかし，分析機器を使用する前にあらかじめ測定に適するような前処理を行うことが必要となる場合も多い．そのために，分析を妨害する成分の除去，目的成分の濃縮，試料の化学形態，物理形態の変換が前処理として行われる．

　機器分析装置が高度に発達すると，身近な分析装置がいわゆるブラックボックス化する．そのため装置からの信号をすべて有用な信号であるとの錯覚を起こすであろう．したがって，機器分析を実施する学生諸君は原理的なことをしっかり学び，機器より得られた数値に惑わされないよう経験を積むことを希望したい．

1・3　各種機器分析法の比較

　本書では各種機器分析法の記述に際し，その原理，装置の概要と応用範囲についてそれぞれ各節中に詳細に説明しているが，この節では目的に応じた最適の機器分析法を決定するための指針として，本書に記載した大部分の方法についての特徴を一覧表として示した．すなわち，定性分析ではいかなる基礎に基づいて定性分析ができるのか，検出限界はどの程度かを示すとともに，利用するスペクトルの範囲を記載した．また，定量分析では定量的取扱いの基礎，定量範囲，精度について平均的な値を示した．その他，測定試料については，いかなる形態の試料がどのくらいあれば測定可能か，経験の有無の大小，通常測定に必要な時間，応用範囲の特徴，連続分析の可否などを示している（一覧表中の項目でよく使用される略号は p. 94 にまとめて示している）．

機器分析法		紫外・可視吸光光度法	蛍光（りん光）光度法	原子吸光分析法
原理		主として原子価電子の励起による分子の電子状態の変位に起因する吸収を測定する	分子が光エネルギーを吸収してその励起状態から基底状態への電子遷移が起こり，あらためて光として放出する発光強度を測定する	化学炎やグラファイト炉で試料を熱分解し，分子を基底状態の原子とし，これに同一原子の発光スペクトル線を照射して吸光度を測定する
定性分析	特徴	吸収極大付近の波長は発色団について特徴的．呈色が選択的な場合は肉眼でも判定可能	蛍光の有無や色によっては肉眼でも判定可能	吸収の波長位置が元素に特有
	検出限度	～ng	～ng	～ng
	利用範囲	波長　200～800 nm	波長　300～800 nm	波長　200～900 nm
定量分析	定量の基礎	吸光度∝濃度（ベールの法則）	蛍光強度∝濃度	吸光度∝濃度
	定量範囲	ppm～数％	10 ppb～数％	0.1 ppm～数％
	相対誤差	1～2％	～5％	1～5％
試料形態など	最適形態	L*	L	L
	必要量	数 mL	100 μL～数 mL	数 mL
	経験の有無	小	小	小
	測定時間	数～30 min	数～30 min	数～30 min
応用範囲	特徴	無機・有機化合物の微量分析，構造決定，反応機構の解析に有用	無機・有機化合物のごく微量分析に有用	金属元素などの微量分析
	連続分析の可否	可	可	可
	有機物	○	○	×
	無機物	○	○	○
その他の特色		HPLC の検出法として常用される．モル吸光係数 10^5 以上を与える高感度呈色試薬も多数開発されている．長吸収管吸光光度法，二波長分光光度法，微分吸光光度法などの方法も利用されている	HPLC の高感度検出法として有用	装置は炎光光度計と兼用の装置が多い

* L は液体を示す．

1・3 各種機器分析法の比較

機器分析法		発光分析法	化学発光法	蛍光X線分析法
原理		熱的に励起された原子（またはイオン）が低いエネルギー準位に戻るときに放出される光子の波長に相当する発光強度を測定する	化学発光（化学ルミネセンス）は化学反応の結果生じた励起状態にある分子が基底状態に移るときに放射する光を測定する．蛍光光度法とは励起過程が異なる	原子にX線を照射すると電子の結合エネルギーがX線のエネルギーより小さい内殻電子は軌道から飛び出し空孔となる．より外殻の軌道に属する電子が遷移して空孔を埋め，軌道のエネルギー差に相当するエネルギーをX線として放出する
定性分析	特徴	スペクトル線の波長位置は元素に特有	発光が可視部にあれば肉眼でも判定可能	固有X線（蛍光X線）の波長は元素に特有
	検出限度	～ng	～pg	0.01～1%
	利用範囲	波長　200～900 nm	一般的には 300～800 nm，NO/O_3系では発光極大 1 200 nm，この 590～875 nm の発光を測定	波長　0.2～12 Å（蛍光X線の発生には主に連続X線が利用される）
定量分析	定量の基礎	発光強度∝濃度	化学発光強度∝濃度	固有X線強度∝濃度（マトリックス効果[*2]あり）
	定量範囲	0.1 ppm～%	0.1 ppb～数%	10 ppm～数%
	相対誤差	1～10%	～5%	1～5%
試料形態など	最適形態	L, S[*1]	L, G[*1]	L, S
	必要量	数 mL（数 mg）	数十 μL（フローセル）～数 mL（バッチ）	数 mL（数十 mg）
	経験の有無	中	中	中
	測定時間	数～30 min	数～30 min	数～60 min
応用範囲	特徴	多成分元素の迅速同時定量分析	生化学，臨床化学および環境化学分析に利用される．HPLCの検出法としても用いられる	管理分析に適す
	連続分析の可否	可	可	否
	有機物	×	○	×
	無機物	○	○	○
その他の特色		誘導結合プラズマを用いる方法は感度がよく，多元素同時分析に適する	発光系としてはルミノール，ルシゲニン，シュウ酸エステルを用いる系が多い	一般的には非破壊分析である．波長分散型とエネルギー分散型の装置がある

[*1] Gは気体を，Sは固体を示す．　　[*2] 2・6・1項参照．

機器分析法		放射化分析法	質量分析法	赤外分光法
原理		中性子，荷電粒子などによる核反応によって安定核種を放射化（放射性同位体）し，その壊変に伴って放出される放射線のエネルギー（核種に固有）を測定する	原子や分子から得られるイオンの質量の大きさを測定する	試料に赤外線を照射し，双極子モーメントの変化を伴う分子振動によって生ずる吸収スペクトルを測定する
定性分析	特徴	放射線の種類，エネルギー，半減期は核種に特有	質量/電荷数とフラグメントパターンが分子に固有	官能基に特有な波長域を利用
	検出限度	～0.01 ng	ppb	0.01～1%
	利用範囲	エネルギー 10 keV～10 MeV	質量数 1～2 000（500 000 の装置もある）	波長 2.5～50 μm（波数 4 000～200 cm^{-1}）
定量分析	定量の基礎	放射能の強さ∝濃度	ピーク強度∝濃度	吸光度∝濃度
	定量範囲	0.1 ppb～ppm	ppb～数%	0.01～数%
	相対誤差	5～10%	0.1～5%	1～5%
試料形態など	最適形態	L, S	L, S, G	L, S, G
	必要量	数 mg	気体 0.01 mL（液体 0.1 μL）	数 mg
	経験の有無	大	中	小
	測定時間	数～30 min	十数 min	数 min
応用範囲	特徴	無機元素の超微量分析	分子量の決定，分子構造の推定，微量分析に適す	構造決定に重要
	連続分析の可否	否	可	可
	有機物	×	○	○
	無機物	○	○	○
その他の特色		中性子などの核反応は数日以上を要する場合がある．超微量分析，非破壊，多元素同時分析法である	イオン化および質量分離方式に種々の方式がある．ガスクロマトグラフおよび液体クロマトグラフと結合する利用が多い	透過法および ATR 法以外に顕微測定法が進歩している．FT-IR 法は暗光のスペクトルを測定するのに適しているので，反射スペクトルなどが容易に測定できる

機器分析法		ラマン分光法	円二色性と旋光性	光音響分光法
原理		試料に単色の可視・紫外光線を照射すると，分子の分極率が変化する分子振動に起因して散乱光が観測できる	旋光能を有する化合物の可視・紫外部における光学活性吸収帯付近の異常分散を左右円偏光の吸収の差あるいは旋光度の変化で観測する	光吸収の結果生ずる熱が熱波として試料中を拡散し，その結果生じる音波・弾性波を検出する
定性分析	特徴	官能基に特有な波長域を利用	光学活性吸収帯の旋光分散または円二色性スペクトルの形および大きさは立体配置に特徴的	吸収セル内の圧力変化（音波）は試料に吸収された光のエネルギー量に比例
	検出限度	0.01～1%	5 ppm	～ng
	利用範囲	振動スペクトルの全領域（4 000～10 cm^{-1}）	波長 200～800 nm	可視，紫外，赤外域
定量分析	定量の基礎	ラマン線強度∝濃度	左右円偏光の吸光度差∝濃度 回転角∝濃度	光音響信号強度∝濃度
	定量範囲	0.01～数%	0.01～数%	1 ppb～数%
	相対誤差	2～5%	1～5%	<5%
試料形態など	最適形態	L, S, G	L	L, S
	必要量	液体数 μL	数 mL	数 mg
	経験の有無	中	中	大
	測定時間	十数 min	十数 min	～60 min
応用範囲	特徴	赤外分光法と相補的	絶対配置，立体配置の決定が可能	強度散乱物質（粉体，非結晶固体，ゲル，コロイド）などの分光測定が可能
	連続分析の可否	否	否	否
	有機物	○	○	○
	無機物	○	○	○
その他の特色		光源としてはアルゴンレーザーの 514.5 nm と 448.0 nm の発振線がよく使用される．測定にガラス製容器が使用できる．共鳴ラマン分光法の感度は高い	光学活性物質の存在の有無，純度の検定，ヘリックス残基の定量など，キラリティーの分析は医薬，農薬，食品などの分野で重要になっている	試料の形態を問わない．深さ方向の測定が可能，非破壊，スペクトル変化の in situ モニタリング，ごく微量成分の分析，表面局所解析

機器分析法		核磁気共鳴分光法	電子スピン共鳴分光法	熱分析法
原理		磁気モーメントをもつ原子核を磁場の中におくと，ゼーマン効果によりいくつかのエネルギー状態が生じる．このエネルギー差に相当する周波数の電磁波を照射すると，分裂した核スピン状態間の遷移に基づくエネルギー吸収が観測される	不対電子をもつ原子や分子は磁場の中でその電子の磁気的エネルギー準位が分裂し，電磁波の吸収が起こる	示差熱分析：試料の熱力学諸量を，定温上昇または下降法によって標準試料に対する微分値として測定する 熱重量測定：試料の重量変化を一定速度で加熱または冷却して測定し，時間または温度の関数として記録する
定性分析	特徴	同一種類の核で，結合状態により吸収位置がずれることにより官能基，核種を定性	スペクトル線の位置は不対電子数，原子の結合の状態などにより決まる	吸熱および発熱バンドの温度および形状は物質によって特徴的，熱重量変化の位置も同様
	検出限度	10^{-5} mol mL^{-1}	7×10^9 スピン/0.1 mT	
	利用範囲	^{1}H, ^{13}C などのスピン数 1/2 の核以外に多数の核種が可能	X-バンド (9.5 GHz) が標準	示差熱分析：液体窒素温度～1 500℃ 熱重量測定：常温～1 500℃
定量分析	定量の基礎	吸収ピークの面積∝共鳴核の濃度	吸収ピークの面積∝不対電子濃度	ピーク面積∝転移熱量 重量減∝熱変化量
	定量範囲	1% 程度（核種の違いが大きい）	0.01～100 ppm	1～数%
	相対誤差	1～5%	5～10%	5%
試料形態など	最適形態	L, S（特殊な場合 G）	L, S, G	L, S
	必要量	液体 0.5～0.01 mL	液体 0.05～0.5 mL	10 mg, 100 mg～1 g
	経験の有無	大	大	中
	測定時間	～30 min	数～30 min	～60 min
応用範囲	特徴	化学シフトより有機化合物の各種官能基および構造の解析に有用	遊離基，遷移元素，希土類元素化合物の構造解析と定量	融解，相転移，熱分解，吸発熱反応の解析
	連続分析の可否	否	否	否
	有機物	○	○	○
	無機物	○	○	○
その他の特色		測定周波数 ^{1}H 核で 200～400 MHz 程度のものが一般的であるが，最大周波数では 750 MHz までの装置が市販されている	不対電子をもつ系に対象が限られるが，反応の中間体（遊離基など），励起三重項状態，不純物としての常磁性金属イオンなどの微量成分が対象	熱重量測定で発生したガスを赤外分光法，質量分析する連続測定も一般的である

1・3 各種機器分析法の比較

	機器分析法	電気化学分析法	電子プローブマイクロアナリシス	X線光電子分光法
原理		電位（E）あるいは電流（i）を制御し，溶液中の化学種の活量の変化に対応する電流，電位，電気量などを測定する．電位と電流の関係を定量的に調べるためには，両者のうちどちらか一方を一定の値に規制して，他方の変化を測定する	集光された電子ビームを試料に照射すると，電子は衝突によりエネルギーの一部またはすべてを失い，失われたエネルギーの一部は試料を構成する原子の核外電子をその軌道からはじき出す．核外電子をはじき出された原子は，蛍光X線の原理と同様に固有X線を出すのでこれを検出する	比較的エネルギーの高い光（真空紫外，X線）を試料に照射したときに放出される光電子について，エネルギー分析を行う
定性分析	特徴	ポテンシオメトリー（$i=0$，E を測定）電位規制法（E を制御，i を測定），ほかに電流規制法，伝導度法がある	固有X線の波長は元素に特有	電子の結合エネルギーは元素およびその結合状態（化学シフト）に特有
	検出限度		～0.1%	～0.1%
	利用範囲		標準型ではNa以上であるが，B以上が可能	結合エネルギー～2 keV
定量分析	定量の基礎	ポテンシオメトリー（ネルンストの式による）拡散電流∝濃度，電気量∝電極反応をした物質の当量	固有X線強度∝濃度	ピーク強度∝濃度
	定量範囲	1 ppm～高濃度	電子線による損傷と真空中の測定面積が狭く，局所分析であることより限定される	1%～高濃度
	相対誤差	～1%	1～5%	～10%
試料形態など	最適形態	L	S	S
	必要量	数 mL	金属試料などは樹脂に埋め込み研磨する．電気伝導性のない試料は金，炭素などを薄く蒸着し，伝導性をもたせる	数 mg
	経験の有無	小	大	大
	測定時間	5～30 min	～60 min	10～30 min
応用範囲	特徴	装置が簡便で比較的安価	顕微鏡で観察された像に対する元素情報が得られる	固体の表面，局所元素分析
	連続分析の可否	可	否	否
	有機物	○	×	○
	無機物	○	○	○
その他の特色		化学センサー（バイオセンサー，イオンセンサー，ガスセンサー）としての発展がめざましい	エネルギー分散型と波長分散型の装置がある．微粒子，不均質材料中の微小領域，均質材料中の異物，表面付着物などの同定に有用である	表面より数～数十Åの固体表面の元素分析，化学シフトを用いることにより，各元素の結合状態，酸化状態など化学状態分析が可能，150～250 μmφ 程度の微小領域の測定可能

機器分析法		二次イオン質量分析法	X線回折法
原理		一次イオンを固体試料に照射して，試料から放出される二次イオンを質量分離して試料表面の構成成分を元素分析する	X線を結晶面に照射したときに生ずる回折X線を測定する．ブラッグ反射を起こす原子網面やその面間隔 (d)，さらにその反射（回折線）強度は物質により異なり，これらの組合せ（回折像）は物質に特有のものである
定性分析	特徴	一次イオン源はCs$^+$，O$_2^+$がよく用いられる．質量分析計には四重極型，電場型および飛行時間型がある	回折角のパターンは結晶構造に特徴的
	検出限度	ppb～ppm	1～5%
	利用範囲	水素からウランまでの全元素の分析	波長 0.7～3 Å
定量分析	定量の基礎	ピーク強度∝濃度	回折X線強度∝濃度
	定量範囲	微小領域(0.1～数百 μmφ)における微量分析 0.1 ppb～100 ppm	5%～高濃度
	相対誤差	～5%	1～5%
試料形態など	最適形態	S	S（結晶性）
	必要量	数 mg	数～数百 mg
	経験の有無	大	中
	測定時間	～60 min	10～60 min
応用範囲	特徴	半導体をはじめ金属，セラミックスの分野で有用	結晶性物質の同定，結晶構造の決定，組成分析
	連続分析の可否	否	否
	有機物	○	○
	無機物	○	○
その他の特色		表面から深さ数 μm の範囲までの微量元素の定性，定量分析法，破壊分析である	非破壊分析．未知物質の回折データ，すなわち回折線の d 値と強度をデータ集にある既知物質の回折データと比較することが必要である

1・3 各種機器分析法の比較

機器分析法		ガスクロマトグラフィー	高速液体クロマトグラフィー
原理		移動相（ガス）中の分子の固定相への吸着または分配の度合の違いにより，カラム内の移動速度に差を生ずることを利用して混合物を分離する	溶液中の分析対象の固定相への吸着，分配などの度合によりカラム中の移動速度に差を生ずることを利用し，混合物を分離する
定性分析	特徴	分子の構造と固定相の組合せで保持値が異なる	分子の構造，固定相，移動相により保持値が異なる
	検出限度	1 ppb～1 ppm	1 ppb～1 ppm
	利用範囲	保持値を時間で示すと1時間程度まで	保持値を時間で示すと1時間程度まで
定量分析	定量の基礎	ピーク面積∝濃度	ピーク面積∝濃度
	定量範囲	数 ppm～高濃度	数 ppm～数%
	相対誤差	0.5～5%	0.5～5%
試料形態など	最適形態	L, S, G	L
	必要量	1 μL～1 mL	1 μL～数 mL
	経験の有無	小	小
	測定時間	数 s～数十 min	数 min～数十 min
応用範囲	特徴	微量成分の検出，定量にきわめて有用．熱分解，誘導体化などによって利用範囲が広がる	検出器は吸光光度，示差屈折率，蛍光などのタイプが一般的である．プレカラム，ポストカラムでの誘導体化も行われる
	連続分析の可否	可	可
	有機物	○	○
	無機物	○	○
その他の特色		汎用検出器としては熱伝導度型，水素炎イオン化型，電子捕獲型，炎光光度型などが用いられ，質量分析計との結合も多用される	イオン成分を測定対象とする場合をイオンクロマトグラフィーという．検出は電気伝導度と間接吸光度検出が主に利用される．分配，吸着，イオン交換のほかにゲル浸透方式も用いられ，また質量分析計との結合も発展している

一覧表中の項目でよく使用される略号

略号	英語	日本語
ATR	attenuated total reflection	全反射
CD	circular dichroism	円二色性
CL	chemiluminescence	化学発光
DTA	differential thermal analysis	示差熱分析
ECD	electron capture detector	電子捕獲検出器
EPMA	electron probe microanalysis	電子プローブマイクロアナリシス
ESR	electron spin resonance	電子スピン共鳴
FID	flame ionization detector	水素炎イオン化検出器
FPD	flame photometric detector	炎光光度検出器
FT-IR	Fourier transform infrared	フーリエ変換赤外
GC	gas chromatography	ガスクロマトグラフィー
HPLC	high-performance liquid chromatography	高速液体クロマトグラフィー
ICP	inductively coupled plasma	誘導結合プラズマ
IR	infrared	赤外
MS	mass spectrometry	質量分析法
NMR	nuclear magnetic resonance	核磁気共鳴
ORD	optical rotatory dispersion	旋光分散
PAS	photoacoustic spectroscopy	光音響分光法
SIMS	secondary ion mass spectroscopy	二次イオン質量分析法
TCD	thermal conductivity detector	熱伝導度検出器
TG	thermogravimetry	熱重量測定
UV-vis	ultraviolet-visible	紫外・可視
XPS	X-ray photoelectron spectroscopy	X線光電子分光法

2

組成分析

2・1 紫外・可視吸光光度法

2・1・1 原　理

　試料成分の基底状態から励起状態への電子遷移に基づく吸光現象を測定する紫外・可視吸光光度法は，通常試料溶液（ガス，固体も可）に紫外（200～380 nm）あるいは可視（380～800 nm）領域の光をあて，得られた吸収スペクトルの吸収強度から試料成分の定量を，またスペクトルの形と吸収極大の位置から成分の定性（同定）を行う，応用範囲がきわめて広い分析法である．

　強さ I_0 の入射光（単色光）が厚さ（光路長）b の試料溶液層（濃度 C）を通過し，吸収されて透過光強度が I になったとする（図2・1）．吸光度（absorbance）A は b に比例し（ランベルト（Lambert）の法則[*1]），また C に比例し（ベール（Beer）の法則），これら二つの法則からランベルト-ベールの法則が導かれる．

$$A = -\log T = -\log(I/I_0) = abC$$

ここで，T は透過率（透過度または透光度ともいう，transmittance），a は比例定数で吸光係数（absorptivity）という．$b=1\,\mathrm{cm}$，$C=1\,\mathrm{M}$ のときの a をモル吸光係数

[*1] ISO/DIS 6286 (1981)，JIS K 0212-1990 ではブウゲェ（Bouguer）の法則と改めているが，本書では従来通りランベルトの法則とする．

96　2　組成分析

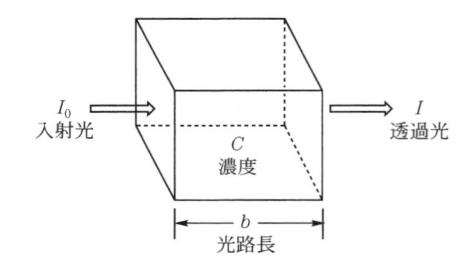

図2・1　光の吸収

（molar absorptivity）とよび，εで表される物質特有のものである．

2・1・2　装　置

　吸光光度分析装置は図2・2に示すように，光源部，波長選択部，試料室部，測光部および表示記録部からなっている．

　光源として，紫外領域には重水素ランプ（D_2），可視部領域にはタングステンランプ（W）が用いられる．光源からの光は集光鏡（M_1），迷光をカットするフィルター（F）とスリット（S_1）を通り，反射鏡（M_2）を経て回折格子（G）で分光される．さらに，反射鏡（M_3, M_4），スリット（S_2）により単色化される．図に示したよく使用される複光束型の装置では，チョッパーミラー（R_1）で時間的に二分し（試料セル側と対照セル側），両セルを交互に通過し，R_1と同期しているチョッパーミラー（R_2）により交互に光電子増倍管（E）で検出される．発生した電流を増幅し，表示記録される．

　単光束型の装置の場合には分光した光は二分せず，光路に試料セルと対照セルを交

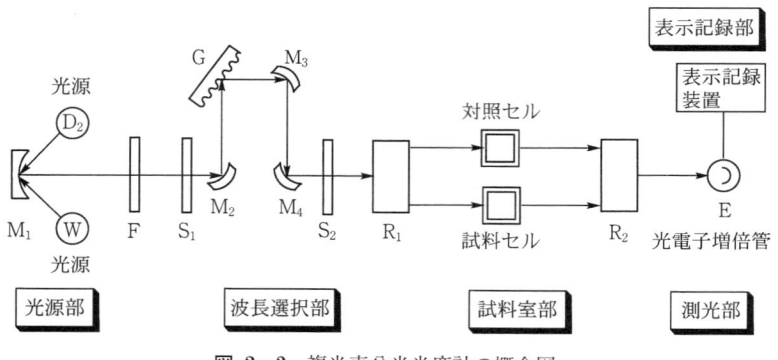

図2・2　複光束分光光度計の概念図

互において測光するので，測光の間に光源の輝度変動がないことが必要である．このタイプの装置は，特定波長における吸収を測定して定量分析を行うのに適している．

フォトダイオードアレーを検出器とする装置では，光源からの光を試料にあてた後に分光し，全波長を同時に測光するので，短時間でフルスペクトルの測定ができる．また，光学系に可動部がないため，波長の再現性が優れている．

2・1・3 測　定

a．吸収セル

測定に用いるセルには，370 nm 以上の波長領域の可視部のみに用いられるガラスセルと紫外・可視部の全波長領域で使用できる石英セルがある．複数のセルを使用する場合は，個々のセルで光路長や透過率が異なることがあるので，セルブランクを測定し，必要ならば補正をする[*1]．

b．溶　媒

用いる溶媒は，試料成分の溶解性と安定性の問題のほかに，測定波長領域でそれ自体の吸収が少ないことが必要である．紫外吸収測定に用いられる主な溶媒の測定可能な最短波長の大体の値を表2・1に示す．

c．濃度と誤差

ランベルト-ベールの法則から次式が導かれ，透過率測定の誤差が一定とすると，試

表 2・1　主な溶媒の測定可能最短波長

溶　媒	波　長 (nm)
水，アセトニトリル	190
メタノール，エタノール，プロパノール，エーテル，シクロヘキサン，ジオキサン	220
クロロホルム	250
酢酸エチル	260
N,N-ジメチルホルムアミド	270
ベンゼン	280
トルエン，キシレン	290
アセトン，ピリジン	330
二硫化炭素	380

[*1] 二つのセルに溶媒を入れ，一方を対照にして透過率を測定し，その差を求めて補正する．また，測定方向によって透過率が違うセルがある．

料溶液の吸光度が 0.25～0.7（$T=0.56～0.20$）の範囲にあると測定精度（濃度の相対誤差，dC/C）がよいので，試料成分のモル吸光係数の大きさにより試料溶液の濃度を調節するのがよい．

$$dC/C = 0.4343\, dT/(T \log T)$$

2・1・4 吸収スペクトル

吸収スペクトルは横軸の波長（nm）に対し，縦軸に透過パーセント（$T\times 100$）または吸光度をプロットしたものである．吸収スペクトルの吸収極大波長（λ_{max}）と，その波長におけるモル吸光係数（ε_{max}）が分子構造に特徴づけられるので，構造解析や同定に役立つが，今では赤外分光法，核磁気共鳴分光法の補助的手段として用いられることが多い．

a. 電子遷移

紫外・可視部の吸収は電子エネルギー準位間の遷移に基づいており，その準位間のエネルギー差に相当する波長の光を吸収し，その強度は遷移確率に依存する．図2・3に有機化合物の軌道の相対エネルギー準位と可能な電子遷移を示す．σ, π（結合性軌道）およびn軌道（非結合性軌道）には電子が満たされており，それぞれの電子は準位間のエネルギー差に相当する光を吸収して空の σ^* または π^* 軌道（反結合性軌道）に遷移する．これらのうち，$\sigma \rightarrow \sigma^*$ と $n \rightarrow \sigma^*$ 遷移はエネルギーが大きく，真空紫外領域（1～190 nm）にスペクトルが現れる．通常の紫外領域（可視領域も含む）にスペクトルが現れるのは，$\pi \rightarrow \pi^*$ と $n \rightarrow \pi^*$ 遷移である．

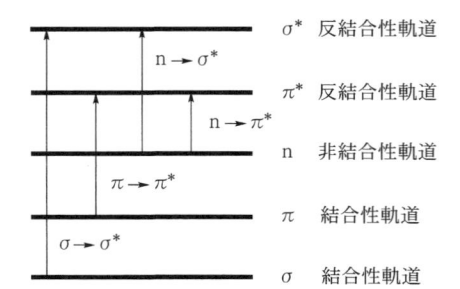

図2・3 エネルギー準位と遷移

b. 分子構造とスペクトル

（i） 有機化合物　　$\pi \rightarrow \pi^*$ 遷移は許容遷移で，通常 $\varepsilon_{max} > 10\,000$ であるが，$n \rightarrow$

π^* 遷移は禁制遷移[*1] のため $\varepsilon_{max}<100$ で，近紫外（300〜400 nm）〜可視領域に現れる．発色団（光を吸収する原子団，chromophore）（表 2・2）と助色団（それ自身は吸収をもたないが，発色団に結合して吸収の位置や強度を変化させる原子団，auxochrome）によって吸収スペクトルのパターンが決まるので，分子の構造がスペクトルに反映される．このように置換基の導入や溶媒の種類によっても吸収は変化し，吸収の長波長への移動（深色移動，レッドシフト）や短波長への移動（浅色移動，ブルーシフト），吸収強度の増大（濃色効果）や減少（淡色効果）が起こる．

分子構造とスペクトルとの主な関係は次のようにまとめられる．

① 多重結合は共役により，吸収は深色移動と濃色効果を示す．
② ベンゼン環に助色団が置換すると，深色移動と濃色効果を示す．
③ 多環式化合物は縮合環の数が増えると，深色移動と濃色効果を示す．
④ 置換基による立体障害があると，浅色移動と淡色効果を示す．たとえば，立体障害のないトランススチルベンの 295 nm（$\varepsilon_{max}=25\,000$）の吸収は，立体障害のあるシススチルベンでは 283 nm（$\varepsilon_{max}=12\,300$）の吸収に対応する．

表 2・2 発色団の例

発色団	化合物 構造	例	λ_{max} (nm)	ε_{max}	遷移	溶媒
アルケン	R−CH=CH−R	エチレン	165	7 000	$\pi\to\pi^*$	気体
			193	10 000	$\pi\to\pi^*$	気体
アルキン	R−C≡C−R	アセチレン	173	6 000	$\pi\to\pi^*$	気体
ケトン	R−CO−R	アセトン	188	900	$\pi\to\pi^*$	n-ヘキサン
			279	15	$n\to\pi^*$	n-ヘキサン
アルデヒド	R−CHO	アセトアルデヒド	180	10 000	$\pi\to\pi^*$	気体
			290	17	$n\to\pi^*$	n-ヘキサン
カルボキシル	R−COOH	酢酸	204	60	$n\to\pi^*$	水
アミド	R−CONH$_2$	アセトアミド	205	160	$n\to\pi^*$	メタノール
アゾメチン	R$_2$CN−R	アセトキシム	180	5 000	$n\to\pi^*$	水
ニトリル	R−CN	アセトニトリル	<160	弱い	$\pi\to\pi^*$	気体
アゾ	R−N=N−R	アゾメタン	347	4.5	$n\to\pi^*$	ジオキサン
ニトロソ	R−NO	ニトロソブタン	300	100	$n\to\pi^*$	エーテル
硝酸エステル	R−ONO$_2$	硝酸エチル	270	12	$n\to\pi^*$	ジオキサン
ニトロ	R−NO$_2$	ニトロメタン	278	20	$n\to\pi^*$	石油エーテル
亜硝酸エステル	R−ONO	亜硝酸ペンチル	218.5	1 120	$\pi\to\pi^*$	石油エーテル

[*1] 選択律により禁止されている遷移であるが，実際には観測される遷移．

⑤ 溶媒の極性の増加により，π→π* 遷移では深色移動，n→π* 遷移では浅色移動する．したがって，溶媒効果の違いから遷移の種類を知ることができる．

(ii) 金属錯体 d-金属錯体では，配位子自身の吸収帯（金属イオンへの配位により吸収位置や強度が変化することが多い）のほかに，d-d 遷移や電荷移動遷移に基づく吸収帯がある．

d-d 遷移は，配位子の配位により中心金属イオンの d-軌道が分裂し，その軌道間での電子遷移である．この d-d 遷移に基づく吸収帯には配位原子の種類や錯体の立体構造が強く反映されており，通常可視領域に現れる（ε は数百以下）．

電荷移動遷移（charge-transfer transition）は，光の吸収により電子が配位子から中心金属イオンの空の d-軌道へ，あるいは逆に中心金属イオンから配位子の空の軌道への遷移である．電荷移動遷移に基づく吸収帯の ε は大きいが，常に現れるわけではなく，特定の金属イオンと配位子の組合せのときにみられる．また，この吸収は配位子の吸収との分離もよく，特定の金属イオンの定量分析に好都合である．

2・1・5 応 用

吸光光度法による定量は，操作や装置が比較的簡単で，迅速に精度よく行えるので，その応用はきわめて多岐にわたっている．

a．一般的な定量分析

一定の吸収セルを用いると，吸光度 A が濃度 C に比例するので，濃度の異なる標準液で吸光度と濃度の関係（検量線）を求めておき，この検量線を用いて未知試料中の対象成分の濃度を決定する．この場合，吸光係数 a（または ε）が大きいほど検出感度は高くなる．しかし，吸収がない，あるいは吸光係数が大きくない成分を感度よく定量するには，適当な試薬と反応させ，強い吸収をもたせる（発色させる）．この目的に用いられる試薬を発色（呈色）試薬といい，目的成分とのみ特異的に迅速に反応し，発色が安定で，試薬自身の吸収と目的反応生成物の吸収とが都合よく分離していることなどが発色試薬に要求される．

金属イオンの高感度定量のための発色試薬として，400～500 nm に大きな ε（$2\sim5\times10^5$）をもつ水溶性ポルフィリン類があり，たとえばテトラフェニルポルフィリントリスルホン酸[*1]により銅やカドミウムなどが ng mL^{-1} レベルまで定量できる．

また，アルカリ金属イオンのための発色試薬として 4′-ピクリルアミノベンゾ-18-クラウン-6[*2]があり，4～40 ppm K$^+$ 水溶液の抽出吸光光度定量が可能である．

b. 錯体組成の決定（連続変化法）

$$A + nB \rightleftharpoons AB_n$$

錯体組成 (n) の決定によく用いられる連続変化法は，濃度の等しいAとBの溶液を全量は一定に保ち，混合比を変化させて混合し，そのときの吸光度をBのモル分率 (x) に対してプロットする．吸光度が極大を示す点が組成比 $n = x/(1-x)$ を与える（図 2・4）．

c. 酸解離定数の決定

$$HA \rightleftharpoons H^+ + A^-$$

pHの異なる緩衝液中で弱酸HA（全濃度：C）の吸光度を測定し，pHに対して吸光度をプロットした曲線から酸解離定数 (K_a) を求めることができる．HAとA$^-$のモル吸光係数をそれぞれ ε_{HA} と ε_{A^-} とすると，酸性側ではHAのみの吸光度 ($\varepsilon_{HA}C$) を，塩基性側ではA$^-$のみの吸光度 ($\varepsilon_{A^-}C$) を与える．吸光度が $(\varepsilon_{HA}C + \varepsilon_{A^-}C)/2$ となるときのpHがHAの pK_a に等しい（図 2・5）．

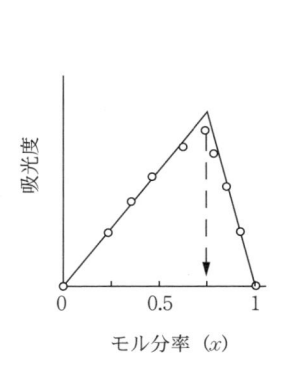

図 2・4 連続変化法
$x = 0.75$，すなわち $n = 3$．

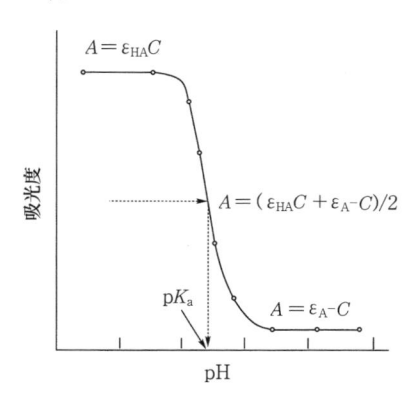

図 2・5 酸解離定数の決定

*1 ［前ページ脚注］

*2 ［前ページ脚注］

d．示差分光光度法

通常の測定では，まず試料セルと対照セルに溶媒（または，分析成分のみを含まない溶液）を入れて100合せ（$T=100\%$），つぎに試料セル側の光を遮断して0合せ（$T=0\%$）をし，試料セルに試料溶液を入れて測定する．しかし，2・1・3項に記述したように，吸光度が$0.25 \sim 0.7$の範囲外にある低濃度あるいは高濃度の溶液では測定誤差が大きくなる．低濃度の溶液では試料溶液より少し濃い標準液で0合せをし，高濃度の溶液では試料溶液より少し薄い標準液で100合せをして，精度よく分析する方法である．

e．二波長分光光度法

図2・6に示すように，光源からの光を二つの分光器で異なる波長（λ_1とλ_2）の光とし，チョッパーで同一のセルに交互に照射する．両波長における吸光度を測定し，その差を求める方法で，① セルの補正を要しない，② 懸濁試料でも測定精度が高い，③ 混合成分の定量が容易である，④ 吸光度の微少変化量の測定ができる，などの特徴がある．

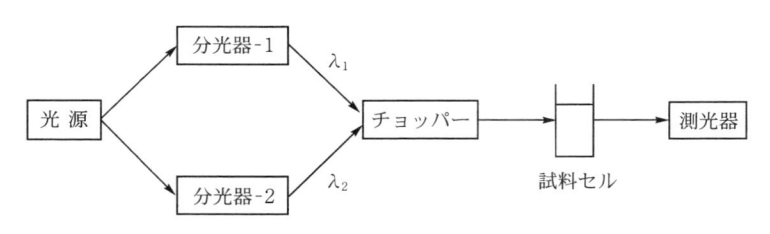

図 2・6　二波長分光光度計の概念図

f．微分吸光光度法

吸光度の波長に対する一次，さらに高次の微分量を求める方法で，① 感度が高い，② 接近した吸収帯の識別ができる，③ 吸収のショルダーが明瞭に検出できる，などの特徴がある．

2・2　蛍光（りん光）光度法

2・2・1　原　理

光を吸収した分子が一重項励起状態（通常はS_1）から基底状態（S_0）に戻る（失活）

ときに，そのエネルギー差に相当する光が放出されるが，これを蛍光 (fluorescence) という．また，一重項励起状態から項間（系間）交差で三重項励起状態 (T_1) に移り，ここから基底状態に失活するときに放出される光をりん光 (phosphorescence) という（図 2・7）．放射された蛍光（りん光）の強度から試料成分の定量を，また得られたスペクトルの形から成分の定性を行うが，前節の吸光光度法に比べると適用範囲は限定される．しかし，感度は吸光光度法の通常 1～3 桁ほど高く，ごく低濃度の定量に用いられている．

濃度が低い場合には，蛍光（りん光）の強度 (F) は励起光の強さ (I_0) に比例する．蛍光量子収率（吸収された光子 1 個当りの蛍光の光子数, fluorescence quantum yield）を ϕ_F，蛍光物質（試料）の濃度およびモル吸光係数をそれぞれ C および ε，試料層の長さを b とすると，次式が得られる．

$$F = I_0 \phi_F (1 - 10^{-\varepsilon Cb}) \cong I_0 \phi_F (2.303 \varepsilon Cb)$$

εCb が小さいときは $I_0 \phi_F (1 - 10^{-\varepsilon Cb}) \cong I_0 \phi_F (2.303 \varepsilon Cb)$ と近似できるので，F と C は比例し，蛍光定量が行える．

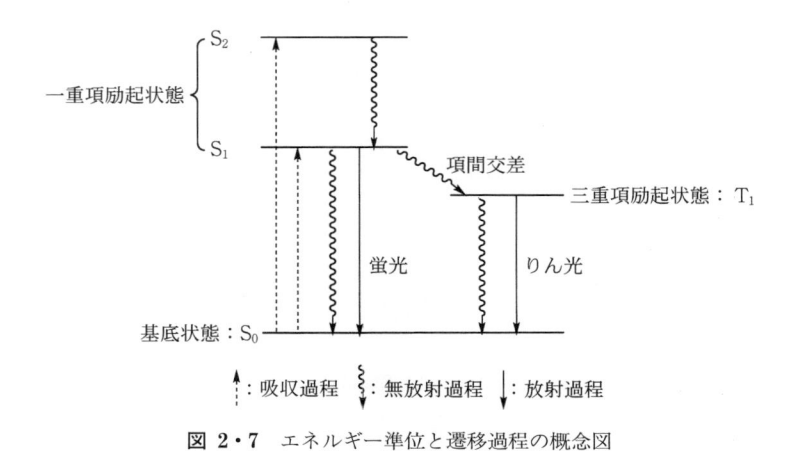

図 2・7 エネルギー準位と遷移過程の概念図

2・2・2 装置と測定

蛍光光度計は図 2・8 に示す概念図のように，光源部，励起光側波長選択部，試料室部，蛍光側波長選択部，測光部および表示記録部からなっている．

光源には，広い波長範囲にわたって連続スペクトルを出すキセノンを封入したアー

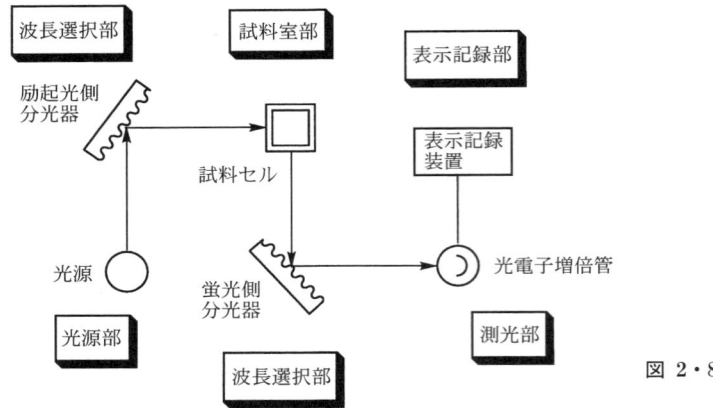

図 2・8 蛍光光度計の概念図

クランプがもっともよく用いられている．長寿命のメタルハライドランプ，水銀ランプ，単色性とエネルギー密度の高いレーザーなども使われている．光源からの励起光を分光して，無蛍光セル（通常は 1 cm 角の四面透明の石英製）中の試料に照射し，励起光と直角方向で蛍光を測定する．

分子間衝突によりエネルギーを失わないように（無放射失活の抑制），試料溶液をごく低温で固化，あるいは固体保持体上に吸着固定などして，りん光測定が行われている．したがって，試料室部は溶液測定が常用されている蛍光測定と異なる．

2・2・3 蛍光（りん光）スペクトル

蛍光（りん光）の測定波長を一定に固定し（通常は蛍光（りん光）強度が最大の極大波長），励起光の波長を変化させ，励起波長に対して蛍光（りん光）強度をプロットすると励起スペクトル（excitation spectrum）が得られる．また，励起光の波長を一定に固定し（通常は最大の蛍光（りん光）強度を与える励起極大波長），蛍光（りん光）波長を変化させて蛍光（りん光）強度をプロットすると蛍光（りん光）スペクトル（fluorescence（phosphorescence）spectrum）が得られる．励起および蛍光スペクトルは各分子に固有のものであるため，定性に用いることができる．

図 2・9 に蛍光のスペクトルの例を示す．励起スペクトルは吸収スペクトルとよく似た形となることが多く，また励起スペクトルと蛍光スペクトルの形が左右対称に近い鏡像関係が成り立つことがある．

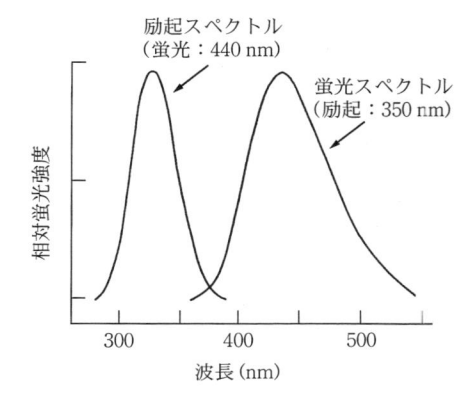

図 2・9 2-メチルアミノ-4,5-ジフェニルイミダゾールの励起および蛍光スペクトル

励起スペクトル（蛍光：440 nm）
蛍光スペクトル（励起：350 nm）
相対蛍光強度
波長(nm)

a．蛍光性物質

有機化合物では，フルオレセイン，エオシン，アントラセンなどのように剛直な平面性の構造をとる共鳴安定度の高い芳香族化合物が強い蛍光性を示す．たとえば，フルオレセインは非常に強い蛍光性を示すが，芳香環の間が酸素でつながれていないフェノールフタレインは無蛍光性である．トランススチルベンは蛍光性であるが，シススチルベンは立体障害で分子の平面性が保たれず，トランススチルベンに比べて非常に弱い蛍光しか発しない．

無機化合物には，ウラニルイオンやある種の希土類化合物を除くと蛍光性のものはほとんどない．しかし，金属イオンと適当なキレート試薬を反応させてキレートを形成させると，キレート試薬の蛍光が増大し，金属イオンの蛍光分析ができる．

測定対象成分が蛍光性の場合は直接蛍光分析することができるが，蛍光が弱すぎるとか無蛍光性の成分を蛍光分析するには，適当な蛍光試薬（fluorescence reagent）と反応させて高い蛍光性をもつ物質に変換する（蛍光誘導体化または蛍光ラベル化）必要がある．

b．共存成分による消光

蛍光性物質の蛍光強度が減少する現象を消光（quenching）といい，このような作用をもつ物質を消光物質（quencher）とよぶ．いま，蛍光性物質の濃度を一定にしておき，その消光の程度を測定すれば消光物質の定量が行える．消光は，消光物質の共存のほかに，濃度消光，温度消光，磁場消光などもある．

c. 溶媒の影響

蛍光強度は溶媒中のごく微量の共存物質の影響を受けやすいので，よく精製したものを用いる必要がある（たとえば，溶存酸素，常磁性イオンなど）．

また，溶媒の極性は蛍光強度のみならず，蛍光極大波長や蛍光寿命にも大きな影響を与える．極性分子では極性の高い溶媒中ほど励起状態が安定化され，蛍光波長は長くなる．とくに，水のような極性溶媒中では，蛍光寿命が短く，蛍光強度も弱い場合が多い．

さらに，溶媒の粘度が高くなると分子振動や衝突が抑えられるため，蛍光強度が増大したり，りん光を発するようになることがある．

2・2・4 応 用

a. 有機化合物の定量

上で述べたように，多環芳香族炭化水素のように，それ自身が蛍光性の有機化合物はそのまま蛍光定量されるが，低蛍光性あるいは無蛍光性化合物でも蛍光ラベル化して，蛍光定量する方法が用いられている．とくに，蛍光検出器を用いる高速液体クロマトグラフィー（HPLC）での高感度分析で，蛍光ラベル化が汎用されている．分析対象の官能基と反応する蛍光試薬が多数開発され，市販されている．代表的な蛍光試薬として，ナフタレン，アントラセン，クマリン，ベンゾオキサジアゾールなどの骨格をもつ試薬自身が蛍光性のものと，o-フタルアルデヒドのように第一級アミンとチオールとの反応によってインドール骨格を生成して蛍光性となるものとがある．

ここに，HPLC蛍光定量の一例として，図2・10にマウス脳中のカルボン酸を分析したときのクロマトグラムを示す．マウス大脳抽出物のアセトニトリル溶液（0.2 mL），18-クラウン-6（10^{-3} Mアセトニトリル溶液，0.1 mL），KF（5 mg）および蛍光試薬（2-(2,3-ナフタルイミド)エチルトリフルオロメタンスルホネート）（10^{-3} Mアセトニトリル溶液，0.1 mL）を室温で10分振とう反応させ，反応液10 μLをクロマトグラフに注入し，励起波長259 nm，蛍光波長394 nmでカルボン酸誘導体を検出する．

b. 無機イオンの定量

無機イオン定量のための蛍光試薬の多くは，芳香族炭化水素や複素環式化合物に$-OH$, $-SH$, $-NH_2$, $=CO$, $-N=N-$などが結合したキレート試薬である．キレート試薬は金属イオンに配位すると剛直な平面性分子になり強い蛍光が現れるようになる

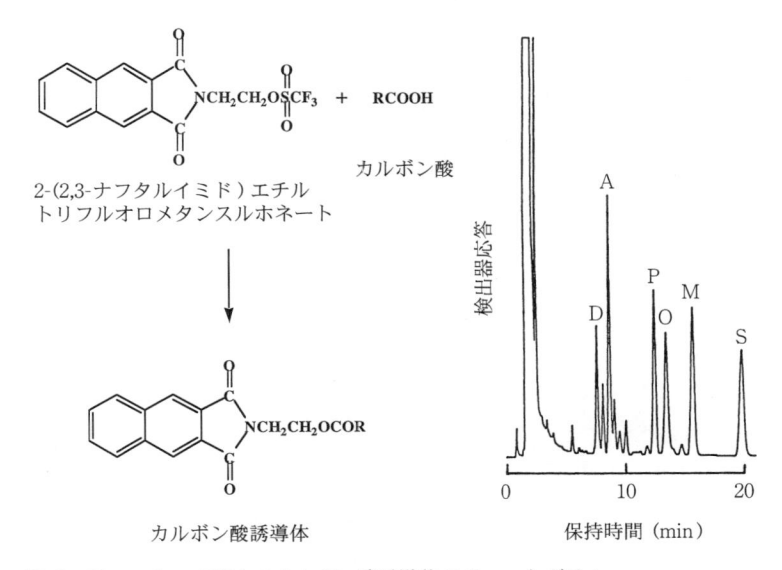

図 2・10 マウスの脳中のカルボン酸誘導体のクロマトグラム
ピーク: D=ドコサヘキサエン酸, A=アラキドン酸, P=パルミチン酸,
O=オレイン酸, M=マルガリン酸(内標準), S=ステアリン酸.

ので, 蛍光強度を測定することにより金属イオンが定量できる.

また, 常磁性の金属イオンの場合には, 消光作用をもつので, 配位子の消光の程度から金属イオンを定量することもできる. たとえば, テトラフェニルポルフィリントリスルホン酸の 657 nm の蛍光強度が銅イオン濃度に比例して減少することより, 銅(II) イオンを定量することができる.

2・3 原子吸光分析法

原子に固有のスペクトル線を生じる光の吸収や放射を測光し, 原子の定性・定量分析を行う方法を原子スペクトル分析 (analytical atomic spectrometry) という. その中で, 基底状態 (E_0) の原子蒸気に特定波長の光を照射したときに起こる吸光現象を利用する分析法を原子吸光分析法 (atomic absorption spectrometry, AAS) という (図 2・11(a)). アーク, スパークあるいは誘導結合プラズマ (inductively coupled plasma, ICP) などにより励起状態 (E_1) の原子またはイオンを生成し, これらの放射

108   2 組成分析

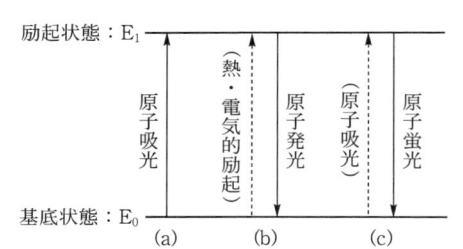

```
励起状態：E₁ ─┬─────┬─────┬─────┬─────
             │     ↑     │     ↑     
          原 │(熱 │  原   │(原  │  原
          子 │・  │  子   │ 子  │  子
          吸 │電  │  発   │ 吸  │  蛍
          光 │気  │  光   │ 光  │  光
             │的  │       │ )   │
             │励  │       │     │
             │起  │       │     │
             │)   │       │     │
             ↓    ↓       ↓     ↓
基底状態：E₀ ─┴─────┴─────┴─────┴─────
            (a)   (b)    (c)
```

図 2・11 原子スペクトルにおける遷移過程の概念図

現象を利用する分析法を原子発光分析法 (atomic emission spectrometry, AES) という (図 2・11(b))．この原子発光分析法の熱，電気エネルギーの代りに高輝度の励起光源を用いて，蛍光現象を利用する方法を原子蛍光分析法 (atomic fluorescence spectrometry, AFS) という (図(c))．

歴史的には原子発光分析法がもっとも古く，化学フレームを励起源とする炎光分析に端を発し，その後アークやスパークを用いる原子発光分析法が金属元素の分析法として大きな役割を果してきた．しかし，1955 年に原子吸光分析法が提唱され，それまでのアークやスパークを用いる原子発光分析法より感度，精度などが優れているため，原子吸光分析法が微量金属元素分析法として急速に普及，発展した．この間，原子発光分析法は衰退を余儀なくされたが，新しい励起光源の ICP の出現で高感度，高精度での多元素同時分析が可能となり，再び脚光を浴びるようになった．

基底状態の原子はその原子に固有の波長の光を吸収して励起状態に励起される．すなわち，フレームなどにより試料を原子蒸気化し，その原子蒸気層に適当な波長の光を照射する．その際原子によって吸収された光の強さを光電測光などにより測定し，これより試料溶液中の元素濃度を定量する方法が原子吸光分析法である．この方法はほとんどの微量金属元素の定量分析に適用できるが，多元素を同時に分析できないので定性分析には適さない．

2・3・1 原　理

原子蒸気に照射される共鳴線(振動数 ν)の強度を I_0，厚さ l の原子蒸気層を透過した共鳴線の強度を I，N_0 は吸光にあずかる基底状態の原子密度，f は振動子強度とすると，共鳴線の幅が十分に狭く，吸光線の幅がドップラー広がりだけによる場合には，吸光度 A は

$$A = \log(I_0/I) = K N_0 f l$$

となり，K は比例定数で，f は一定の値をもつので，l を一定にすれば原子吸光の吸光度は N_0 に比例する．したがって，測定条件を一定に設定すれば，N_0 は溶液中の試料濃度 C に比例するので，A から C が求められ定量ができる．

2・3・2　装　置

原子吸光分析装置は，光源部，試料原子化部，分光部および測光部から構成されている．フレームを用いる装置の概念図を図 2・12 に示すが，分光・測光部は普通の分光光度計に用いられているものと共通するところが多い．

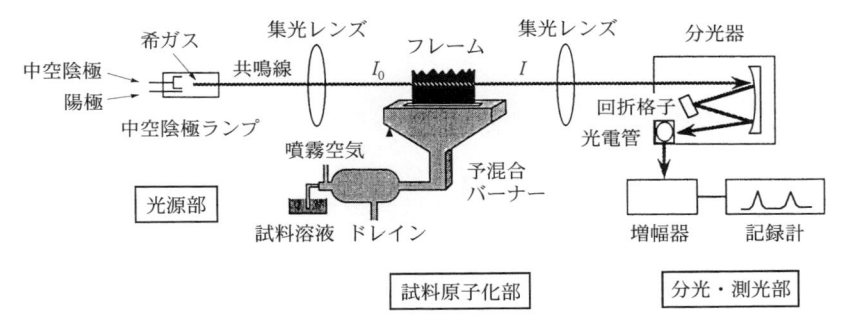

図 2・12　原子吸光分析装置の概念図
［日本分析化学会編，"機器分析ガイドブック"，丸善（1996），p. 87］

a．光　源

原子吸光分析用の光源は，目的元素の原子が吸収する波長で(共鳴線)，検出感度を高くするためにそのスペクトル線幅が狭く，高輝度の輝線を放射する中空陰極ランプ (hollow cathode lamp) がよく使用されている．低圧（4～10 mmHg）のネオンやアルゴンのような希ガス中に封入された陽極および陰極（分析対象の単一元素あるいはその元素を含む合金でつくられている）の両電極間の放電により生じた希ガスイオンが陰極をたたき，陰極から遊離した原子が希ガスイオンと衝突して励起され，その原子固有の共鳴線を放射するので，これを光源に用いている．アルカリ金属など気化しやすい元素には放電ランプが使用されるほか，無電極放電ランプも使用される．

b．試料原子化

試料中の対象イオンまたは分子を熱解離して原子化するのに，バーナーによる化学フレームを用いるフレーム法と，化学フレームを用いないフレームレス法がある．

(i) フレーム法　フレーム法では，溶液状態の試料をフレーム中に噴霧して原子化する方法で，試料効率は悪いが安定なフレームが得られる予混合バーナーがよく用いられている．試料溶液は噴霧器内に助燃ガスで吸入されて霧状となり，そのうちの微小な液滴粒子のみがバーナーヘッドに導入され，粗い液滴粒子は噴霧室に残りドレインとして排出される．フレームは感度を高くするため狭いスロットから吹き出される細長いもので，このバーナーはスロットバーナーともよばれる．

助燃ガスと燃料ガスの組合せによって種々のフレームがあるが，空気（酸素）または一酸化二窒素-アセチレン，空気-水素などが用いられている（表2・3）．通常，空気-アセチレンフレームが多用されるが，CrやMoのようにフレーム中で酸化物を生成し，原子に解離しにくい元素の測定には，多燃料（還元性）の空気-アセチレンまたは一酸化二窒素-アセチレンフレームを用いるとよい．また，Asのように測定波長が短い場合は，透明度のよい空気-水素フレームが使用される．

表 2・3　フレームの例

フレーム	温度(℃)	特徴	測定元素
空気-水素	約2000	温度は低いが, 210 nm 以下でもフレームの吸収がない	As, Sb, Se（水素化物）
空気-アセチレン（少燃料）	約2300	通常よく用いられる	Ag, Bi, Cd, Co, Cr, Cu, Mg, Mn, Ni, Pb, Zn
空気-アセチレン（多燃料）	約3000	フレームは還元雰囲気で，酸化物が安定で少燃料フレームでは原子化効率の悪い元素に有効	Cr, Fe, Mn, Mo, V, W
一酸化二窒素-アセチレン	約3000	高温フレームで，還元雰囲気である	Al, B, Ba, Be, Cr, Fe, Mo, Si, Sn, Ti, V, W

(ii) フレームレス法　化学フレームの代りに電気加熱炉などで試料を原子化する方法がフレームレス法で，黒鉛（グラファイト）電気加熱炉が一般によく用いられている（図2・13）．試料溶液をグラファイト管に注入し，乾燥（100～150℃），灰化（350～1000℃），原子化（2300～2700℃）する．この方法では，フレーム法のように原子化された蒸気は希釈されないので，少ない試料量で高感度を得ることができる反面，再現性はフレーム法に比べて劣っている．

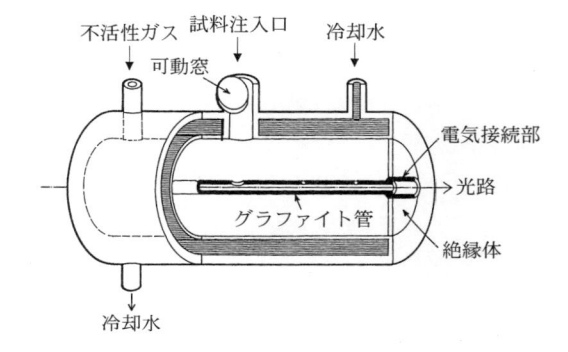

図 2・13 グラファイト電気加熱炉の例
[庄野利之,脇田久伸編著,"入門機器分析化学",三共出版(1988), p. 76]

(iii) 還元気化法　水銀はフレーム中では吸光率が悪くあまり感度（1% 吸光で 10 ppm 程度）がよくないが，塩化スズ(II) で水銀イオンを金属に還元したのち，その蒸気に光を通す還元気化法（図 2・14）ではフレーム法の約 1 000 倍の高感度で分析することができる．

(iv) 水素化物発生法　水素化物が常温で気体である As, Bi, Ge, Pb, Sb, Se, Sn, Te などの元素は，水素化ホウ素ナトリウム（$NaBH_4$）などで試料溶液中から水素化物として発生させ，加熱分解して得られた中性原子を分析すれば高感度定量することができる．元素により異なるが，水素化物発生法（JIS K 0102-1993 参照）の検出限界は通常の溶液噴霧法と比べて 1～3 桁近く下がる．

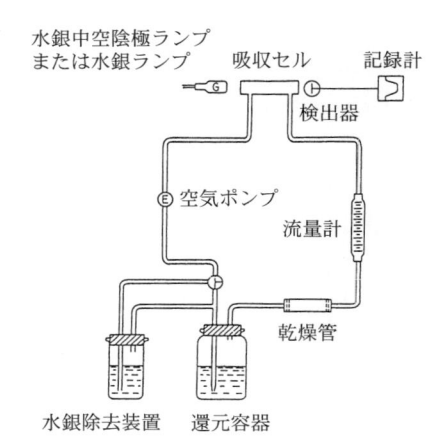

図 2・14 水銀還元気化装置の例
[JIS K 0102-1993]

2・3・3　干　渉

フレーム法では，試料はフレーム中への噴霧，脱溶媒，気化，原子化，原子吸光の過程が考えられるが，原子吸光測定値に変化（誤差）を与える現象を総称して干渉という．干渉は，分光干渉，物理干渉，化学干渉，イオン化干渉に大別される．

① 分光干渉には，測定に用いる分析線の近接線との重なりや，フレーム中での分析対象原子以外の原子や分子種による吸光や光散乱などがある．

② 物理干渉とは，溶液の粘度，密度，表面張力などの物理的性質によって，試料の噴霧効率や輸送速度が変化して生じる干渉である．

③ 化学干渉とは，分析対象元素以外の共存物質により，フレーム中で起こる蒸発，気化，原子化，化合物生成反応などが変化し，原子化効率が変わるために生じる干渉である．

④ イオン化干渉とは，共存元素の種類や濃度により，イオン化しやすい元素のイオン化率が変化して生じる干渉である．

2・3・4　検量線の作成

ほとんどの機器分析法は，同一条件下で測定したい成分量と検出器応答が比例関係にあることを利用する相対値分析であるため，絶対量を求めるためには，検出器応答と成分量との関係がわかっていなければならない．検出器応答は操作条件および成分によって変わるので，定量を行う条件下での検出器応答と成分量との関係を示す検量線（calibration curve）を用いて定量が行われており，絶対検量線法，内標準法（内部標準法），標準添加法が利用されている．原子吸光分析法では，吸光度が検出器の応答であるので本節では吸光度を応答として各方法を簡単に説明するが，他の分析法でもその方法の検出器応答を用いればよい（たとえば，蛍光光度法では蛍光強度，クロマトグラフィーではピーク面積など）．

a．絶対検量線法（absolute calibration method）

定量成分の絶対量と吸光度との関係を求めて定量する方法で，数種類の濃度既知の標準液を調製し，これらの吸光度を濃度に対してプロットして検量線を作成する．未知試料の吸光度（A_x）を測定し，検量線から定量値（C_x）を求める（図 2・15(a)）．装置とその操作条件の変動の影響を受けるので，厳密に同一条件下で操作する必要がある．

図 2・15 検量線法
(a) 絶対検量線法　　(b) 内標準法　　(c) 標準添加法

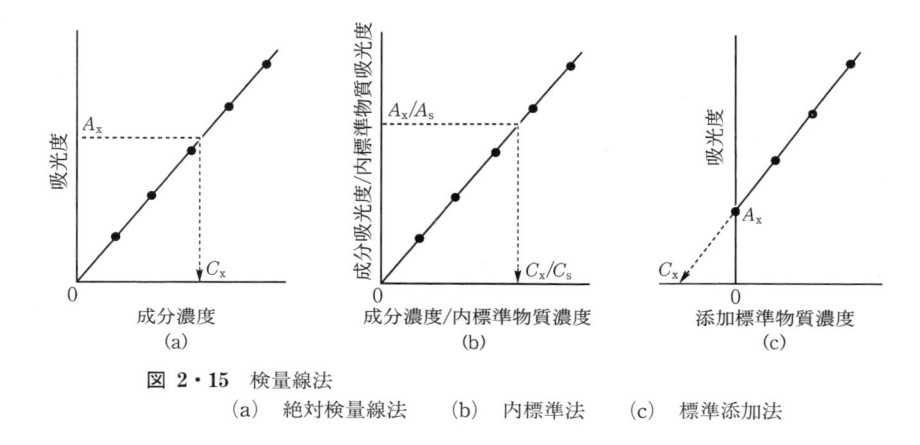

b. 内標準法 (internal standard method)

試料中の成分と検出波長が異なる内標準物質を定量的に加え，定量成分と内標準物質の濃度比に対して吸光度の比をプロットして検量線を作成する．未知試料（C_x）にも同様に内標準物質（C_s）を定量的に加え，吸光度比（A_x/A_s）から定量する方法である（図2・15(b)）．多少の測定条件の変動は相殺され，精度のよい定量法である．

c. 標準添加法 (standard addition method)

未知試料中に定量したい成分の一定既知量を添加し，添加による吸光度の増加分が添加量に基づくものとして定量する方法で，添加標準物質濃度に対して吸光度をプロットして検量線を作成する．吸光度がゼロとなる点から定量値（C_x）を求める（図(c)）．複雑な混合物で適当な内標準物質が得られない場合や，試料中の共存物質の影響を除く場合に有効な方法である．

2・3・5 応　用

原子吸光分析法は，ほとんどの金属元素の高感度分析が行えるため，広い分野で用いられている．たとえば，金属，セメント，ガラスなどの工業材料，大気，水質，土壌などの環境試料，植物，食品などの農学領域の試料，臓器，体液などの生体試料や薬剤など医学・薬学領域の試料にも原子吸光分析法の応用は及んでいる．

2・4 発光分析法

2・3節の冒頭でも述べたように，化学フレーム，アーク，スパークなどを励起源とする発光分析法は原子吸光分析法に比べて精度的に悪いため，原子吸光分析法の普及に伴い，あまり広く用いられていなかった．しかし，種々のプラズマを励起源に用いる発光分析法の開発により，従来の発光分析法の短所がカバーでき，原子吸光分析法の単元素分析と異なり，発光分析法では多元素同時分析が可能なため再び脚光をあびている．とくに，誘導結合プラズマ（inductively coupled plasma, ICP）を励起源とする誘導結合プラズマ発光分析法（ICP発光分析法）は，今では原子吸光分析法とともに微量の無機元素分析法として不可欠なものになっている．

ここでは，ICP発光分析法と，ICPをイオン源として用いるICP質量分析法（ICP-MS）（厳密には発光分析法ではない）について記述する．

2・4・1 誘導結合プラズマ（ICP）発光分析法

a. 原理

発光分析法は，試料を高温に加熱して得られる原子（またはイオン）から放射される発光の波長から元素の定性を，その発光強度から定量をする分析法である（図2・11(b)）．したがって，液体や固体の試料から原子を生成させ，さらに励起しなければならない．このため，高温の励起源が必要であるが，化学フレームの温度は2000～3000℃であるのに対し，ICPでは5000～7000℃の高温になるので，ほぼすべての元素を効率よく励起できる．

b. 装置

装置は測光方式により，多元素逐次分析用（シーケンシャル型）と多元素同時分析用（マルチチャネル型）に大別され，前者は回折格子を回転することで任意の波長を一つの光電子増倍管で測光し，後者は回折格子を固定しておき，複数の光電子増倍管で測光する方式である（図2・16）．

ICPトーチは石英製の3重管からできており，アルゴンガスを外側から冷却ガス，補助ガス，キャリヤーガスの3流路で流す．誘導コイルに高周波電流を流し（電磁誘導により電界が発生する），テスラーコイルでトーチ内のアルゴンガスの一部をイオン化すると，生成した電子やイオンは電界によって加速される．この高エネルギー電子

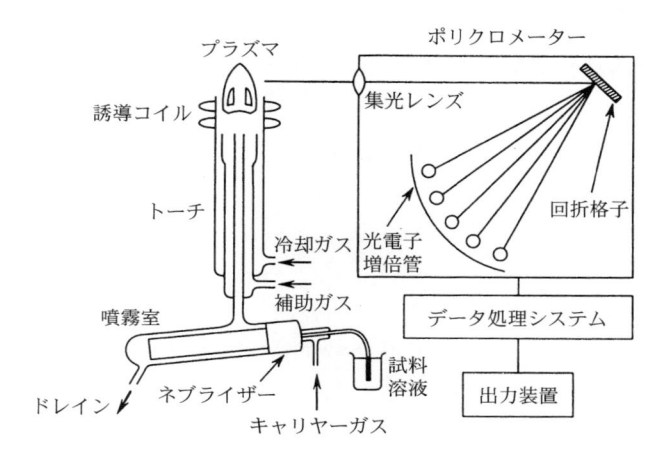

図 2・16 ICP発光分析装置（マルチチャネル型）の概念図
［日本分析化学会編，"機器分析ガイドブック"，丸善 (1996), p.104］

が周囲のアルゴンと衝突を繰り返し，その一部を電離し，新たに電子やアルゴンイオンを生成する．このように，アルゴン原子は急激にイオン化されトーチの先端部にプラズマが点灯する．このようにして得られたプラズマは，中心部で温度が低く，周辺部で高いドーナツ状をしている．この中心部に導入された試料の励起効率が高く，ICP発光分析法は高感度が得られ，とくに難揮発性化合物を生成しやすい元素に対して高感度である．

c. ICP発光分析法の特徴

ICP発光分析法の特徴を列挙すると次のようになる．

① 原子吸光分析法で定量困難な，B, Ce, La, Nb, P, Th, U などが容易に定量できる．
② 自己吸収が少なく，検量線の直線性が非常に広い（$10^3 \sim 10^6$）．
③ マトリックス効果（化学干渉）が少ない．
④ プラズマが安定で，精度がよい．
⑤ プラズマ中の電子密度が高く，イオン化干渉がほとんどない．
⑥ 多元素同時分析ができる．

2・4・2 誘導結合プラズマ質量分析法 (ICP-MS)

a. 原 理

ICPなどのプラズマ中では，分析元素の原子のみならずイオンも効率よく生成することから（イオン化ポテンシャルが 8 eV 以下の元素は 90% 以上がイオン化している），ICPをイオン化源とする質量分析法（2・8節），ICP-MS が開発された．

b. 装 置

ICP-MS 装置は試料導入部，ICP イオン源，インターフェイス部，質量分離部，検出部より構成されており，質量分離部の違いにより四重極型と高分解能の二重収束型に分けられる．前者では，試料溶液はネブライザーで霧化し，ICPに導入してイオン化し，イオンレンズで収束して四重極質量分析計に導かれて質量別に検出される（図

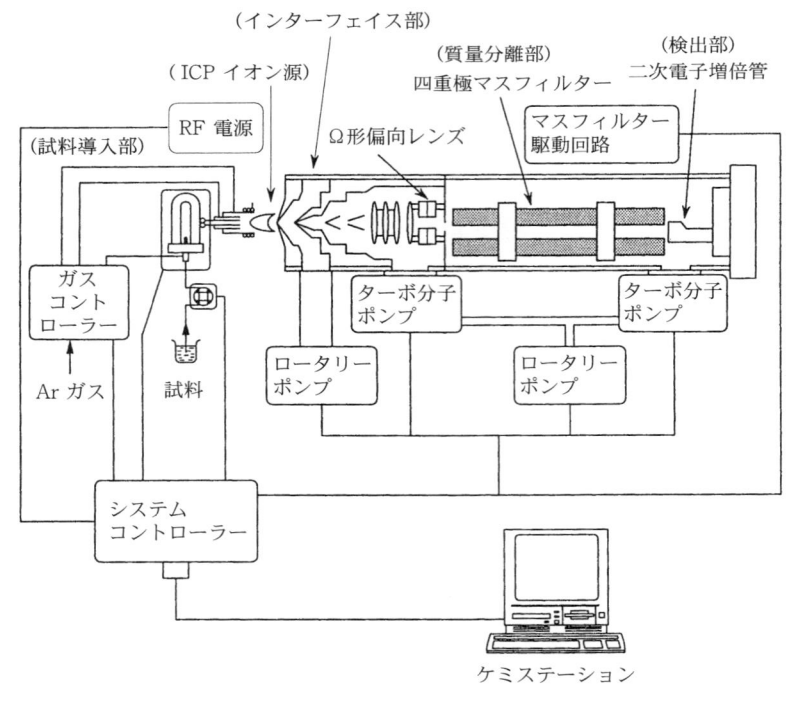

図 2・17 ICP-MS（四重極型）の概念図
［横河アナリティカルシステムズ社パンフレット］

$2 \cdot 17$).

c. 原子吸光分析法，ICP 発光分析法および ICP-MS の比較

原子吸光分析において，グラファイト炉法の方がフレーム法より高感度であることを述べた．若干古いが(1988 年)，グラファイト炉原子吸光分析法，ICP 発光分析法および ICP-MS での検出限界を比較したデータを表 $2 \cdot 4$ に示す．

ICP 発光分析法の検出限界が ppb であるのに対し，ICP-MS では多くの元素についてそれ以下の ppt ときわめて高感度であり，水環境試料，地球化学試料，生体試料，金属・工業材料などの中に含まれている微量元素に関する定量や定性分析に応用されている．しかし，干渉の大きい元素（Cr, Fe, Ge, Li, Sc, Se, Te など）や汚染が起こりやすい元素（Al, Co, Cu, Hg, Mg, Mn, Na, Ni, Pb, Sn, W, Zn など）の検出限界は高くなる．すなわち，超純水のバックグラウンドスペクトルには，プラズマ生成に関係するイオン（N^+, O^+, OH^+, OH_2^+, NO^+, O_2^+, ArH^+, ArN^+, ArO^+, $ArOH^+$, Ar_2^+, Ar_2H^+ など）が現れるが，実際の測定においてこれらが妨害イオンとなるので，これらと質量数が重なる元素の検出限界は当然高くなる．

ppb あるいはそれ以下のごく低濃度の試料の分析においては，試料の調製取扱い時の周囲の環境，試薬，溶媒，器具などからの汚染には十分注意する必要がある．通常，クリーンルーム中での取扱い，分析などが推奨される．

これら原子吸光分析法，ICP 発光分析法，ICP-MS は，いずれも JIS や種々の試験方法などにおける公定分析法に採用されている．

$2 \cdot 5$　化学発光法

$2 \cdot 2$ 節と $2 \cdot 4$ 節で，光あるいは熱エネルギー吸収による分子と原子の発光過程に基づく分析法について述べた．ここでは，高感度な分析法であるため，生体試料や環境試料中の微量成分の定量にとくに最近注目されている化学発光法について述べる．

$2 \cdot 5 \cdot 1$　原　理

化学反応によって電子励起状態の生成物ができ，これが基底状態に戻るときの発光を化学発光(chemiluminescence)という．この場合，化学発光試薬と分析対象成分との反応で直接発光種が生成するタイプと，試薬間の反応で生成した中間体(励起状態)が分析対象を励起するタイプがある．なお，酸化反応による発光が多く認められてい

表 2・4 検出限界の比較　　　　　　(単位：ng mL^{-1})

元素	ICP-MS	ICP-AES	GFAAS	元素	ICP-MS	ICP-AES	GFAAS
Ag	0.005	0.2	0.01	Na	0.11	0.1	0.001
Al	0.015	0.2	0.08	Nb	0.002	0.2	―
As	0.031	2	0.16	Nd	0.007	0.3	200
Au	0.005	0.9	0.24	Ni	0.013	0.2	0.4
B	0.25	0.1	50	Os	―	0.4	5.4
Ba	0.006	0.01	0.08	P	―	15	100
Be	0.05	0.003	0.02	Pb	0.01	1	0.08
Bi	0.004	10	0.08	Pd	0.009	2	1.6
Ca	0.73	0.0001	0.02	Pr	0.003	10	80
Ce	0.004	0.4	―	Pt	0.005	0.9	1.6
Cd	0.005	0.07	0.004	Rb	0.005	―	―
Co	0.005	0.1	0.16	Re	―	6	20
Cr	0.04	0.08	0.08	Rh	0.002	30	0.4
Cs	0.002	―	―	Ru	―	30	8
Cu	0.04	0.04	0.08	Sb	0.012	10	0.16
Dy	0.007	4	3.4	Sc	0.015	0.4	0.74
Er	0.005	1	9	Se	0.37	1	0.16
Eu	0.007	0.06	0.2	Si	―	2	0.01
Fe	0.58	0.09	0.06	Sn	0.01	3	0.08
Ga	0.004	0.6	0.1	Sr	0.003	0.002	0.04
Gd	0.009	0.4	80	Tb	0.002	0.1	100
Ge	0.013	0.5	0.6	Te	0.032	15	0.08
Hf	―	10	680	Th	0.001	3	―
Hg	0.018	1	0.8	Ti	0.011	0.03	0.8
Ho	0.002	3	1.8	Tl	0.003	40	0.08
In	0.002	0.4	0.22	Tm	0.002	0.2	0.2
Ir	―	30	3.4	U	0.001	1.5	20
K	―	30	0.002	V	0.008	0.06	0.8
La	0.002	0.1	24	W	0.007	0.8	―
Li	0.027	0.02	0.002	Y	0.004	0.04	8
Lu	0.002	0.1	80	Yb	0.005	0.02	0.1
Mg	0.018	0.003	0.001	Zn	0.035	0.1	0.006
Mn	0.006	0.01	0.02	Zr	0.005	0.06	240
Mo	0.006	0.2	0.24				

ICP-MS：ICP 質量分析法, ICP-AES：ICP 発光分析法, GFAAS：グラファイト炉原子吸光分析法
[河口広司, 中原武利, "プラズマイオン源質量分析", 学会出版センター (1994), p. 61]

る.

化学発光試薬 + 分析対象 ⟶ 発光種 ⟶ 化学発光
化学発光試薬 ⟶ 中間体
中間体 + 分析対象 ⟶ 発光種 ⟶ 化学発光

また,化学発光反応が共存物質により著しく促進されたり,逆に著しく抑制されることがある.この場合には,これらの共存物質も分析の対象となる.

化学発光反応が分析対象成分に対して一次と考えられるとき,一定時間経過後の化学発光強度が分析対象成分の初期濃度に比例するので,定量することができる.

2・5・2 特　徴

化学発光法の最大の特徴は,励起光源を用いないために蛍光分析で問題となる光源のゆらぎ,散乱,迷光の影響がなく,バックグラウンドが低い状態で測定でき,高感度 (10^{-18}〜10^{-15} mol) の検出が可能なことである.このように,化学発光法は吸光法や蛍光法より高感度であるため,種々の分野で用いられているが,とくにフローインジェクション分析とクロマトグラフィーにおける検出手段として注目されてきている.

2・5・3 応　用

2・5・1項において述べたように化学発光試薬と分析対象成分との反応で,直接発光種が生成するタイプの例として,アルカリ性で酸化剤触媒の存在下,ルミノール誘導体と過酸化水素(分析対象)の反応により生成する発光種からの発光(λ_{max} = 425 nm)がある.このルミノールと過酸化水素の反応は種々の金属イオンによって触媒作用を受け,その効果(発光強度)が金属イオン濃度に依存するので,金属イオンを定量[*1]することもできる.また,この発光は過酸化水素-ペルオキシダーゼ系では中性で起こる.

[*1]　ルミノール + H_2O_2 $\xrightarrow{\text{金属イオン}}_{\text{塩基}}$ (アミノフタル酸イオン) + 発光

金属イオン：Fe(II), Co(II), Ni(II), Cu(II), Zn(II), Cd(II)

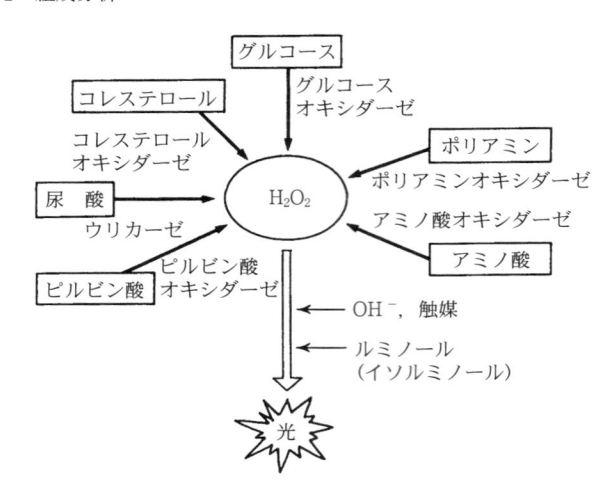

図 2・18 ルミノール化学発光による生体成分分析システムの模式図
［日本分析化学会編，"分析化学実験ハンドブック"，丸善（1987），p. 715］

このようにして，過酸化水素をきわめて高感度で測定できるため，過酸化水素生成酵素を用いて分析対象成分を過酸化水素に変換することにより，種々の成分を分析することができる．図2・18に，過酸化水素生成酵素系とルミノール化学発光システムを組合せた生体成分の分析システムの例を模式的に示す．

試薬間の反応で生成した中間体が分析対象を励起するタイプの例として，シュウ酸エステルと過酸化水素の反応で生成する1,2-ジオキセタンジオンにより励起された蛍光体（分析対象）からの発光があげられる．

上記の例では液相中での化学発光反応であるが，気相中の発光反応もあり，大気環境基準物質である NO_2 や O_3 の公定分析法にも化学発光法が採用されている．NO_2 は NO に還元して O_3 との反応による発光で定量を，O_3 はエチレンとの反応に基づく発光で定量される．

$$NO + O_3 \longrightarrow NO_2 + O_2 + 発光(\lambda_{max} = 600 \text{ nm})$$
$$O_3 + C_2H_4 \longrightarrow HCHO + HCOOH + 発光(\lambda_{max} = 450 \text{ nm})$$

2・6 蛍光 X 線分析法

X 線（波長 0.001～10 nm（0.01～100 Å）の電磁波で明確な範囲は定まっていない）

と物質との相互作用（散乱，吸収）を利用した分析法を X 線分析法という．物質に X 線（一次 X 線）を照射すると，その物質中の元素に固有の X 線が発生する．この二次 X 線を蛍光 X 線（fluorescent X-ray）といい，その波長から定性を，その強度から定量を行うのが蛍光 X 線分析法（X-ray fluorescence analysis）であり，迅速に非破壊的に分析できるのが特徴である．

2・6・1 原 理

a．蛍光 X 線

図 2・19 に示すように，原子に一次 X 線を照射すると，X 線のエネルギーより小さい結合エネルギーをもつ電子は軌道からはじき出され，内殻に空孔（○）が生じる．より外殻の軌道の電子が遷移してこの空孔を埋め（安定化），その軌道のエネルギー差に相当するエネルギーをもつ X 線（固有 X 線）を放出する．X 線で励起して放出される X 線なので蛍光 X 線とよばれる．電子軌道のエネルギーは元素固有の不連続な値であるので，蛍光 X 線の波長も元素固有の値をもつことになる．K 殻の空孔を満たすときに発生する蛍光 X 線を K 系列とよび，L 殻から遷移したのを K_α 線，M 殻および N 殻から遷移したのを K_β 線という．また，L 殻の空孔を満たす場合に発生する蛍光 X 線を L 系列とよぶ．L 殻には近接した三つのエネルギー準位があり，同様にさらに外

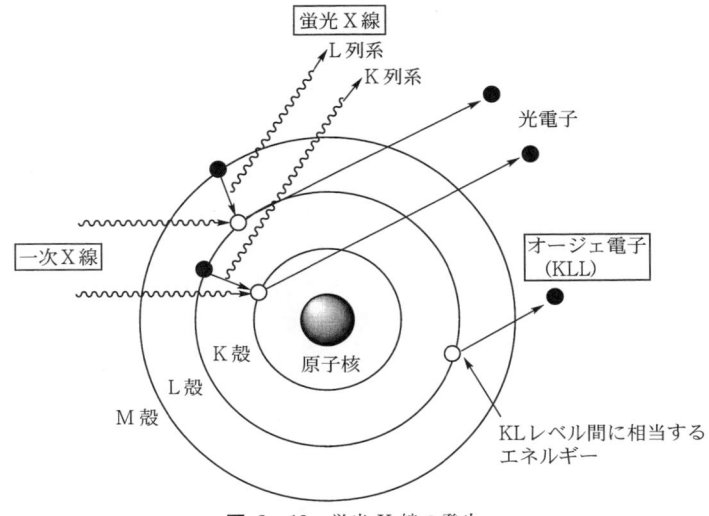

図 2・19 蛍光 X 線の発生

側の殻も複数のエネルギー準位をもっており，どの準位から L 殻のどの準位に遷移してくるかにより，L_α 線，L_β 線，L_γ 線などの呼称がつけられている．

蛍光 X 線の波長は，その元素の化合物の状態には関係なく不変であるので定性が行える．その蛍光 X 線の強度は元素の量に依存するので，定量することができるが，マトリックス効果があるので，定量精度を上げるにはその影響を補正しなければならない．

b．マトリックス効果

マトリックス効果は吸収効果と励起効果に分けられる．吸収効果は，分析対象元素によって発生した蛍光 X 線が試料中に存在する他元素によって吸収され，強度が減少する現象である．励起効果は，共存する他元素からの蛍光 X 線によって分析対象元素が励起され，その蛍光 X 線強度が増大する現象である．また，粉体試料の場合には，その粒度によっても蛍光 X 線強度が影響を受ける．

c．一次 X 線

一次 X 線は，封入式管球の陰極からの熱電子を対陰極（Rh, Cr が汎用され，その他 W, Mo, Ag なども）に衝突させることにより発生し，連続 X 線と固有 X 線（特性 X 線）からなる．対陰極に近づいた電子が対陰極原子の電場で減速され，そのとき失われるエネルギーの一部が X 線となったのが連続 X 線である．

一方，固有 X 線は対陰極を構成する元素の外殻軌道と内殻軌道とのエネルギー差に相当する X 線である．

2・6・2　装　置

X 線管球からの一次 X 線を試料に照射し，蛍光 X 線を発生させ，その蛍光 X 線を分光，検出する．

蛍光 X 線分析装置には，波長分散型とエネルギー分散型の 2 通りがある（図 2・20）．分光結晶を回転させ，ブラッグ（Bragg）の条件[*1]が成立する波長の X 線のみを検出器で検出する方式が波長分散型である．分光可能な波長範囲は分光結晶の面間隔に依存するので，分析したい元素により分光結晶を選択する必要がある．検出器には，通常ガスフロー比例計数管とシンチレーション計数管が用いられている．

[*1] 6 章参照．蛍光 X 線分析には $n=1$ の一次線が利用され，$n \geq 2$ の高次線は波高分析器で除かれる．

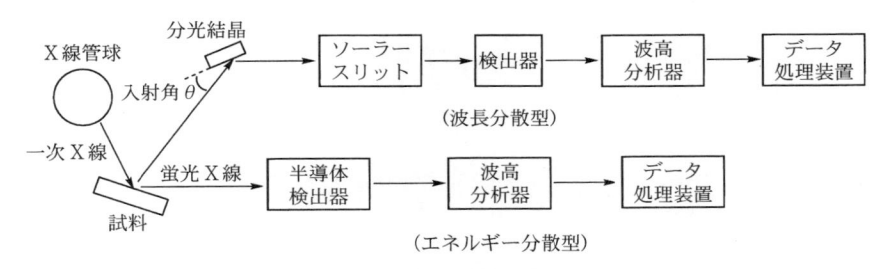

図 2・20 蛍光 X 線分析装置の概念図

　一方，試料からの蛍光 X 線を半導体検出器で，入射した X 線のエネルギーに比例した波高のパルスに変換し，マルチチャネル波高分析器で選別（分光）する方式がエネルギー分散型である．このエネルギー分散型装置は波長分散型装置よりも分解能は劣るが，検出感度は高く，装置は小型化できるが，半導体検出器を液体窒素で冷却しなければならないという不便さがある．

　一次 X 線の入射角度を小さくし，散乱 X 線を全反射させるとバックグラウンドが軽減し，高いシグナル/ノイズ（SN）比で試料表面の元素からの蛍光 X 線が検出できる．さらに，シンクロトロン放射光源を用いると強力な X 線を取り出すことができ，高感度分析（ppb レベル）ができる．

2・6・3　応　用

　蛍光 X 線分析は，原子番号が 4 番の Be より重い元素の分析が行えるが，Be～Sc までの元素の蛍光 X 線は空気に吸収されるため，真空中かヘリウム雰囲気下で行う．また，固体あるいは液体の試料の元素組成データを迅速に得られることが蛍光 X 線分析の最大の特長であり，鉄鋼，非鉄金属，窯業，化学，表面処理，電子，環境などの広い分野で検査，分析に用いられている．

a．定性分析

　波長分散型では，蛍光 X 線スペクトルの各ピークの 2θ（回折角）からブラッグの式によりその X 線の波長を求め，その特性波長をもつ元素の帰属をする．各分光結晶ごとに，2θ－元素，元素－2θ の対照表があるので，これを用いて元素の確認をする．図 2・21 にアルミニウム合金分析用標準試料（JLMACRM No. 52-Al）の蛍光 X 線スペクトルを示すが，低角度に管球に用いたロジウム K 線の散乱が現れ，つぎに試料中の元素の蛍光 X 線が現れている．

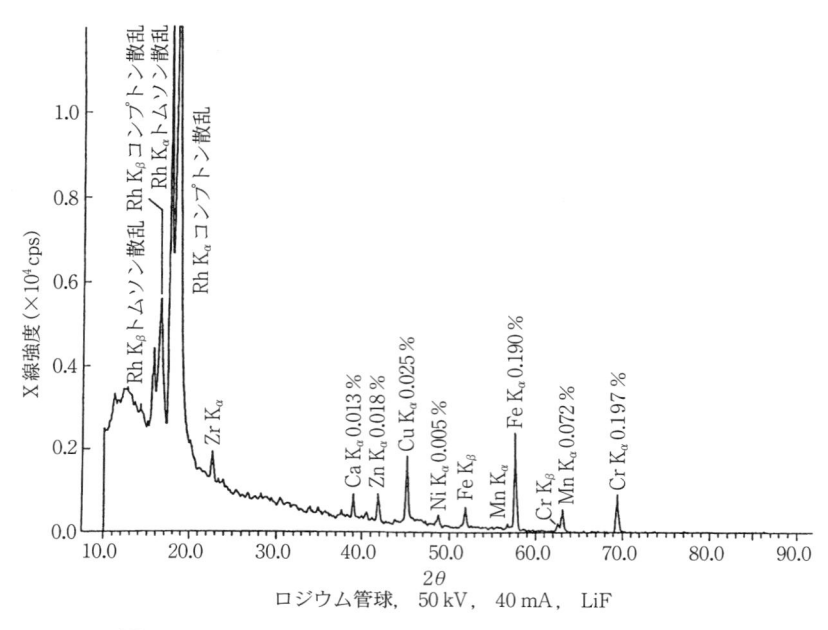

図 2・21 アルミニウム合金の波長分散型蛍光 X 線スペクトル
[日本分析化学会編，"入門分析化学シリーズ．機器分析 (1)"，朝倉書店 (1995)，p. 28]

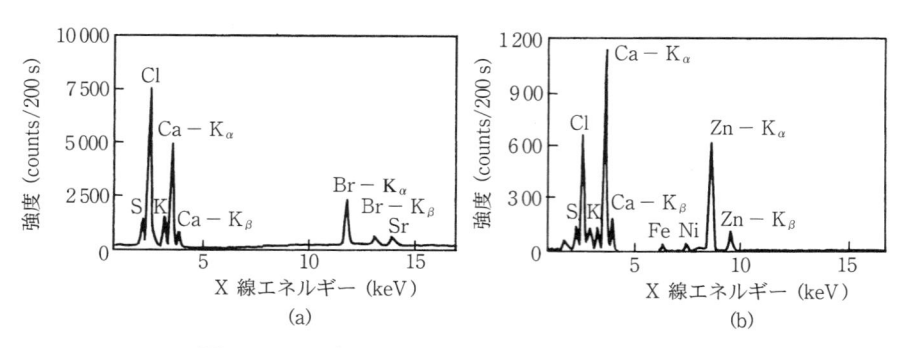

図 2・22 エネルギー分散型蛍光 X 線スペクトルの例
(a) 海 水　(b) 水道水
[西萩一夫，野村恵章，二宮利男，谷口一雄，第 24 回 X 線分析討論会 (1987)]

エネルギー分散型では，蛍光 X 線スペクトルの横軸は蛍光 X 線のエネルギーで表示されている．エネルギーの値を読み取り，帰属を行う．図 2・22 に海水および水道

水試料のエネルギー分散型蛍光X線スペクトルの例を示す．

b. 定量分析

一般には標準試料を用いる検量線から定量されるが，マトリックス効果による誤差を少なくするように，未知試料の成分比に近い標準試料をつくる必要がある．しかし，このような標準試料の作成が困難な場合などには，ファンダメンタルパラメーター法[*1]が近年満足すべき結果を与えている．

2・7　放射化分析法

安定な原子核を原子核反応によって不安定な原子核に変換することを放射化する(activate)という．放射化されて生じた不安定な核種（放射性核種）は一定の半減期で原子核壊変を行うことにより，再び安定な原子核に変化する．その際，特定エネルギーの放射線を放出する．したがって，これらの放射線を検出することにより，核反応を起こす前の原子核が何であったかということとともに，元素含有量を推定できる．現在，多くの粒子加速器や原子炉を用いて種々の核反応により放射化分析が行われているが，もっとも応用性が広く，分析感度の優れているのは研究用原子炉の熱中性子の利用である．中性子は原子核に捕獲される確率が高く，多くの原子核と核反応を起こして放射化することが可能である．中性子を用いる放射化分析を中性子放射化分析(neutron activation analysis, NAA)といい，放射化分析といえばNAAを意味するくらいに中性子の利用が一般的である．放射化分析で原子核に起こる変化をエネルギー的にみると，MeV（メガエレクトロンボルト）の単位で表される量である．これに対し，蛍光X線分析ではkeVの変化量を測定している．

2・7・1　原　理

^{23}Naから(n, γ)反応で^{24}Naをつくる場合を例にとる．^{23}Naを原子炉中におけば，中性子を捕獲して，式(2・1)の核反応で半減期15時間の放射性^{24}Naとγ線を生成する．

$$^{23}\text{Na} + n（中性子） \longrightarrow {}^{24}\text{Na} + \gamma（ガンマ線） \qquad (2・1)$$

---

*1　試料組成がわかれば，理論式から測定条件と物理定数を用いてX線強度が計算できる．逆に，測定X線強度から試料組成を逐次近似法で求める方法である．

この反応式は $^{23}\text{Na}(n, \gamma)^{24}\text{Na}$ と書くことになっている．この中性子捕獲反応に伴って放出される γ 線を即発 γ 線とよぶ．通常の放射化分析では，原子炉から試料を取り出した後，ほとんど放射性のない実験室内で放射性核種（^{24}Na）から放出される放射線を測定する．核反応にも熱の吸収・放出が伴う．いま，核反応の前後の質量差が ΔM のとき，エネルギーの出入りは $\Delta M \times c^2$ erg である．c は光の速度であり，1 原子質量単位 931 MeV に相当する．上記の例の ^{23}Na と中性子の質量の和は $(22.989770 + 1.008665 = 23.998435)$ であり，^{24}Na の質量は 23.990964 であるので，$\Delta M = 0.007471$ が即発 γ 線のエネルギーに転換される（$931 \times 0.007471 = 6.96$ MeV）．核反応と同時に即発 γ 線を放出した後，^{24}Na はゆっくりと β 線と γ 線を放出し，安定な ^{24}Mg になる．

試料を原子炉中で中性子照射したとき，(n, γ) 反応によって生成する放射能は次式により求められる．

$$D = f \cdot \sigma \cdot m \cdot N \cdot \theta \{1 - e^{-\lambda T_1}\} \qquad (2 \cdot 2)$$

ここで，f は原子炉中の試料照射位置での中性子線束密度（$\text{cm}^{-2}\text{s}^{-1}$），$\sigma$ は (n, γ) 反応の起こりやすさを示す原子核の中性子放射化断面積（cm^2），m は定量目的元素のモル数，N はアボガドロ数，θ は定量目的元素中の同位体存在度，λ は生成核種の壊変定数，T_1 は中性子照射時間である．λ は放射性核種の半減期を $t_{1/2}$ と表すと，$\lambda = \ln 2 / t_{1/2}$ の関係がある．$\{1 - e^{-\lambda T_1}\}$ を飽和係数とよび，照射時間 T_1 が $t_{1/2}$ に比べて十分大きいときには 1 となる．照射終了後，適当な時間冷却してから試料測定を行う機器中性子放射化分析（instrumental neutron activation analysis, INAA）では，冷却時間は測定目的核種と妨害核種の半減期の違い，および相対的な放射線強度に応じて選ばれる．通常同一試料からなるべく多くの元素の定量値を得るために，冷却時間を変えて繰り返し測定する．測定される γ 線の強度 C は式 (2・2) の D をもとに次式で表される．

$$C = D \cdot E \cdot b \cdot e^{-\lambda T_c} \qquad (2 \cdot 3)$$

ここで，E は放射性核種から放出される γ 線の計数効率（たとえば，Ge 検出器で 100 keV 付近の γ 線を計測する場合，1%），b は放射性核種 1 壊変当りの測定対象 γ 線の放出率，$e^{-\lambda T_c}$ は冷却による減衰率（T_c，冷却時間）を表す．中性子線束密度 f の原子炉で時間 T_1 だけ照射し，時間 T_c だけ冷却後，γ 線強度の測定を行って C 値を求めれば，定量目的元素の量 m が求められる．

2・7・2 放射化分析の感度

簡単な例を考えて計算してみる．金1mgを中性子線束密度 $10^{13}\,n\,cm^{-2}\,s^{-1}$ である原子炉で放射化する．この際の核反応は $^{197}Au(n, \gamma)^{198}Au$ であり，σ は 96 barn $(96 \times 10^{-24}\,cm^2)$ である．金は ^{197}Au のみからなり，^{198}Au は $t_{1/2}=2.7$ 日 (d) の β 放射体である．今，T_1 を 2.7 d とすると，照射終了後に得られる ^{198}Au の放射能は

$$D = 10^{13} \times (96 \times 10^{-24}) \times (0.001/197) \times (6.02 \times 10^{23}) \times \{1-e^{(-0.693/2.7)2.7}\} = 1.47 \times 10^9\,\text{dps}^{*1}$$

生成した ^{198}Au の原子数は $D/\lambda = D \times t_{1/2}/\ln 2 = (1.47 \times 10^9) \times 2.7 \times 24 \times 60 \times 60/0.693 = 5 \times 10^{14}$ となる．始めに存在していた ^{197}Au は 3.5×10^{18} 個であるから，放射化された原子数はわずかである．一方，100 dps の放射能は容易に測定される．計数効率 10% としても 600 cpm^{*2} が得られる．100 dps の放射能は 6.8×10^{-8} mg の金によって得られるから，この方法は高感度であるといえよう．

放射化分析は一般に検出感度の優れた分析法といわれている．検出感度を決める第一の因子は核反応の起こりやすさであり，第二が計数効率である．中性子線束密度 $5 \times 10^{11}\,n\,cm^{-2}\,s^{-1}$ で一定時間の照射で 40 ベクレル (Bq) の放射能を生じるのに必要な元

表 2・5 中性子放射化分析により分析可能な元素とその検出感度

元　素	検出感度* (g)
Bi, Ca, Fe, Kr, Mg, Ni, Nb, S, Si, Ti, Xe	10^{-6}
Ar, Ce, Cr, Hg, Mo, Nd, Pt, Ru, Ag, Sr, Te, Tl, Sn, Zr	10^{-7}
Al, Ba, Cd, Cs, Cl, Co, Er, Gd, Ge, Hf, Os, P, K, Rb, Se, Th, Y, Zn	10^{-8}
Sb, As, Br, Cu, Ga, Au, I, La, Pd, Rh, Sc, Na, Pr, Ta, Tb, Tm, W, Yb, U, V	10^{-9}
Ho, In, Ir, Lu, Mn, Re, Sm	10^{-10}
Eu, Dy	10^{-11}

* 熱中性子束密度 $5 \times 10^{11}\,n\,cm^{-2}\,s^{-1}$ で一定時間(短寿命のものは飽和までの時間, 長寿命のものは1週間) の照射で 40 Bq の放射能を生ずるに必要な元素の量をもって感度とする．
[戸村健児, ぶんせき, **1988**, 222]

---

*1　dps (disintegrations per second) は Bq (ベクレル, 放射能の SI 単位と同様, 毎秒の壊変数が1個であるときの放射能の量, 1 Ci (キューリー) $=3.7 \times 10^{10}$ Bq).

*2　cpm (counts per minute, 1分間当りのカウント数).

素の量で感度を表すと表2・5の通りである．中性子線束密度が大きい日本原子力研究所や京都大学原子炉実験所の大型研究炉を使うと，約2桁感度がよくなる．前述のINAAでは多数の元素が分析できる．わが国では，国設大気監視網を設置し，各地で毎月ローボリウムエアサンプラーでメンブランフィルター上に粒子状物質を集め，原子炉照射し，Ge検出器を使ってINAAを行っている．

2・8 質量分析法

真空下でイオン化された試料分子またはそのフラグメントイオンを磁場あるいは電極を用いて質量/電荷数（m/z）の大きさに応じて分離し，横軸に検出されたイオンのm/zを，縦軸にそのイオンの相対強度を表したものを質量スペクトル（mass spectrum）という．質量分析法（mass spectrometry, MS）は，得られた質量スペクトルピークの位置から定性分析を，またピーク強度から定量分析をする．

質量分析法は1900年代のはじめに創始されたが，1960年代以降の種々のイオン化法の発展，コンピューターの利用，LC/MSの実用化などにより，今日では分子量推定，構造解析，微量分析などの広い範囲で用いられている．

2・8・1 装 置

質量分析計は，試料導入部，イオン化部，イオン分離部，イオン検出部，データ処理部から構成されている．図2・23に磁場型装置の概念図を示す．

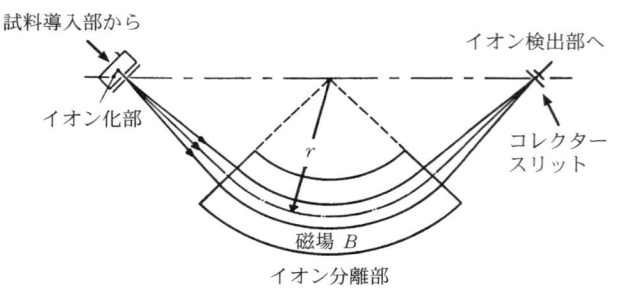

図 2・23 磁場型質量分析計の概念図

a．試料導入部

通常，ガスクロマトグラフィー（GC）が可能な揮発性の試料はGC装置を通してMS装置に導入される．一方，不揮発性の試料や熱に不安定な試料はプローブの先端に試

料をつけてイオン化室に直接導入する．また，不揮発性の試料は高速液体クロマトグラフを通しても MS 装置に導入することができる．

b． イオン化部

試料のイオン化を行うところで，イオンを生成させるイオン化室とイオンの加速やイオンビームの収束などを行う電極をあわせてイオン源という．有機化合物のイオン化法には種々の方法があり，試料導入法の違いによって利用できるイオン化法は異なる．代表的なイオン化法には，電子衝撃（electron impact, EI）法，化学イオン化（chemical ionization, CI）法，電界イオン化（field ionization, FI）法，電界脱離（field desorption, FD）法，二次イオン（secondary ion, SI）法，高速原子衝撃（fast atom bombardment, FAB）法，サーモスプレー（thermospray, TS）法，エレクトロスプレー（electrospray, ES）法，大気圧化学イオン化（atmospheric pressure chemical ionization, APCI）法などがあり，表 2・6 にこれらの原理を，また EI 法と CI 法のイオン生成スキームを次に簡単に示す．

（ⅰ） EI 法　フィラメントから放出された熱電子が分子（M）に衝突すると，電子のエネルギーが M のイオン化エネルギーより大きいとイオン化が行われる．さら

表 2・6　主なイオン化法

イオン化法	原　　理
電子衝撃法（EI 法）	試料を真空下で加熱気化した後，70 eV 程度の電子をあててイオン化する．
化学イオン化法（CI 法）	気化試料と試薬ガス（メタンなど）イオンとの反応によりイオン化する．
電界イオン化法（FI 法）	強電界下で気体試料分子から電子を引き抜いてイオン化する．
電界脱離法（FD 法）	試料をエミッター上に塗布し，これに強電界をかけ，イオン生成と脱離を起こさせる．
二次イオン法（SI 法）	グリセリンのようなマトリックス中で試料に高速一次イオンをあててイオン化する．
高速原子衝撃法（FAB 法）	グリセリンのようなマトリックス中で試料に高速中性原子をあててイオン化する．
サーモスプレー法（TS 法）	揮発性電解質を含む試料溶液を真空中に加熱噴霧し，生じる帯電液滴からの直接イオン化あるいはイオン-分子反応によりイオン化する．
エレクトロスプレー法（ES 法）	高電圧を印加した金属キャピラリーから試料溶液を噴霧し，生じる帯電液滴からイオン化する．
大気圧化学イオン化（APCI）法	大気圧下，溶液試料を噴霧し，コロナ放電によりイオン化する．

に，M^+ は過剰のエネルギーをもつので，質量のより小さい断片(フラグメント)への分解(フラグメンテーション)が起こり，M^+ のほかにフラグメントイオン $(M-m_1)^+$，$(M-m_2)^+$ などが生じる．試料によっては，M^+ がなく，フラグメントイオンしかスペクトルに現れないものもある．

$$M + e^- \longrightarrow M^+ \qquad (正イオンの生成)$$
$$\longrightarrow (M-m_1)^+, (M-m_2)^+ \cdots\cdots \quad (フラグメンテーション)$$

(ii) CI法 試薬ガスの電子衝撃によって生成する試薬ガスのイオン(反応イオン)と，試料分子の反応によりイオン化をする方法で，EIに比べてソフトなイオン化法である．試薬ガスとしてメタン，イソブタン，アンモニアなどがあるが，メタンがもっともよく用いられている．メタンのイオン化と，それに続くイオン分子間の反応により生成した CH_5^+，$C_2H_5^+$ により，試料分子をイオン化する．EIに比べてフラグメンテーションが起こりにくく，分子量の推定が容易である．

$$CH_4 + e^- \longrightarrow CH_5^+, C_2H_5^+$$
$$M + CH_5^+, C_2H_5^+ \longrightarrow (M+H)^+, (M+C_2H_5)^+, (M-H)^+ など$$

図 2・24 にヒスタミンの EI 法および CI 法の両法により得られた特徴的な質量スペクトルパターンを示す．

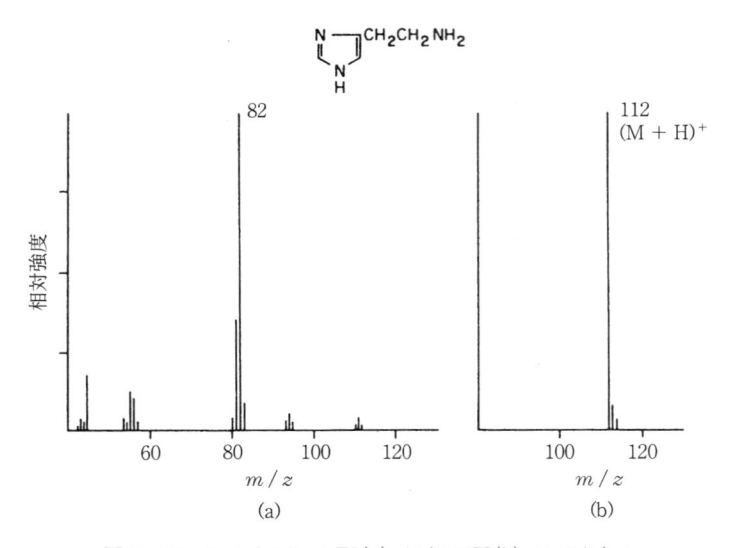

図 2・24 ヒスタミンの EI(a) および CI(b) スペクトル
[J. R. Chapman, "Practical Organic Mass Spectrometry", John Wiley (1993), p.90]

c. イオン分離部

イオンの分離にはいくつかのタイプのものがあり,磁場型と四重極型がもっとも広く用いられているが,最近,イオントラップ型や飛行時間型の使用も多くなってきている.

(i) 磁場型 電圧(V)で加速された質量数m/zのイオンが,速度vで磁場(強さB)に入ると,$m/z=4.82\times10^{-5}r^2B^2/V$で表される円運動(半径$r$)をする.$V$あるいは$B$を連続的に変えると,各$m/z$のイオンがつぎつぎとコレクタースリットを通り,検出される.図2・23には単収束磁場型質量分析計の概念図を示すが,静電場で狭い範囲のvをもつイオンだけを磁場に入れると分解能を高くすることができる.このような電極を備えたタイプの装置を二重収束質量分析計といい,分解能は約10^5である.なお,単収束磁場型の分解能は10^3以下であり,四重極型に優るところがないため現在はほとんど使用されていない.

(ii) 四重極型 図2・25に四重極型質量分析計の概念図とイオン安定曲線を示す.直流(電圧U)と高周波交流(最大電圧V,振動数ω)が重ね合わされた電圧を四重極間に印加すると,イオンはxとy方向に振動する.ある一定の$a=8eU/mr_0^2\omega^2$と$q=4eV/mr_0^2\omega^2$の値ではイオンの振動は安定で,その振幅は有限となるが,他のaとqの値では不安定で,振幅は無限大となる.安定な振動領域内にある質量数のイオンは振動しながらロッド内を通り抜けて検出器に到達する.一方,不安定領域にある質量数のイオンは,振動が大きくなり,ロッドに衝突したりロッド外に除去されて検出器に到達できない.したがって,U/V比を一定に保ちVを連続的に変化させると,各m/zのイオンがつぎつぎと検出される.

(iii) イオントラップ型 図2・26に示すイオントラップ質量分析計のリング電極に高周波電圧を加えると,イオンは電極の軸方向および円周方向に交互に加速あるいは減速され,イオンがトラップされる.エンドキャップ電極に別の高周波電圧を加えると,その周波数に共鳴する軸方向の振動数のイオンはトラップ系外に排除され,検出器に到達する.この高周波電圧を走査すると,m/zの順にイオンが検出できる.したがって,特定のイオンの周波数だけを含まない高周波電圧を印加すると,そのイオンだけが系内にトラップされるので,目的成分を高感度に検出できる.このように,この装置は感度が高いため,主に環境分析,排水分析などの微量分析に用いられている.

(iv) 飛行時間型 図2・27に示すように,レーザー光を試料に照射して脱離イ

132　2　組成分析

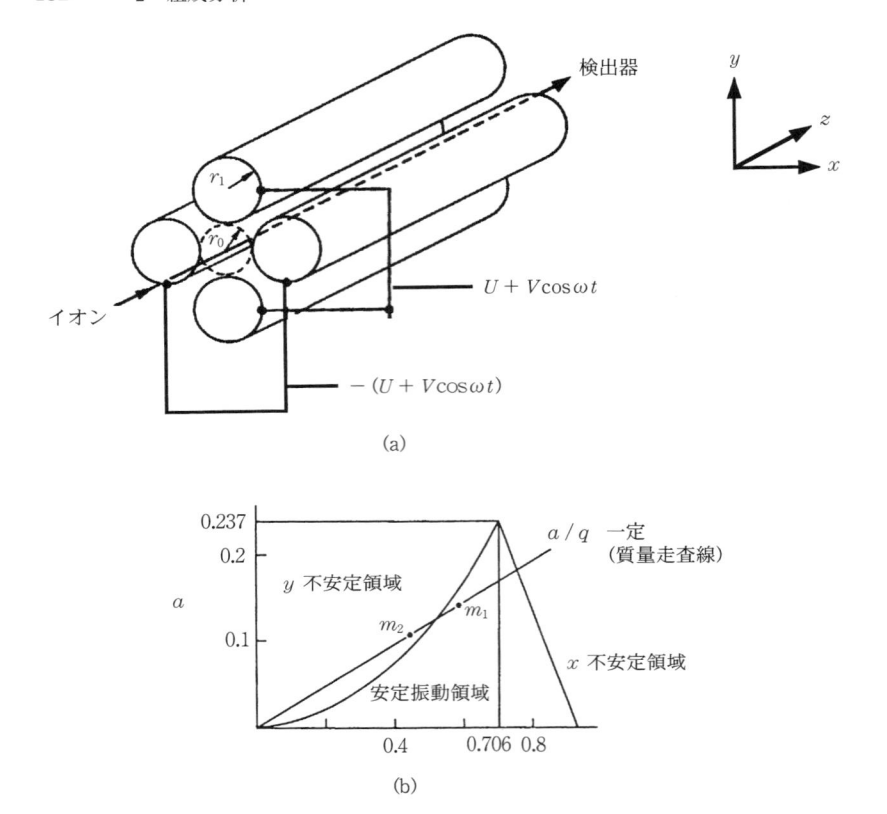

図 2・25　四重極型質量分析計の概念図とイオン安定曲線
(a)　四重極型質量分離部　　(b)　イオン安定曲線
[(a) 庄野利之, 脇田久伸編著, "入門機器分析化学", 三共出版 (1988), p. 169 ; (b) J. R. Chapman, "Practical Organic Mass Spectrometry", John Wiley (1993), p. 10]

オン化し, 生成したイオンをパルス電圧で加速すると, 無電場のドリフト空間中を小さなイオンほど速く進むので, 飛行時間により分離されたイオンを順次検出する. 50万程度の質量数まで測定が可能と報告されており, 非常に高感度であるが, 分解能はさほど高くない.

d．検出部

　イオンの検出には, ダイナミックレンジが広く, 応答の速い二次電子増倍管が主に用いられている.

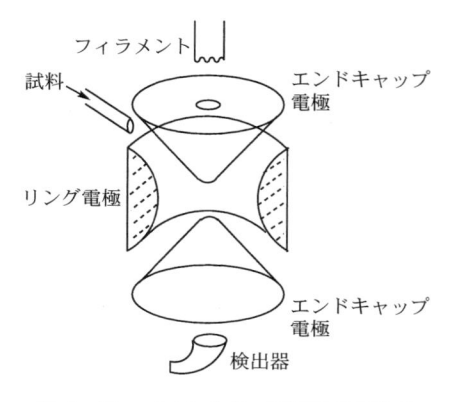

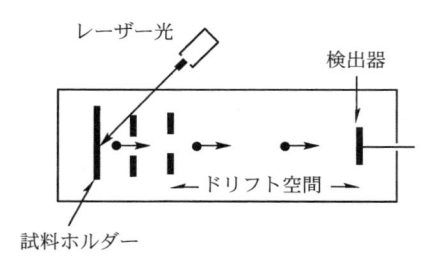

図 2・26 イオントラップ質量分析計の概念図

図 2・27 飛行時間型質量分析計の概念図

2・8・2 イオンピークの種類

質量スペクトルには次に示すようなピークが現れる.

(ⅰ) 分子イオンピーク(molecular ion peak, M^+ ピーク)　試料分子が電子1個を失ってできた分子イオンのピークで,分子量を示す.

(ⅱ) フラグメントイオンピーク(fragment ion peak)　分子イオンが開裂し,その結果出現したフラグメントイオンによるピークで,分子構造の推定に重要な情報を提供する.

(ⅲ) 同位体イオンピーク(isotope ion peak)　試料に含まれている安定同位体イオンによるピークで,その存在比を知っておく必要がある.とくに,同位体存在比の大きいBrやClなどを含む場合には,その数により強度比が一定で質量数が2ずつ異なる特徴的なスペクトルを示す.

(ⅳ) 二価イオンピーク(divalent ion peak)　二価のイオンによるピークで,$m/2z$ の位置に現れる.

(ⅴ) 準安定イオンピーク(metastable ion peak)　イオン化室を出たイオンが検出器に到達するまでに開裂し,弱い幅広いピークとして現れる.このピークを解析できればフラグメンテーション機構の解明に役立つ.

(ⅵ) 転移イオンピーク(rearrangement ion peak)　イオン化室で発生したイオンおよび分子が互いに衝突し,その結果生成したイオンによるピークで,あるイオ

ンにHが結合したイオンがよくみられる．

2・8・3　負イオン化学イオン化

熱電子で分子をイオン化すると正イオンが生成することを2・8・1項で述べたが，正イオンとともに負イオンも生成するが，EI法における電子エネルギーでは負イオンの生成効率はきわめて低い．一方，CI法では低エネルギー電子が大量に生成しており，これが試料分子に捕獲されて負イオンが生成する．また，試薬ガスが負イオンを生成する場合には，この試薬の負イオンが試料分子と反応して試料の負イオンが生成する．正イオンと比べ，生成した負イオンの方がはるかに分解しにくいため，分子量がわかりやすいのが負イオン化学イオン化（negative ion chemical ionization, NCI）の特徴である．とくに，電子親和力の大きい化合物のCIでは，正イオンよりも負イオンの方が高感度で検出できる．

2・8・4　ガスクロマトグラフ質量分析法

すでに述べたように，GCは試料の分離に優れた威力を発揮するが，試料の構造に関する情報には乏しい．一方，MSは構造に関する有力な情報を与えてくれるが，混合物ではその情報が重なってしまう．そこで，両者を直結すれば互いの短所を補い，非常に強力な分析手法となる．これがガスクロマトグラフ質量分析法（gas chromatography-mass spectrometry, GC-MS）である．しかし，GCは大気圧下で，MSは減圧下で稼働しているので，GCからの溶出成分をセパレーター（図2・28）を通して，キャリヤーガス（He）と分離してからMSに導入しなければならない（軽いHeは大部分が真空ポンプで除去され，重い試料分子の多くは直進してMSに入る）．しかし，キャリヤーガス流量が少ないキャピラリーカラムの場合は，セパレーターなしで直接MSのイオン化室に導入できる．

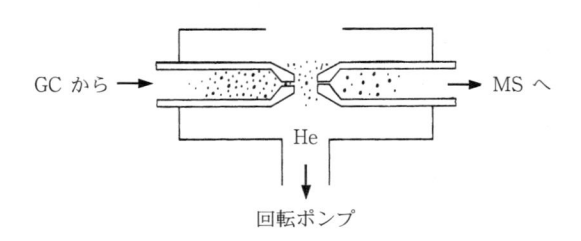

図 2・28　ジェットセパレーターの概念図
[J. R. Chapman, "Practical Organic Mass Spectrometry", John Wiley (1993), p. 36]

さて，GCからの溶出成分はイオン化されて質量分離されるが，質量分離前の全イオンをモニター（total ion monitor, TIM）することにより，TIMクロマトグラムが得られる．つぎに，各イオンは質量分離されて検出され，コンピューターにデータが取り込まれる．取り込んだデータから，ある測定開始時間(保持時間)後の成分のMSスペクトルを取り出したり，特定の質量数のイオンの経時変化であるマスフラグメントグラムを取り出すことができる．後者は目的成分に特有のイオン種を選択的に検出するもので，共存成分の妨害なくクロマトグラムを得ることができる．マスフラグメントグラムは，はじめから特定の質量数のイオンだけをモニター(selected ion monitor, SIM)することによっても得られる．このSIM法は感度と精度はよいが，特定のイオンのみしかモニターしないため，定性的情報が得られない．

GC-MSは，大気，水質，土壌中の揮発性有機化合物の公定分析法として採用されており，ダイオキシン類やいわゆる環境ホルモン類の分析などにも広く用いられている．

2・8・5　液体クロマトグラフ質量分析法

GC-MSに比べ，液体クロマトグラフ質量分析法（liquid chromatography-mass spectrometry, LC-MS）のインターフェイスには，移動相の流量が多い，試料が難揮発性や不安定なことがある，難揮発性の緩衝液を使う，など難解な問題点がある．また，LCで分析する多くの化合物にはCI法やEI法(気相でのイオン化)を用いることができないため，液相でのイオン化が可能な方法（エレクトロスプレー法と大気圧化学イオン化法）がよく用いられている．

（ⅰ）　サーモスプレー（thermospray, TS）法　　TS法では，酢酸アンモニウムなどの揮発性塩を含むLC移動相で分離された成分が加熱された金属キャピラリー管から真空中に噴霧される．その際，電荷をもつ液滴が生成し，さらに溶媒は気化脱離されて試料成分のイオンが生成する．

（ⅱ）　エレクトロスプレー（electrospray, ES）法　　ES法では，数kVに印加されたキャピラリー先端で，LCカラムから出てきた溶出液中の正イオンと負イオンの部分的分離が起こり，印加電圧と同符号の電荷のイオンを過剰に含む液滴が先端から対向電極に引っぱられる．キャピラリー先端から噴霧された帯電液滴の体積の減少で表面電荷密度が増大し，クーロン反発力により，液滴が分裂して試料イオンが生成するといわれている(図2・29)．TS法ではちょうど等しい数の正と負に帯電した液滴がつくられるが，ES法では印加した電圧と同じ符号の液滴のみが生成する．

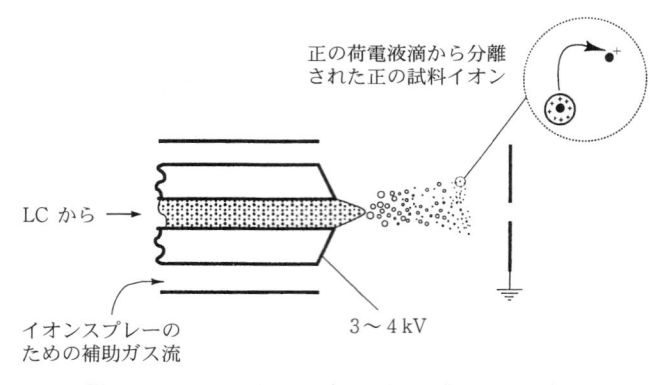

図 2・29 エレクトロスプレーイオン化過程の概念図
[J. R. Chapman, "Practical Organic Mass Spectrometry", John Wiley (1993), p. 186]

(iii) 大気圧化学イオン化（atmospheric pressure chemical ionization, APCI）法　APCI法では，溶離液を加熱した細管を通して大気圧下に噴霧し，コロナ放電により水や溶媒分子をイオン化し，これと試料分子との反応でイオン化する方法である．汎用LCとの接続が容易で，イオン化効率が高く，感度がよい．

2・8・6　タンデム質量分析法

第一の質量分析計である特定の質量のイオンを選択し，第二の質量分析計でそのイオン（親イオン）から生成するイオン（娘イオン）を測定する方法をタンデム質量分析法（tandem mass spectrometry, MS/MS）とよんでいる．この方法は，選択的に高感度の測定ができるため，環境分析をはじめ多方面の用途が開けている．

例として，トランス油中のPCBのGC-MSとGC-MS/MSによる分析結果を示す．図2・30(a)はPCBを300 ppb含むトランス油のGC-MSで，すべてのイオンをモニターしたTIMクロマトグラムであるが，複雑なクロマトグラムであるためにPCBの存在は確認できない．図(b)に四塩素化物（$m/z=292$）と五塩素化物（$m/z=326$）の両イオンをモニターした同一試料のGC-MSによるSIMクロマトグラムを示す．TIMクロマトグラムに比べてバックグラウンドが大きく改善されたが，低濃度のPCB分析ではまだ問題が生じるおそれがある．これをGC-MS/MSで上記イオンからそれぞれ塩素が1個はずれた娘イオンをモニターしたときのクロマトグラムを図(c)に示すが，マトリックスからの妨害がほぼ完全に取り除かれていることがわかる．

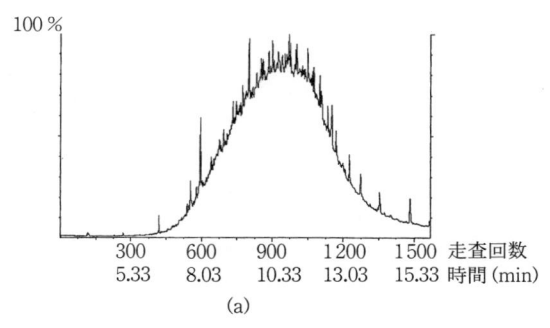

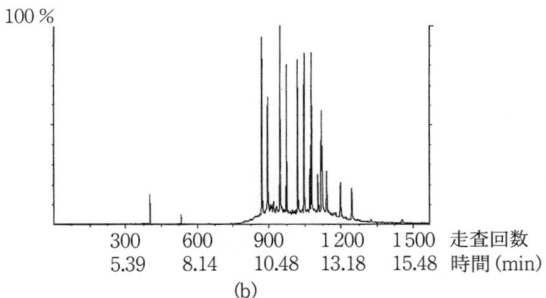

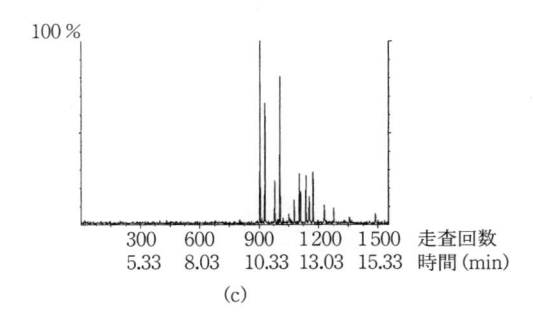

図 2・30 PCB を含むトランス油のクロマトグラム
    (a) GC-MS による TIM クロマトグラム
    (b) GC-MS による SIM クロマトグラム
        (モニター：$m/z=292$ と 326 の両イオン)
    (c) GC-MS/MS による SIM クロマトグラム
        (モニター：$m/z=(292-Cl)$ と $(326-Cl)$
        の両イオン)
    [Finnigan MAT Instruments, Inc. のデータ集]

3

状態分析

3・1 赤外分光法

　赤外分光法（infrared spectroscopy）は $0.8 \sim 1000$ μm の波長領域の電磁波（赤外線）の物質による発光，吸収，反射などの光学的性質を利用する分析法で，吸収スペクトルを利用するものが大部分である．赤外線は波長により，近赤外($0.8 \sim 2.5$ μm)，赤外 ($2.5 \sim 25$ μm)，遠赤外 ($25 \sim 1000$ μm) の領域に分けられるが，もっともよく利用されているのは赤外領域で，通常波長の代りに 1 cm 当りの波の数を表す波数 (cm^{-1}) 単位で表されている．たとえば，赤外領域は $4000 \sim 400$ cm^{-1} である．

　赤外吸収スペクトルは分子の振動により生じる振動スペクトルで，赤外吸収分光法は物質中のグループの推定，物質の同定，構造解析，状態分析などには欠かせないものである．

3・1・1 原　理

a． 分子の振動

　多原子からなる分子は複雑に振動するが，これはいくつかの特定の振動，すなわち基準振動（normal vibration）の和として表される．基準振動には，結合が伸び縮みする伸縮振動と，結合角が変化する変角振動がある．N 個の原子からなる分子は，直線分子では $3N-5$ 個，非直線分子では $3N-6$ 個の基準振動が存在するが，これらすべ

てが観測されるのではない．双極子モーメントが変化する振動のみが赤外線を吸収し（変化量が大きいほど強い吸収が観測される），振動エネルギー間の遷移が起こるため，赤外スペクトルに現れる．このような振動を赤外活性といい，双極子モーメントが変化しない振動は赤外スペクトルに現れず，赤外不活性という．

b．基準振動

二原子分子と三原子分子の基準振動とその波数を図3・1に示す．

（ⅰ）**二原子分子** 二原子分子はすべて直線分子であるため，基準振動は $3×2-5=1$ 個の伸縮振動のみとなる．異核二原子分子では振動により双極子モーメントが変化するので赤外活性であるが，等核二原子分子では振動による双極子モーメントの変化がなく赤外不活性である．

（ⅱ）**三原子分子** CO_2，CS_2 などの直線分子は $3×3-5=4$ 個の基準振動が，H_2O，NO_2 などの非直線分子では $3×3-6=3$ 個の基準振動がある．

ところで，伸縮振動に要するエネルギーが変角振動のそれより大きく，また原子の種類によって吸収の位置が異なるため，赤外吸収スペクトルを解析すると，試料分子の官能基や構造を推定することができる．分子中のある原子団は，その位置あるいは分子が異なってもほぼ同じ振動数領域に吸収を与える．このような原子団に固有と考えられる吸収帯を特性吸収帯（characteristic band）といい，これが有機化合物の構

二原子分子

X—Y
伸縮振動

X=Y 赤外不活性
X≠Y 赤外活性

三原子分子（非直線分子，H_2O）

対称伸縮振動 $3655\,cm^{-1}$
逆対称伸縮振動 $3756\,cm^{-1}$
変角振動 $1595\,cm^{-1}$

三原子分子（直線分子，CO_2）

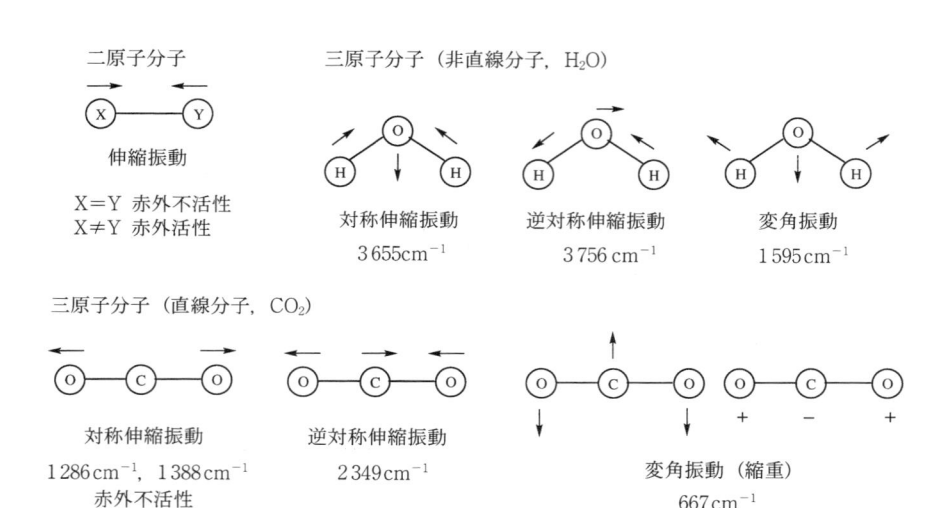

対称伸縮振動 $1286\,cm^{-1}$，$1388\,cm^{-1}$ 赤外不活性
逆対称伸縮振動 $2349\,cm^{-1}$
変角振動（縮重） $667\,cm^{-1}$

図 3・1 基準振動とその波数

3・1 赤外分光法　　*141*

造の確認，決定に用いられる．表 3・1 に特性吸収帯の例を示す．

　$4000 \sim 2500 \ cm^{-1}$ の領域には O−H, N−H, C−H など水素の関与する伸縮振動が現れ，水素結合により波数は影響を受ける．三重結合，連続した二重結合の伸縮振動

表 3・1　各原子団の特性吸収波数

波数 (cm^{-1})

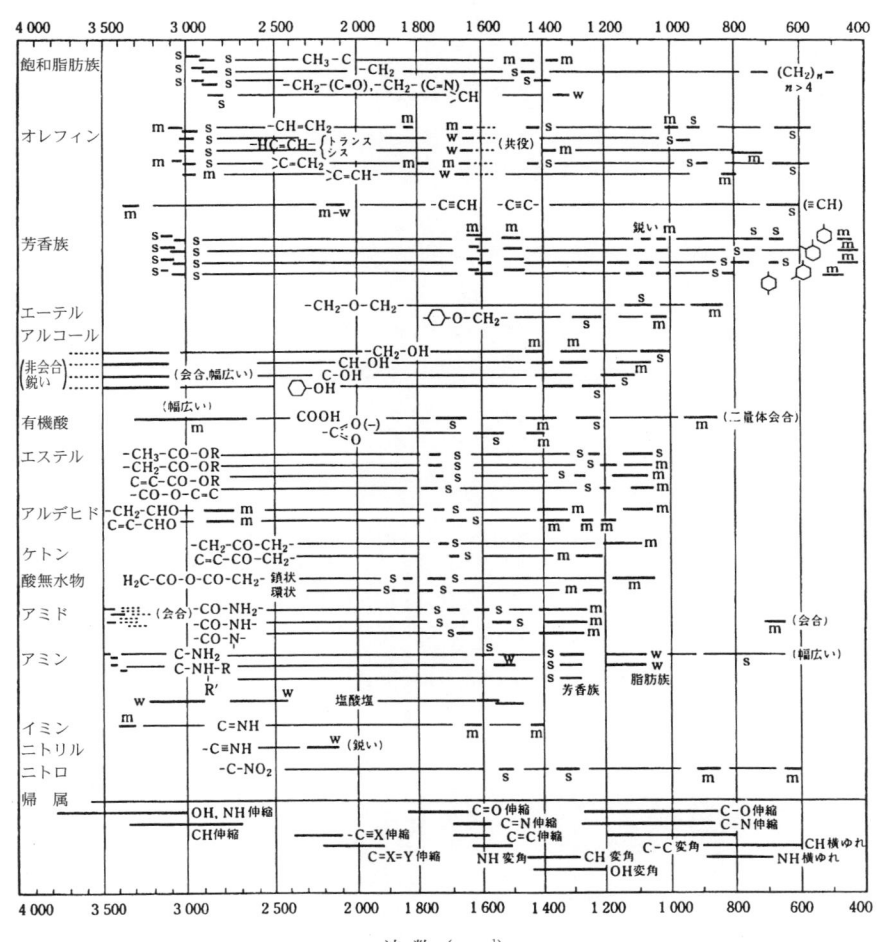

| 飽和脂肪族 | オレフィン | 芳香族 | エーテル アルコール | 有機酸 | エステル | アルデヒド | ケトン | 酸無水物 | アミド | アミン | イミン ニトリル ニトロ | 帰属 |

波数 (cm^{-1})

[日本分析化学会編，"機器分析ガイドブック"，丸善 (1996), p. 221]

は 2500～1800 cm^{-1} に，孤立した C=O，C=N，C=C などの二重結合の伸縮振動は 1800～1500 cm^{-1} に現れる．指紋領域とよばれる 1500～650 cm^{-1} には，C-O，C-N，C-C などの一重結合の伸縮振動や，O-H，N-H，C-H などの変角振動が現れる．この指紋領域には多くの吸収帯が出現し，隣接基のわずかな変化にも敏感に影響を受けて吸収が変化するため複雑となるが，逆に化合物の同定には有利となる．

近年，吸収波数や強度を入力した赤外線吸収スペクトルデータベースが整備されており，測定した試料のデータを入力して，検索，同定することができる．

c．定量分析

赤外分光法も紫外・可視吸光光度法と同様にランベルト-ベールの法則が成立するので，測定したい化合物に特有の吸収帯を利用して定量することができる．しかし，定量分析の精度は紫外・可視吸光光度法ほどよくない．

3・1・2 装　置

多くの種類の装置があるが，波長分散型赤外分光光度計とフーリエ変換型赤外 (Fourier transform infrared, FT-IR) 分光光度計の 2 種類に大別される．FT-IR 型の方が，光学系が簡単，波数精度が高い，迅速に多量の試料測定が可能，データ収集が容易など分散型にない利点をもつため，よく使われている．

a．波長分散型赤外分光光度計

通常，波長分散型装置（図 3・2）では，光源（グローバー灯）からの光は試料側と対照側の 2 光束に分けられ，モノクロメーター部で分光（回折格子）されて交互に検

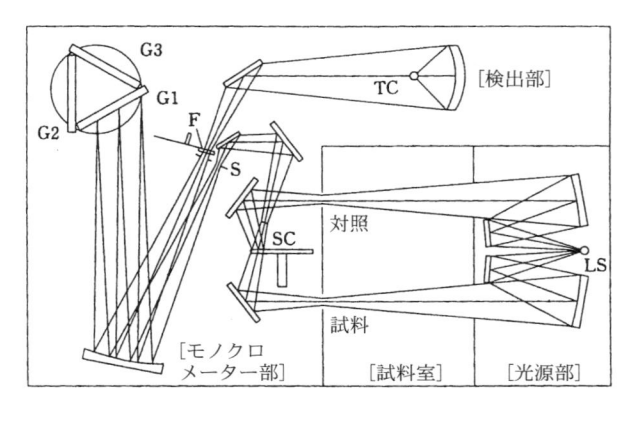

LS：光源，SC：セクター鏡，S：入射スリット，G 1, G 2, G 3：回折格子，F：光学フィルター，TC：真空熱電対

図 3・2　波長分散型赤外分光光度計の概念図
[日本分析化学会編，"機器分析ガイドブック"，丸善 (1993), p.224]

出器(熱検出器と量子検出器があり,本図では前者である)に到達する.検出器で両者の強度の差から透過率(透過度)を求めている.

b. FT-IR 分光光度計

FT-IR 分光光度計(図3・3)では,光源からの光をビームスプリッターで2分し,固定鏡で反射してくる光と,可動鏡で反射してくる光を再びビームスプリッターに集めて干渉させる.この干渉光を検出器で検出したものをインターフェログラムという.干渉光を試料に入射すると,試料の吸収帯の波数の光が吸収されたインターフェログラムが得られ,これをフーリエ変換(Fourier transform, FT)すると通常の赤外線吸収スペクトルが得られる.

FT-IR では,全波数の同時測定であり,また回折格子やスリットがないため検出器に入射する光の量が多くなる.

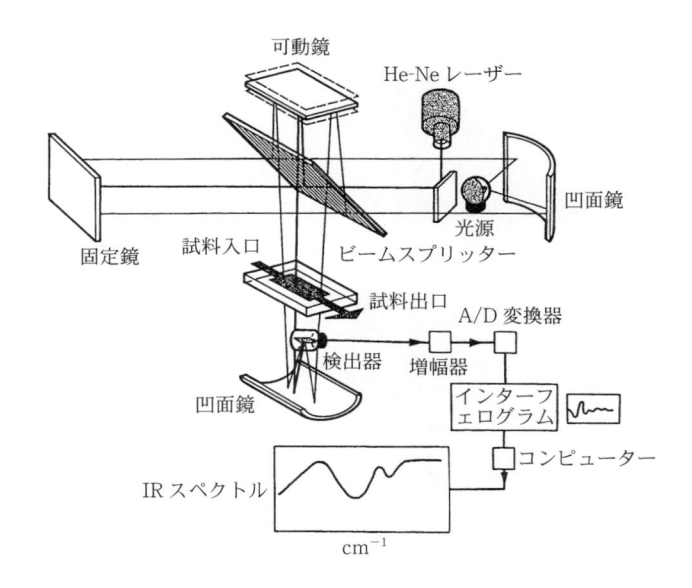

図 3・3 FT-IR 分光光度計の概念図
[庄野利之, 脇田久伸編著,"入門機器分析化学",三共出版(1988),p. 42]

c. 測　定

固体,液体,気体いずれの試料でも測定でき,固体試料はヌジョール法,KBr ペレット法,蒸発法(薄膜法)などで,液体あるいは気体試料はそれぞれ専用のセルを用いて測定をする.なお,試料中に水が含まれると水の強い吸収のためスペクトルが不明瞭になったり,セルなどを傷めることもあるので,水分の混入には十分な注意が必

要である．

通常，もっともよく測定されているのは透過法であるが，これ以外に，平滑な金属表面上の有機薄膜測定には反射吸収法が効果的であり，平滑でない粉体試料には拡散反射法が多用されている．また，全反射吸収 (attenuated total reflection, ATR) 法は，不溶，不融，弾力性の物質や水溶液試料にも適用できる．

3・1・3 スペクトルの例

図3・4に2-ヘキサノン($CH_3COCH_2CH_2CH_2CH_3$)と1-ヘキセン-3-オール($CH_2=CHCH(OH)CH_2CH_2CH_3$)の赤外線吸収スペクトルを示す．2-ヘキサノンのスペクトル（図(a)）において，2900 cm^{-1} 付近の吸収はC－H伸縮振動，1700 cm^{-1} 付近の吸収はC＝O伸縮振動，1450～1350 cm^{-1} 付近の吸収はC－H変角振動，1200 cm^{-1} 付近の吸収はCC(O)C変角振動による吸収で，脂肪族ケトンに特徴的なスペクトルである．

1-ヘキセン-3-オールのスペクトル（図(b)）には，3400 cm^{-1} 付近に幅広いアルコールのO－H伸縮振動，また3000 cm^{-1} より少し高い波数のところ，1650 cm^{-1} 付近，1000～900 cm^{-1} 付近に2本ある吸収帯は，それぞれビニル基に特徴的なC－H伸縮振動，C＝C伸縮振動，C－H面外変角振動による吸収である．さらに，1800 cm^{-1} 付近に認められる弱い吸収はビニル基の面外変角振動の倍音である．

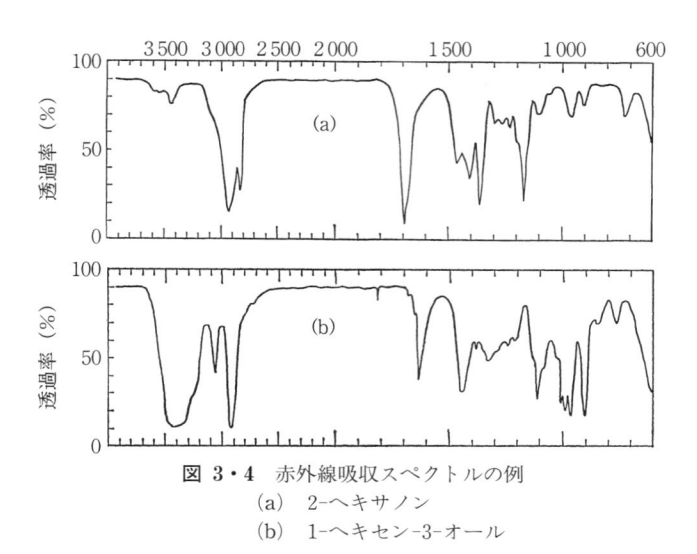

図3・4 赤外線吸収スペクトルの例
(a) 2-ヘキサノン
(b) 1-ヘキセン-3-オール

3・1・4 応用例

　環境分析に用いられている非分散型赤外分析計の概念図を図3・5に示す．光源からの光を回転セクターで試料セル側と対照セル側に分け，検出器で検出する．対照セルには，目的成分の測定波長域に吸収をもたない気体や液体が入れられている．試料セル側には，光学フィルターがおかれており，試料中に含まれる干渉成分の吸収波長域の赤外線を除去する．検出器は金属膜からなるコンデンサーマイクロホンで，試料室と対照室に分かれており，測定成分を適当に封入してある．ここで，赤外線をあてると，赤外線の吸収が起こり，検出器の2室の温度が上昇する．試料側ではセル中の対象成分による吸収のため赤外線強度が減衰しており，対照室より温度上昇が低くなり，両室間に圧力差が生じる．この圧力差を電気信号として取り出している．

　本装置は，排ガス中の CO，CO_2，炭化水素など，ガス成分の濃度測定に用いられることが多い．また，水中の炭素を CO_2 に変換し，生成した CO_2 を非分散型赤外分析計で測定し，水中の炭素量の測定にも用いられている．

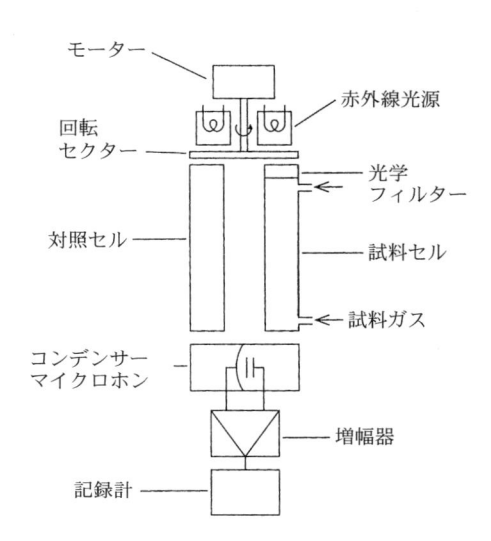

図 3・5　非分散型赤外分析計の概念図 [酒井 馨，坂田 衞，高田芳矩，"環境分析のための機器分析（第5版）"，日本環境測定分析協会 (1995)，p. 162]

3・2 ラマン分光法

分子に光をあてると散乱され,散乱光のほとんどは入射光と同じ波数であるが(レイリー散乱という),一部の散乱光は入射光と波数が異なることを Raman が発見した(ラマン散乱という).このラマン散乱において,入射光より散乱光の方が低波数となるもの(ストークス線)と,逆に高波数になるもの(反ストークス線,アンチストークス線)がある.この波数の違いが分子の振動を反映しており,ラマン分光法(Raman spectroscopy)も赤外分光法と同様に分子の振動により生じる振動スペクトルが得られ,物質中のグループの推定,物質の同定,構造解析,状態分析などが行える.

3・2・1 原 理

a. ラマン散乱の機構

ラマン散乱の機構を図 3・6 に示す.分子が基底状態(E_0)の ν_0 振動準位から励起された後,E_0 の ν_1 振動準位に遷移するとストークス線が,また E_0 の ν_1 振動準位から励起され,E_0 の ν_0 振動準位に遷移するとアンチストークス線となる.散乱光の強度は振動数が高いほど強くなる(振動数の 4 乗に比例)ので,通常は可視・紫外部の光を使用する.この場合,入射光のエネルギーが電子励起状態と一致すると,散乱光の強度が非常に増大する(共鳴ラマン散乱といい,その散乱光の強度は通常のラマン散乱の場合の 10^4 倍ほどになる).

ラマン散乱が観測されるのは分子の分極率が変化する振動の場合であり,このような振動をラマン活性という.対称中心をもつ分子では,赤外活性な振動はラマン不活

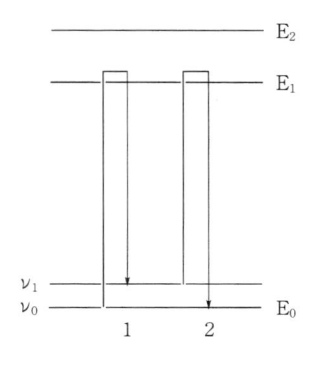

図 3・6 共鳴ラマン散乱機構の概念図
1:ストークス線
2:アンチストークス線

性で，逆にラマン活性な振動は赤外不活性となる（交互禁制律という）．

b．特　徴

赤外分光法と対比して，ラマン分光法の利点を要約すると次のようになる．

（1）　測定波長が可視・紫外領域であるため，赤外に比べ測定が容易である（たとえば，ガラス製容器が使える）．

（2）　水，アルコールなどの溶液での測定が容易である．

（3）　赤外分光法が不得意な低波数域の測定が容易である．

（4）　幅広い形態の試料測定が行える（たとえば，レーザー光源の使用により，顕微鏡サイズのスポット，上空の物質，高温の物質などの測定が行える）．

（5）　共鳴ラマン法を用いると，高感度分析が行える（化合物によっては 10^{-8} M レベルの検出も可能）．

また，スペクトルには，一般に伸縮振動が強く現れ，とくに共有結合性の強い結合が強く現れる．さらに，赤外ではほとんど現れない等核結合の伸縮振動が強い．また，SやP原子の関与する振動が非常に強く現れるなどの特徴がある．

c．定性・定量分析

ラマン分光法における定性分析は赤外分光法とほぼ同じである．一方，ラマン分光法における定量分析はラマン散乱光強度が試料濃度に比例することにより行う．

$$I = sCVI_0$$

ここで，I はラマン散乱光強度，s は散乱係数（定数），C は試料濃度，V は試料容積，I_0 は入射光強度である．

3・2・2　装　置

レーザー光源を用いる装置の概念図を図3・7に示す．光源から出た光を集光し，試料に照射し，散乱光を集め，分光して検出する．検出器は光電子増倍管のシングルチャネルタイプと，ダイオードアレーのマルチチャネルタイプに大別される．前者の検出器では分光器を掃引して各波数の散乱光強度を順次測定するため時間がかかるが，後者の検出器では分散した散乱光を同時に検出するため，短時間で測定できる．

3・2・3　スペクトルの例

図3・8に二硫化炭素のラマンスペクトルを比較のため赤外線吸収スペクトルとともに示す．二硫化炭素は対称中心をもつため，交互禁制律が成立っていることがわか

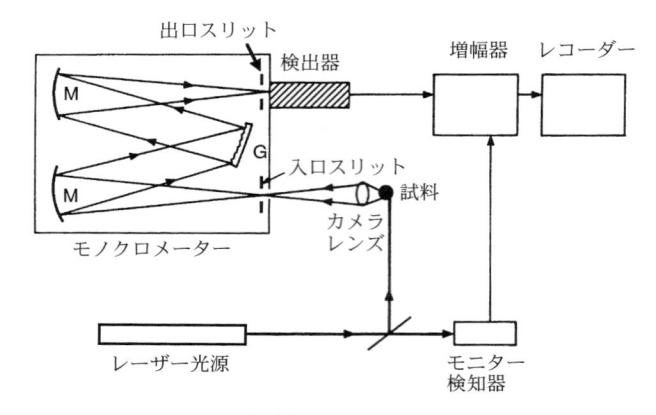

148　3　状態分析

図 3・7　レーザーラマン分光光度計の概念図
M：鏡, G：回折格子

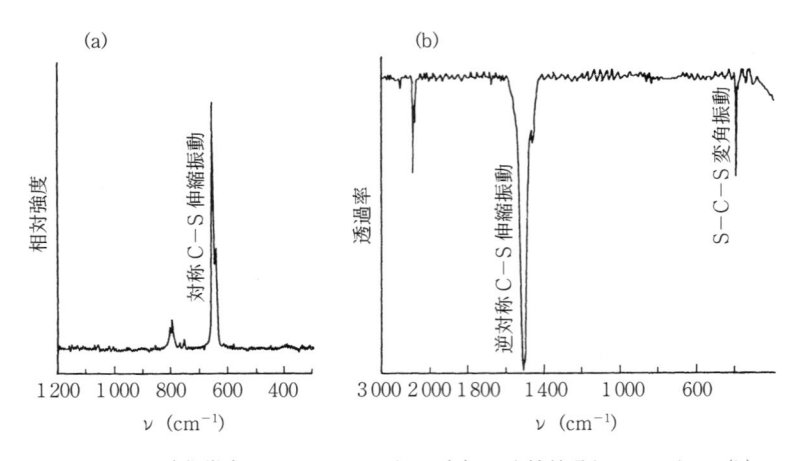

図 3・8　二硫化炭素のラマンスペクトル (a) と赤外線吸収スペクトル (b)
［日本分析化学会九州支部編, "機器分析入門", 南江堂 (1984), p.60］

る.
　もう一つの例として, 図 3・9 にベンゼンのラマンスペクトルと赤外線吸収スペクトルを示す. C－H 伸縮振動はラマンでは 3060 と 3047 cm^{-1}(省略), 赤外では 3094 と 3040 cm^{-1} にともに現れる. 面内骨格振動(伸縮振動)がラマンに 1606 と 1585 cm^{-1}, 面内骨格振動(伸縮および変角振動)が赤外に 1482 cm^{-1}, C－H 面内変角振動がラマ

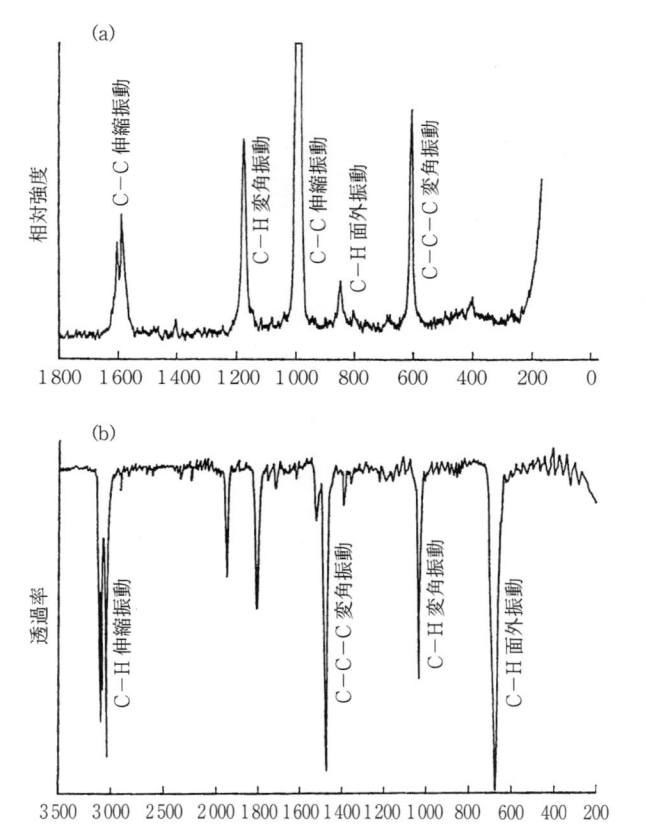

図 3・9 ベンゼンのラマンスペクトル (a) と赤外線吸収スペクトル (b)
[日本分析化学会九州支部編,"機器分析入門",南江堂 (1984), p.61]

ンでは $1178\ cm^{-1}$, 赤外では $1036\ cm^{-1}$, C－H 面外変角振動がラマンでは $849\ cm^{-1}$, 赤外では $675\ cm^{-1}$ に現れる.さらに,ラマンには面内骨格振動(変角振動)が $606\ cm^{-1}$ にも現れている.

3・2・4 応用例

すでに述べたように,共鳴ラマン法は通常の振動スペクトル法に比べ非常に高感度が得られるので,たとえば,ポリマーなどに添加されている顔料や染料などの微量の着色成分の分析が行える.また,ガス成分の分析も容易で,容器の制約が少なく,ガ

ラスや樹脂中の気泡中のガスなども場合によっては100 ppm オーダーの検出も不可能ではない．

顕微ラマン法は空間分解能が高く（～1 μm），微小部分の構造解析，微小異物や付着物の分析に欠かすことができない手法である．また，ラマン法は種々のカーボン類の構造識別が可能であるため，黒色の異物の分析に有効である．また，グラファイト，カーボンブラック，石炭，ピッチなどの炭素材料の分析があげられる．

3・3 円二色性と旋光性

3・3・1 旋光性

キラルな物質中（またはその溶液中）を直線偏光[*1]が通ると，透過光の偏光面が入射光の偏光面に対して回転し（旋光性という），その回転角を旋光角（旋光度）という．図3・10に示すように，観測者からみて偏光面が時計回りに回転しているとき，そのキラル物質は右旋性であるといい，正の符号で表す．偏光面が時計回りと逆に回転しているときを左旋性といい，負の符号で表す．

キラル物質の旋光性を表すのに比旋光度（specific rotation）$[\alpha]_\lambda^t$があり，測定温度 t ℃，測定波長 λ nm，旋光角 α，セル長 l dm，濃度 C（溶液 100 cm³ 中に含まれる試料質量，g）とすると次式で表される．この式から，キラル物質の純度が測定できる．

$$[\alpha]_\lambda^t = 100\ \alpha/(lC)$$

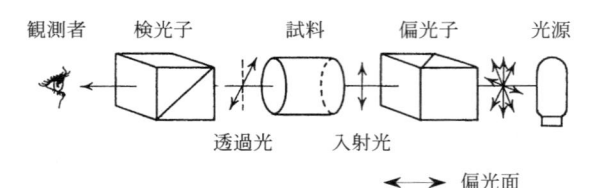

図 3・10 旋光性の概念図
[日本分析化学会編，"機器分析ガイドブック"，丸善 (1996)，p. 266]

---

*1 電磁波は進行方向を含む互いに直交する二つの面で電場と磁場が同じ位相で振動して進んでいる．その電場ベクトルでつくられる偏光面が自然光では進行方向に垂直なあらゆる方向をとるが，1平面に限られているものをいう．

3・3・2 旋光分散と円二色性

キラル化合物の旋光度は測定波長により変化し，この現象を旋光分散（optical rotatory dispersion, ORD）といい，波長 λ を変えてモル旋光度 $[\phi]_\lambda$ をプロットしたものが旋光分散曲線である．一般に，吸収帯のある領域付近で旋光分散曲線が極大（山）および極小（谷）を有する S 字形の曲線を示す．これをコットン効果（Cotton effect）といい，長波長側に山，短波長側に谷がある曲線を正のコットン効果曲線，逆に長波長側に谷，短波長側に山がある曲線を負のコットン効果曲線という．

$$[\phi]_\lambda = [\alpha]_\lambda M/100 \quad (M はキラル化合物の分子量)$$

キラルな物質中を直線偏光が通ると，透過光は偏光面が回転すると同時に，直線偏光ではなく，楕円偏光になっている．直線偏光は振幅と波長が等しい右円偏光と左円偏光[*1]の和として表すことができ，キラルな物質中で右円偏光と左円偏光とで速度に差が生じ，透過後両円偏光に位相差ができて旋光性が現れる．また，右および左円偏光がキラル物質中を通過すると，両円偏光の和は楕円偏光となる．これは右および左円偏光に対して吸光強度が異なり，振幅に差が生じるからで，この現象を円二色性（circular dichroism, CD）という（図 3・11）．円二色性はモル楕円率 $[\theta]$ で表される．

$$[\theta] = \theta M/(lC)$$

ここで，$\theta(°)$ は楕円角，l (dm) はセル長，C は濃度（溶液 100 cm^3 中に含まれる試料の質量，g），M は分子量である．

ORD から得られる情報と CD から得られる情報とは同じであり，CD の方がコットン効果の分離がよく，符合を正確に判定できるため CD の測定が一般的に行われている（正のコットン効果の場合は $[\theta] > 0$．負のコットン効果の場合は $[\theta] < 0$ である）．

3・3・3 スペクトルの例と応用

図 3・12 に 5α-コレスタン-3-オンのメタノール中での ORD および CD スペクトルを UV スペクトルとともに示す．この場合，ORD および CD スペクトルどちらから

[*1] 偏光面が円運動をしながら進む偏光で，光の進行方向からみて右回りのものを右円偏光．左回りのものを左円偏光という．

152   3 状態分析

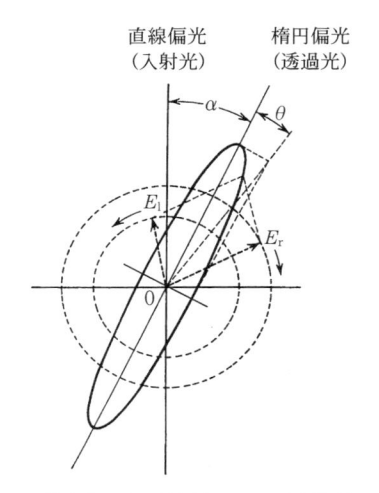

α：旋光角，θ：楕円角，E_r：右円偏光，E_l：左円偏光

図 3・11　旋光性と円二色性

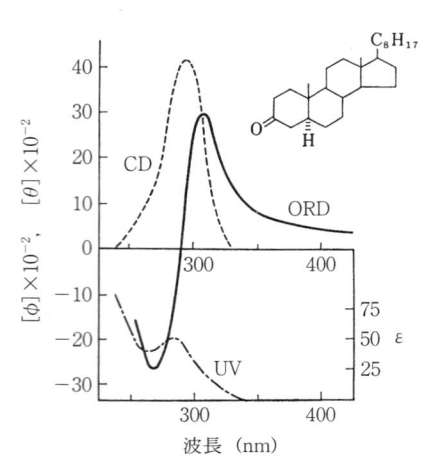

図 3・12　5α-コレスタン-3-オンのメタノール中での ORD，CD および UV スペクトル
[日本化学会編，"実験化学講座続 5. 有機化合物の定性確認法"，丸善（1966），p. 1243]

でも 5α-コレスタン-3-オンのコットン効果の符合は容易に判定できる．しかし，ORD では吸収帯が重なっていると複雑なスペクトルとなり，コットン効果の符合も判定できなくなることがあるが，CD スペクトルからは容易に判定できる．

ORD および CD の応用として，キラル物質の有無や純度の検定や，天然有機物や金属錯体の絶対配置の決定，生体高分子のヘリックス含量の決定など立体構造の研究に重要な手段となっている．

3・4　光音響分光法

3・4・1　原　理

閉じた容器内の試料に断続的に光を照射すると，光を吸収して励起された試料が無放射緩和過程を介して熱を周期的に発生する．このようにして試料から拡散した熱が周辺の気体を熱膨張させることにより，疎密波つまり音波を生じる．この現象を光音響効果（photoacoustic effect）という．試料に照射する励起光の波長を掃引しながら

高感度マイクロホンで光音響シグナルを検出する分析法を光音響分光法(photoacoustic spectroscopy, PAS)という．得られた光音響スペクトルは吸収スペクトルと同じ，あるいは類似のスペクトルとなる．

3・4・2 装　置

図3・13にPAS装置の概念図を示す．光源には高輝度のランプやレーザーなどが用いられ，チョッパーで変調して試料に照射する．試料セルは小さいほど光音響シグナル強度は大きくなり，検出器のマイクロホンは空気や床の振動に敏感であるため，防振台の上におくとノイズが低くなり有利である．

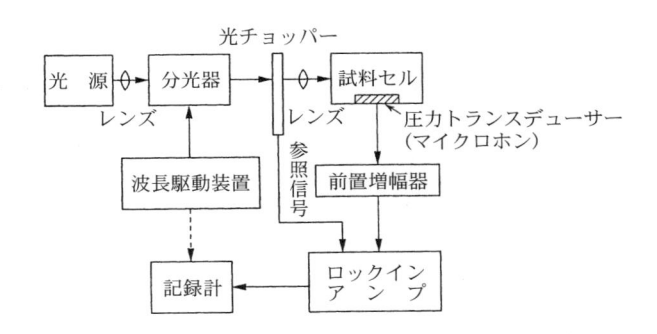

図3・13 光音響分光分析装置の概念図
[日本分析化学会編，"機器分析ガイドブック"，丸善(1996), p.283]

3・4・3 特徴と応用

PASの主な特徴を列挙すると次のようになる．まず，光源強度を増大すると検出感度が高くなり，とくにレーザー光を用いると超高感度分光分析法となる．つぎに，光を検出しないため，散乱光や透過光の影響を受けにくいので，粉体，ゲル，コロイドなどの光を強く散乱する物質も容易に測定できる．さらに，試料量は少なく(数mg)，その形態の制約も少ないため，他の方法では測定しにくい試料をそのまま分析できる．

PASの応用であるが，生体膜や塗布膜などの表面および表面下の分析には非常に有効である．種々の動植物試料，表面被覆物，その被覆物の下基板，皮膚への薬物の浸透や拡散などの分析があげられる．

3・5 核磁気共鳴分光法

近年の核磁気共鳴(nuclear magnetic resonance, NMR)の装置ならびに手法の進歩は目覚ましく,NMR 測定により多くの化学的な情報を得ることができる.核磁気共鳴分光法(nuclear magnetic resonance spectroscopy)は磁場の中においた試料に電磁波を照射し,試料中の原子核が吸収する電磁波の周波数をその吸収強度の関数として表す方法である.有機化合物の主要構成元素である ^1H と ^{13}C がもっともよく利用されており,構造決定には最有力な手法である.

3・5・1 原 理

磁気モーメント(μ)をもつ核(スピン量子数,I)に外部磁場(H_0)をかけると,磁気モーメントは一定の方向に配向し,エネルギー準位が $(2I+1)$ に分裂する(ゼーマン分裂という).$I=1/2$ の ^1H や ^{13}C の場合には,磁気モーメントは磁場と同方向(平行)(低エネルギー状態,$E=-\mu H_0$)と逆方向(逆平行)(高エネルギー状態,$E=\mu H_0$)に配向し,このエネルギー差 $\Delta E=2\mu H_0=h\nu_0$ に相当する電磁波(周波数 ν_0)を照射すると吸収が起こる(図 3・14).この現象を核磁気共鳴という.エネルギー準位の間隔 ΔE,すなわち ν_0 は H_0 に比例することがわかる.吸収により磁場と平行な状態から逆平行の状態に励起され,この励起状態から無放射的に復帰する過程を緩和(relaxation)という.緩和がうまく起こらないと飽和(saturation)し,吸収は起こらなくなる.

吸収される電磁波の周波数と外部磁場との間には次式の関係がある.

$$\nu_0 = \gamma H_0/2\pi$$

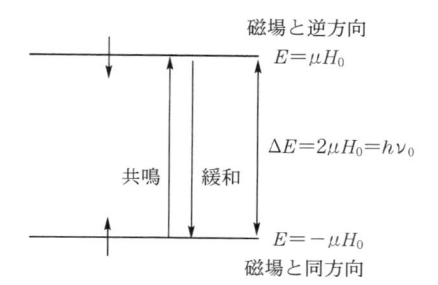

図 3・14 磁気共鳴と緩和

3・5 核磁気共鳴分光法

表 3・2 磁気的活性な核の例と相対感度

核　種	スピン量子数	天然存在度(%)	磁気回転比[*1]	共鳴周波数[*2](MHz)	相対感度
^{1}H	1/2	99.985	26.751	100	1.00
^{13}C	1/2	1.108	6.7283	25.15	1.59×10^{-2}
^{15}N	1/2	0.37	-2.7116	10.14	1.04×10^{-3}
^{17}O	5/2	0.037	-3.6264	13.56	2.91×10^{-2}
^{19}F	1/2	100	25.181	94.094	0.833
^{23}Na	3/2	100	7.0761	26.452	9.25×10^{-2}
^{31}P	1/2	100	10.8289	40.481	6.63×10^{-2}

[*1] $10^7\,\text{rads}^{-1}\,\text{T}^{-1}\,\text{s}^{-1}$.
[*2] $H_0 = 2.35$ T（SI 単位系では磁束密度単位にテスラ（T）を用いる，$1\,\text{T} = 10^4$ ガウス）．

ここで，γ は磁気回転比といい，それぞれの核で一定の値である．^{1}H の場合には $\gamma = 26.751 \times 10^7\,\text{rads}^{-1}\,\text{T}^{-1}\,\text{s}^{-1}$ で，$H_0 = 2.35$ T では $\nu_0 = 100$ MHz（表 3・2），$H_0 = 9.4$ T では $\nu_0 = 400$ MHz となる．

3・5・2 装　置

NMR の装置には，試料を強い磁場中におき，一定周波数のラジオ波を照射し，磁場を掃引して吸収シグナル（磁場関数）を検出する連続波法 (continuous wave method) と，一定強度の磁場中で全周波数範囲にわたる強いラジオ波のパルス（μs オーダー）を試料に照射し（パルス幅とパルス繰返し時間の設定が測定を大きく左右する），対象

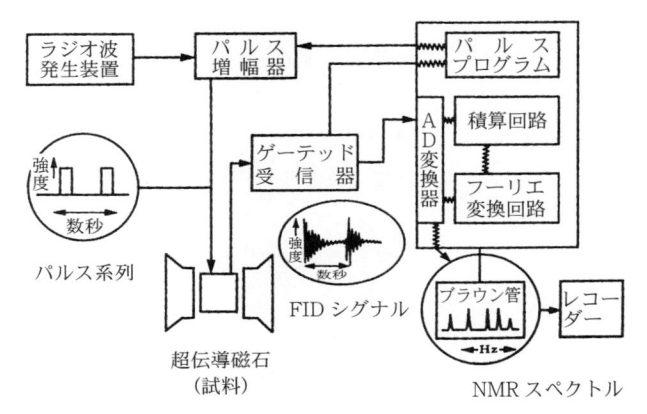

図 3・15　パルス FT-NMR 装置の概念図
［氏平祐輔，"化学分析"，昭晃堂 (1993), p. 155］

核を同時に励起し，スピン系が平衡に戻るときの自由誘導減衰（free induction decay, FID）シグナルをフーリエ変換してそれぞれの吸収シグナル（周波数関数）を得るパルス FT 法（pulse Fourier transform method）がある．パルス FT 法により，測定時間の大幅な短縮と高感度化，さらに種々のパルス系列の照射により多くの情報が得られるため，最近は超伝導磁石を使用した FT-NMR 装置（図 3・15）が主に用いられている．

3・5・3 化学シフト

磁気的環境が異なる原子核は異なる磁場強度で電磁波（一定周波数）を吸収し，シグナルが観測される．ある物質のシグナル位置を基準にし，これから測定物質のシグナルのずれ（差）を化学シフト（chemical shift）といい，δ 値で表す．周波数掃引では，基準物質および測定物質の共鳴周波数をそれぞれ ν_R および ν_S と，磁場掃引では，基準物質および測定物質の共鳴磁場をそれぞれ H_R および H_S とすると次式で表される．

$$\delta = \{(\nu_S - \nu_R)/\nu_R\} \times 10^6 \quad (\text{ppm})$$
$$\delta = \{(H_R - H_S)/H_R\} \times 10^6 \quad (\text{ppm})$$

^{1}H NMR と ^{13}C NMR では，テトラメチルシラン（TMS）（有機溶媒系）や 3-トリメチルプロピオン酸ナトリウム-d_4（重水系）などが基準物質によく用いられている．スペクトル上で基準物質のシグナルより右側が低周波数（高磁場）側，左側が高周波数（低磁場）側という．

磁気的環境が異なるとシグナルの位置が違ってくる（化学シフトの原因）のは，核に外部磁場 H_0 がかけられても，その核に実際にかかる磁場は $H_0(1-\sigma)$ となり，磁気しゃへいが起こるためである．σ をしゃへい定数といい，しゃへいの程度は核のまわりの電子密度，環電流や隣接基による磁気異方性，分子内や分子間相互作用などに影響される．

ところで，核の種類により化学シフトの範囲が異なり，^{1}H では約 10 ppm 程度であるが，^{13}C では 200 ppm 以上にもおよぶ（図 3・16）．しかし，その核の化学的環境（結合状態）が同じであれば（たとえば，メチル，メチレン，メチン，芳香族などの ^{1}H）化学シフトはある狭い範囲内の値を示す（強い磁気異方性や分子間相互作用などがあればこの限りではない）．

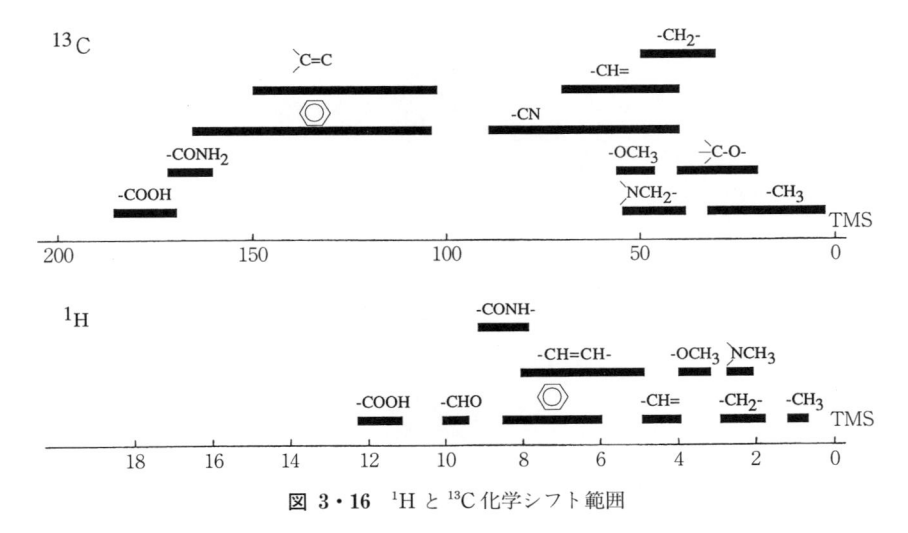

図 3・16　^{1}H と ^{13}C 化学シフト範囲

3・5・4　スピン-スピン結合

　結合電子を介在した核スピンの間のスピン-スピン相互作用をスピン-スピン結合 (spin-spin coupling) またはスピン結合といい，このためシグナルが分裂する．その分裂（スピン結合）の大きさはスピン-スピン結合定数 (spin-spin coupling constant) あるいはスピン結合定数 (spin coupling constant) といい J で表される．J（Hz単位で表す）は化学シフトとともに構造決定における重要なパラメーターであるが，化学シフトとは異なり，外部磁場の大きさには関係なく一定である．なお，J の値と構造との関係については膨大な量のデータが集められている（$^N J_{XY}$ で表し，N は核 X と Y が介している結合数である）．

　スピン量子数 I の等価な n 個の核とスピン結合すると，シグナルは $(2nI+1)$ 本に分裂する．n 個の等価な ^{1}H とスピン結合すると $(n+1)$ 本に分裂し，その強度比は $(a+b)^n$ の展開式の係数比になる簡単なパターンとなる．このようなスピン結合を一次のスピン結合といい，化学シフト差が J に比べて十分大きい場合にみられるが，化学シフト差が小さくなると複雑なパターンを示すようになる（高次のスピン結合という）．

　図 3・17 に ^{1}H-^{1}H の一次のスピン結合によるシグナルの分裂パターンを示す．隣接 ^{1}H がない場合は，共鳴核の ^{1}H のスピンが磁場と平行な状態および逆平行の状態と

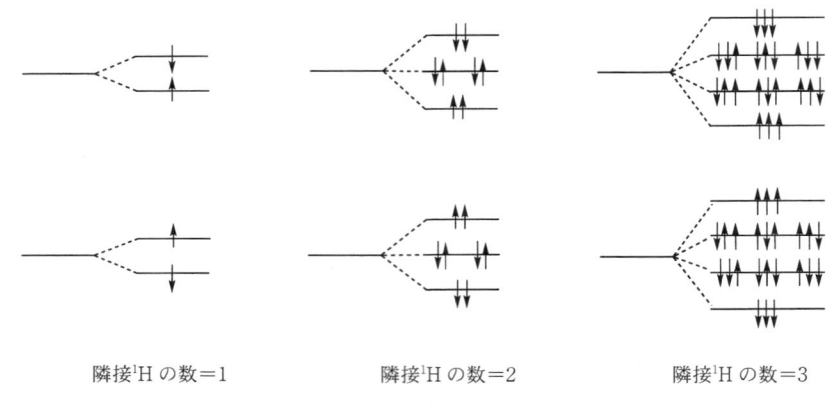

隣接¹H の数＝1　　　　　隣接¹H の数＝2　　　　　隣接¹H の数＝3

図 3・17 隣接 ¹H の数とエネルギー準位

もエネルギー準位は分裂していないため，観測されるシグナルは一重線（singlet）として現れる．ところが，隣接 ¹H が一つあると，隣接 ¹H の核スピンの方向が磁場と平行か逆平行かによって，共鳴核の ¹H のエネルギー準位がわずかに二つに分裂する（両状態は確率的に等しい）．吸収が起こるのは，隣接 ¹H の核スピンの方向が同じ準位間であるため，観測されるシグナルは等しい強度の二重線（doublet）となる．さらに，等価な隣接 ¹H が二つ，三つあると，エネルギー準位はそれぞれ三つ，四つに分裂する．その結果，観測されるシグナルはそれぞれ強度比が 1：2：1 の三重線（triplet），強度比が 1：3：3：1 の四重線（quartet）となる．

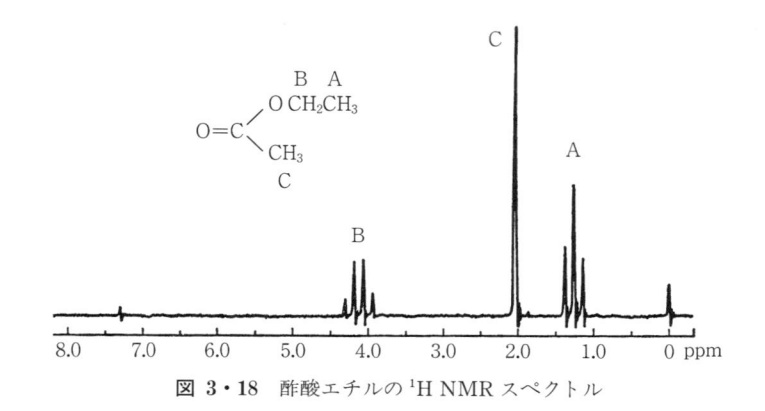

図 3・18 酢酸エチルの ¹H NMR スペクトル

例として，図3・18に酢酸エチルの ^{1}H NMR スペクトルを示す．エチル基の CH$_3$ プロトンがもっとも高磁場側（1.25 ppm）に現れ，CH$_2$ プロトンにより三重線となっている．一方，アセチル基の CH$_3$ プロトンは隣接するカルボニル基のため 2.03 ppm と低磁場側に現れている．また，CH$_2$ プロトンは 4.12 ppm に四重線で現れる．

3・5・5　^{13}C NMR

天然存在比は，^{1}H が 99.985% であるのに対し，^{13}C は 1.108% と少ないために，^{13}C NMR は ^{1}H NMR に比べて感度的に非常に低い．また，炭素の多くが有機化合物において ^{1}H と結合しているため，前項で述べたように ^{1}H とのスピン結合によりシグナルが分裂し（CH，CH$_2$，CH$_3$ のシグナルはそれぞれ 2, 3, 4 本に），SN 比の悪い複雑なスペクトルとなる．

したがって，^{1}H とのスピン結合をなくす（スピンデカップリング）ため，^{1}H の共鳴周波数を照射しながら ^{13}C NMR の測定を行う二重共鳴の方法がとられている．これにより ^{13}C シグナルはすべて一重線として観測され，スペクトルは単純化される．また，FT-NMR 装置で繰り返し測定して積算することにより感度を稼ぐとともに，SN 比のよいスペクトルが得られている．

スピンデカップリングには，① 完全スピンデカップリング法，② オフレゾナンススピンデカップリング法，③ 選択スピンデカップリング法があり，^{1}H とのスピン結合をすべて消滅させた①が通常の測定法である．②の方法は直接結合している ^{1}H とのスピン結合のみ現れるので，炭素に結合している ^{1}H 数がわかる．また，③は特定の ^{1}H とのスピン結合だけをなくす方法である．

3・5・6　固体 NMR

溶液中では分子は迅速に無秩序に運動しているためシグナルはシャープになるが，同じ方法で固体試料を測定すると幅広いシグナルとなってしまう．しかし，クロスポーラリゼーションマジック角回転[*1]（cross-polarization magic-angle spinning, CPMAS）法により，溶液試料と同様の固体高分解能 NMR スペクトルの測定が可能となり，固体の構造に関する情報が得られるようになった．例として，図3・19に D-イ

[*1] 大量に存在するスピンとの交差分極を利用して感度を上げ，試料を外部磁場に対して 54°44′（マジック角）傾いた軸のまわりに回転させて化学シフトの異方性をなくし，液体とほとんど変わらない高分解能スペクトルを得る方法．

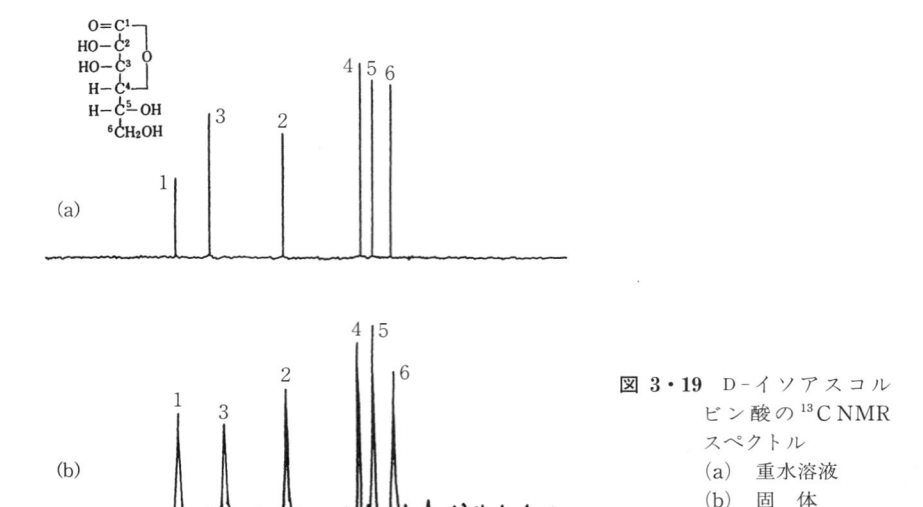

図 3・19 D-イソアスコルビン酸の ^{13}C NMR スペクトル
(a) 重水溶液
(b) 固体
［日本電子(株)の資料］

ソアスコルビン酸の固体 ^{13}C NMR スペクトルを重水溶液中での ^{13}C NMR スペクトルとともに示す．

3・5・7 応 用

通常，^{1}H NMR ではシグナル強度比が ^{1}H 数の比になるので，そのシグナル中にある ^{1}H 数が推定できる．また，化学シフトとスピン結合からどのようなタイプの ^{1}H であるかが推定できる．なお，構造の複雑な化合物の場合には，高磁場 NMR，二次元 NMR などの手法を用いることにより帰属が容易になる．

通常，^{13}C NMR では完全スピンデカップリングしてあるので，^{1}H とのみ結合している ^{13}C はすべて 1 本のシグナルとして現れ，さらにシグナル強度比は ^{13}C 数の比にならないので，シグナル強度比から炭素数を決定することはできない．何個の ^{1}H が結合しているかがわかると，帰属に非常に有利となるため，以前はオフレゾナンススピンデカップリング法が用いられていたが，最近ではパルス系列の発展による新しい手法が用いられるようになっている．

体内の水や脂肪などの中に含まれている ^{1}H の NMR を利用した断層撮影法，磁気共鳴映像法（magnetic resonance imazing, MRI）があり，現在臨床診断によく用い

られている．

3・6　電子スピン共鳴分光法

　前節のNMRは磁気モーメントをもつ核の磁場中での電磁波（ラジオ波）の吸収，放射現象であるが，電子スピン共鳴（electron spin resonance, ESR）は不対電子をもつ分子，原子，遊離基などの常磁性化学種（スピン量子数，S）の磁場中での電磁波（マイクロ波）の吸収，放射現象である．このように，NMRとESRは対象が異なるが，原理的にはまったく同じである．しかし，常磁性化学種が対象となるため，ESRの適用範囲はNMRに比べると限定されるが，電子状態，構造決定などに最有力な手法である．

3・6・1　原　理

　NMRの原理の核スピンを電子スピンに置き換えればESRの原理を定性的に説明することができる．ただし，電子は核と電荷の符号が異なるため，電子スピンとそれにより生じる磁気モーメントの向きが逆になる（核の場合は同じ方向）．さて，不対電子を1個しか含まない常磁性化学種（$S=1/2$）に外部磁場（H_0）をかけると，不対電子の磁気モーメント（μ_e）は磁場と平行（スピンは磁場と逆平行）な低エネルギー状態（$E=-\mu_e H_0$）と磁気モーメントが磁場と逆平行（スピンは磁場と平行）な高エネルギー状態（$E=\mu_e H_0$）に配向し，このエネルギー差 $\Delta E=2\mu_e H_0=h\nu$ に相当する電磁波（周波数 ν）を照射すると吸収（共鳴）が起こる．

　吸収される電磁波の周波数と外部磁場との間には次式の関係がある．

$$h\nu = g\beta H_0$$

ここで，βはボーア磁子とよばれる定数，gはg値とよばれ磁気モーメントの大きさを示すパラメーターで，g値の違いによって常磁性化学種を識別できる．

　不対電子を複数個含む$S \geq 1$の場合には，外部磁場が存在しない状態でも電子スピン間の相互作用によりエネルギー準位が分裂（ゼロ磁場分裂）しており，これがESRスペクトルにシグナルの分裂として観測される．これを微細構造（fine structure）といい，等強度のシグナルとなる．

　常磁性化学種の構成原子中に核スピンIをもつ原子が存在すると，不対電子スピンと核スピン間の相互作用によりエネルギー準位が$2I+1$本に分裂する．これを超微細

構造(hyperfine structure)という．等価な n 個の ^{1}H と相互作用すると $(n+1)$ 本に分裂し，その強度比は $(a+b)^n$ の展開式の係数比になる．

3・6・2 装 置

NMR の装置と同様に，連続波法(CW)とパルス法の ESR 装置が用いられている．現在，複雑なパルス系列を用いて，特定の情報のみを引き出そうとする例が増えつつある．

図 3・20 に CW-ESR 装置の概念図を示す．磁場の中心におかれた共振器(cavity)中の試料にマイクロ波を照射し，検波器で検出している．ESR シグナルの検出感度を上げるために，磁場 H_0 を中心に変調磁場をかけ，吸収線の一次微分曲線の形で検出している(図 3・21)．

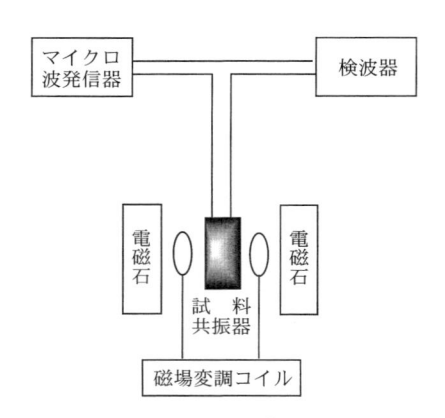

図 3・20 CW-ESR 装置の概念図

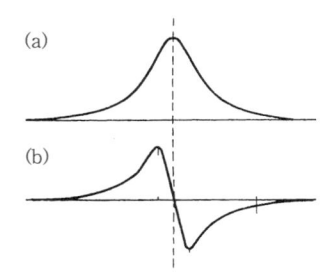

図 3・21 ESR シグナルの形
(a) 吸収 (b) 一次微分

3・6・3 スペクトルの例と応用

図 3・22 にメチルラジカルおよびベンゼンアニオンの ESR スペクトルを示すが，^{1}H の核スピンとの相互作用による超微細構造が認められる．

すでに述べたように，ESR の対象は不対電子をもつ系に限定されるが，NMR に比べて感度ははるかに高い(電子のほうが核より磁気モーメントが大きいため)．それゆえ，複雑な系，低濃度の系(ラジカル，不純物，欠陥など)などに適用でき，微量成

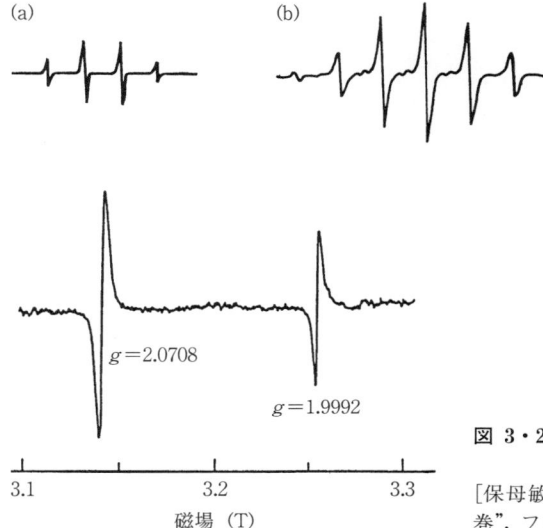

図 3・22 ESR スペクトルの例
(a) メチルラジカル (b) ベンゼンアニオン

図 3・23 シリコンの熱処理後の ESR スペクトル
[保母敏行監修, "高純度化技術大系 第 1 巻", フジ・テクノシステム(1996), p. 386]

分に関する情報が得られる.

たとえば, 半導体のドナー原子やアクセプター原子の状態, ダングリングボンド, 処理中に生じる欠陥や導入した不純物などに関する情報が得られ, 半導体研究に大きな寄与をしている. また, 高分子の重合過程, 延伸やせん断などの機械的加工, 熱, 光や放射線によるラジカル生成機構や物性の研究にも多用されている. 一例として, 図 3・23 にシリコン半導体を高温 (1200°C) から急冷し, 77 K で測定したときの ESR スペクトルを示す. 解析の結果, $g=1.9992$ のシグナルは表面のダメージに, また $g=2.0708$ のシグナルは熱処理中に侵入した不純物の Fe^0 によるものと帰属された.

3・7 熱分析法

熱分析 (thermal analysis) 法は, 物質の物理的, 化学的性質の温度依存性を調べる方法の総称で, 表 3・3 に示すような種々の方法がある. 分析対象は主に固体試料(不均一系) であり, 再現性のよい結果を得るには試料の粒度, 形状, 量および充塡の仕方ならびに昇温速度や雰囲気などの測定条件をそろえなければならない. この点が液体を分析対象とする分析法に比べて面倒といえるが, 得られる情報は, 溶媒の影響を

表 3・3 熱分析法の種類

名　称（略称）	装　置（付属装置）	得られる情報と記録
熱重量測定（TG）	熱てんびん	質量変化　　　　　TG 曲線
微分熱重量測定（DTG）	熱てんびん	質量変化の一次微分　DTG 曲線
示差熱分析（DTA）	示差熱分析装置	標準物質との温度差　DTA 曲線
示差走査熱量測定（DSC）	示差走査熱量測定装置	反応熱　　　　　　DSC 曲線
発生気体分析（DGA）	（MS，GC）	揮発性物質の性質と量
熱機械分析（TME）	熱膨張計	膨張係数　　　　　TME 曲線
動的反射スペクトル法（DRS）	（分光光度計）	反射率
熱刺激電流（TSC）	（ブリッジ）	電気抵抗　　　　　TSC 曲線

MS：質量分析計，GC：ガスクロマトグラフ．

受けることなく，無機および有機材料の熱的性質（物質の相変化あるいは熱分解反応や置換反応に伴う質量，熱量，抵抗ならびに反射率の変化など）を直接的に反映している．ここでは一般によく用いられる熱重量測定（thermogravimetry），示差熱分析（differential thermal analysis）および示差走査熱量測定（differential scanning calorimetry）を概観する．

3・7・1　熱重量測定

熱重量測定（TG）は，一定速度で昇温加熱しながら試料の質量変化を連続的に測定する方法で，温度あるいは時間に対して質量変化が TG 曲線として記録される．

TG 曲線からは，① 結晶水，構造水，吸着水や付着水の量，② 有機ならびに無機材料の熱的性質，③ 純度決定，④ 熱分解をはじめ種々の熱反応の速度論的解析，⑤ 混合物の分析，に役立つ情報が得られる．

3・7・2　示差熱分析と示差走査熱量測定

示差熱分析（DTA）は，熱的に安定な基準物質（通常 α-Al_2O_3 を用いる）と試料とを同時に一定速度で昇温加熱し，その際に生じる両者の温度差を測定する方法であり，温度あるいは時間に対して温度差の変化が DTA 曲線として記録される．一方，示差走査熱量測定（DSC）は，試料と基準物質との温度差を常にゼロに保つように試料ホルダー下部の熱量補償ヒーターで熱を加える方法で，温度あるいは時間に対して要したエネルギーが DSC 曲線として記録される．DSC 曲線は DTA 曲線と類似しているが，DSC の方が DTA に比べて再現性，分解能において優れるとともに反応熱の測定に適

表 3・4 TG-DSC 測定で観察される質量ならびに熱変化

物理的変化	質量変化	熱変化		化学的変化	質量変化	熱変化	
		吸熱	発熱			吸熱	発熱
結晶転位	×	○	○	化学吸着	+		○
融解(凝固)	×	○	(○)	結晶水などの脱離	−	○	
気化(液化)	×	○	(○)	熱分解	−	○	○
昇華	−	○		酸化還元反応	−または+	○	○
吸着(脱着)	+(−)	(○)	○	置換反応	−または+	○	○

質量変化：− 減少，+ 増加．

している．DTA 曲線からは，① 比熱測定や純度決定，② 熱分解反応の反応過程，速度論的解析，反応機構の解明，に役立つ情報が得られる．なお，TG 曲線に変化がある場合，それに対応して必ず吸熱あるいは発熱ピークが現れる．また，結晶の融解や転移などの相変化が起こる場合は，TG 曲線に変化がみられないが，DTA 曲線に吸熱あるいは発熱ピークが現れる．このため，熱的性質の未知の物質について DTA, DSC 単独で測定することはほとんどなく，一般的には TG-DTA (TG-DSC) 同時測定が行われる．

3・7・3 TG-DSC 曲線の見方

結晶硫酸銅 ($CuSO_4 \cdot 5H_2O$) について TG-DSC 同時測定を行った結果を図 3・24 に示す．TG 曲線には 3 段階の質量減少(%)が観察される．各段階の質量変化は 14.5%，14.4%，7.2% であり，$CuSO_4 \cdot 5H_2O$ から 2 分子の H_2O が 2 段階に解離し，ついで 1 分子の H_2O が脱離するとした組成式からの計算値とよく一致する．また，$CuSO_4 \cdot 5H_2O$ は 75°C 付近まで熱的に安定に存在するが，第 1 段の熱分解生成物 ($CuSO_4 \cdot 3H_2O$) は不安定で第 2 段の熱分解生成物 ($CuSO_4 \cdot H_2O$) となり，生じた $CuSO_4 \cdot H_2O$ は 225°C 付近まで分解しないこともわかる．これらの結果から，次式に示す熱分解反応(配位水の熱解離反応)を経て $CuSO_4 \cdot 5H_2O$ が $CuSO_4$ に変化すると予想される．しかし，赤外分光法，粉末 X 線回折法など他の分析法で熱分解前後の試料を調べなければ熱分解過程を断定することはできない．

$CuSO_4 \cdot 5H_2O \longrightarrow CuSO_4 \cdot 3H_2O + 2H_2O \uparrow$　　　(75〜105°C 付近)

$CuSO_4 \cdot 3H_2O \longrightarrow CuSO_4 \cdot H_2O + 2H_2O \uparrow$　　　(105〜130°C 付近)

$CuSO_4 \cdot H_2O \longrightarrow CuSO_4 + H_2O \uparrow$　　　(225〜260°C 付近)

一方，質量変化に対応して DSC 曲線に現れる三つの吸熱ピークから各反応のエン

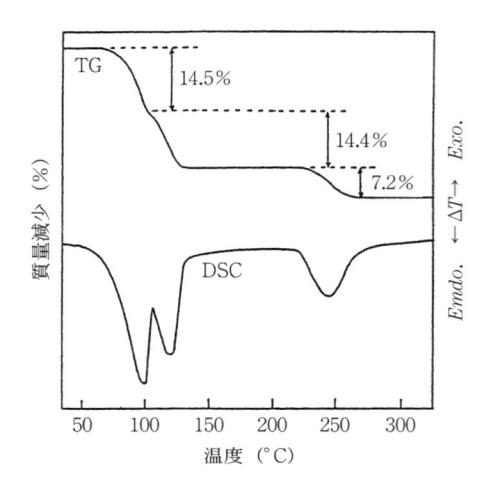

図 3・24 $CuSO_4 \cdot 5H_2O$ の熱分析結果
昇温速度：$10°C\,min^{-1}$，空気流中：$10\,mL\,min^{-1}$

タルピー変化が求められる．この場合の熱分解過程が妥当であるならば，前2者のピーク面積の合計は4分子の H_2O が銅から解離して系外に逸散するエンタルピー変化に，また，250°C 付近のピーク面積は硫酸イオンに配位する1分子の H_2O が解離して系外に逸散するエンタルピー変化に相当する．

3・7・4 応用例

熱分析法は，定性分析や定量分析に適した分析法といえないが，有機，無機ならびに高分子材料から天然物，生体材料や複合材料に至るまで物質のキャラクタリゼーションが可能である．

4

電気化学分析と化学センサー

　電気化学分析法は溶液中の化学種を電気化学的手法により解析する方法で，電位 (E) あるいは電流 (i) を制御し，溶液中の化学種の活量の変化に対応する電流，電位，電気量などを測定する．電位と電流の関係を定量的に調べるには，通常両者のどちらか一方を一定の値に規制して，他方の変化が測定される．

4・1　ポテンシオメトリー（電位差測定分析法）

4・1・1　原　理

　溶液中に分析目的イオンに感応する電極（指示電極）と目的イオンの濃度に無関係に一定電位を示す電極（参照電極）とを浸し，一つの電気化学セル（電池）を構成し，この両電極間の電位差を測定する．観測される電位は参照電極の値を基準として表す．測定される電位 (E) は，$E=\{E(i)-E(r)\}+E(j)$ で表され，$E(i)$ は指示電極の電位で溶液の組成に依存する．$E(r)$ は参照電極の電位で溶液の組成には依存せず一定の電位をもつ．$E(j)$ は液間電位差とよばれ，異なる組成をもつ電解質溶液が接したとき，その界面で生ずる電位差である．図 4・1 のように適当な電解質を高濃度に含む塩橋を用いることによって液間電位差を減らすことができる．

　指示電極の例として pH 測定に用いられるガラス電極を図示する（図 4・2）．先端部分はガラス膜（0.2 mm 程度の厚み）からできており，その内側には水素イオン濃度が

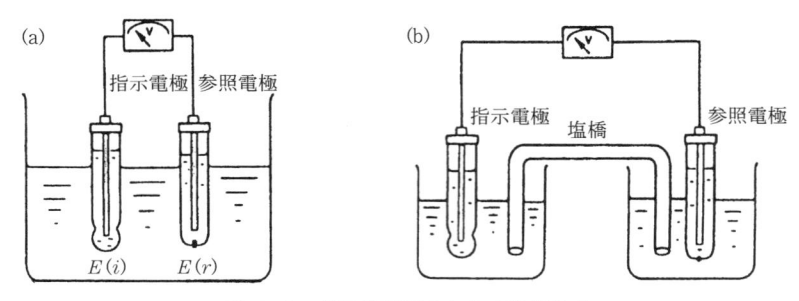

図 4・1 電位差測定のための基本構成
[日本分析化学会編，"機器分析ガイドブック"，丸善（1996），p. 392]

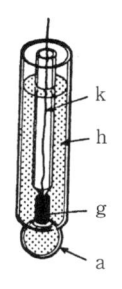

a：ガラス膜，g：内部電極，h：内部液，k：リード線
図 4・2 ガラス電極の模式図
[庄野利之，脇田久伸編著，"入門機器分析化学"，三共出版（1988），p. 221]

一定の溶液（内部液）が入っている．内部液には銀-塩化銀電極のような内部電極がおかれている．試料溶液側の水素イオンの活量が変わるとガラス膜の両面に発生する起電力が変化する．通常のガラス電極は高濃度のアルカリ中では共存する Na^+ などがガラス膜に取り込まれるために，アルカリ誤差を生ずる．

参照電極については1編表7・2を参照されたい．

ダニエル電池の亜鉛極あるいは銅極のように金属イオン M^{n+} の溶液中に同種の金属の棒 M を浸した系について考える．金属原子は溶液中にイオンとなって溶け出す傾向を示す．すなわち，金属 M は酸化されて M^{n+} となり，金属棒上に電子を放出する．一方，溶液中のイオン M^{n+} は金属上に原子として析出する傾向を示す．すなわち，M^{n+} は電子を受け取り還元される．このときの反応は次式で示される．

$$M^{n+} + ne^- \rightleftharpoons M$$

この酸化還元反応が平衡状態に達したとき，金属棒は溶液に対してある一定の電位（電

極電位),$E_{M,M^{n+}}$ を示す.この式をネルンストの式といい,

$$E_{M,M^{n+}} = E°_{M,M^{n+}} + \frac{RT}{nF} \ln \frac{a_{M^{n+}}}{[M]}$$

$E°_{M,M^{n+}}$ はこの系の標準酸化還元電位,R は気体定数,T は絶対温度,n は反応に関与する電子数,F はファラデー定数である.このような系を半電池 (half cell) という.

4・1・2 応 用

水溶液のpHは水素イオン(H^+)の活量 a_{H^+} を用いて,pH $= -\log a_{H^+} = -\log f_{H^+}[H^+]$ と定義される.f_{H^+} は H^+ の活量係数である.ガラス電極によるpHの測定は一定組成のガラス薄膜を水素イオンが選択的に透過することに基づいている.ガラス電極は前述したようにガラス膜内に内部液としてpH既知の溶液 $[H^+]_1$ を入れ,これに内部電極として参照電極(1)を浸してある.このガラス電極ともう一つの参照電極(2)とをpH測定用溶液 $[H^+]_2$ に浸し,次のような電池を構成する.

参照電極(1)|$[H^+]_1$ ⋮ $[H^+]_2$‖参照電極(2),ここでは ⋮ はガラス薄膜を表している.膜の両側の水素イオン濃度が異なるとき,水素イオンがこのガラス薄膜を選択的に透過・拡散することから一種の濃淡電池が構成され,膜電位 E_g が生じる.

$$E_g = 0.0591 \log[H^+]_1/[H^+]_2 \quad (25°C)$$

このときの電池の起電力は次式で表される.

$$E = (E_1 - E_2) + 0.0591 \log[H^+]_1/[H^+]_2 + E_a$$

ここで,E_1 はガラス電極内の参照電極(1)の電位,E_2 は外部参照電極(2)の電位で,E_a は測定系の液間電位差である.これらは一定とみなせるので,$[H^+]_1$ も一定であるからこれを const とおくと,

$$E = E_{const} + 0.0591 \log \frac{1}{[H^+]_2} = E_{const} + 0.0591 \, pH$$

水素イオンの活量 a_{H^+} と活量係数は正確には実測できないので,0.05 M のフタル酸水素カリウムの溶液の15℃におけるpHを4.000とし,これを標準としてpHを測定する方法が採用されている.

4・2 電位差滴定

適当な指示電極と参照電極とを測定液に浸し,滴定液を添加しながら測定液の電位差を測定し,滴下液と電位差とのプロットから当量点を求め,測定液中の目的成分の濃度を決定する方法で,酸塩基滴定,酸化還元滴定,沈殿滴定,キレート滴定などに応用される.例として,ヨウ素によるチオ硫酸ナトリウムの酸化還元電位差滴定を示す.ヨウ素(酸化剤)はチオ硫酸ナトリウム(還元剤)と次式のように反応する.

$$I_2 + 2\,Na_2S_2O_3 \longrightarrow Na_2S_4O_6 + 2\,NaI$$

グラフ用紙の縦軸に電位の読みを,横軸に滴下量をとって測定値をプロットすると図4・3のような滴定曲線が得られる.この滴定曲線の変曲点が終点であるが,正確な終点は終点付近の測定値について滴定液の 0.02 mL 当りの電位変化 $\Delta E/\Delta V$ を求め,$\Delta E/\Delta V$ を縦軸に,滴下量を横軸にとって滴定曲線の示差曲線をつくり,示差曲線の極大点から求められる(図4・3).

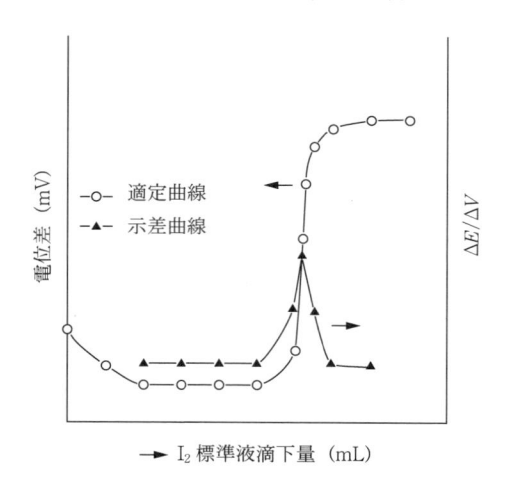

図 4・3 ヨウ素によるチオ硫酸ナトリウムの酸化還元電位差滴定(p.68 参照)

4・3 ボルタンメトリー

ボルタンメトリーでは電極に加える電圧(または電流)を時間とともに変化させ,そのとき電極で起こる反応に基づく電流(または電圧)を測定する.その関係は電流-

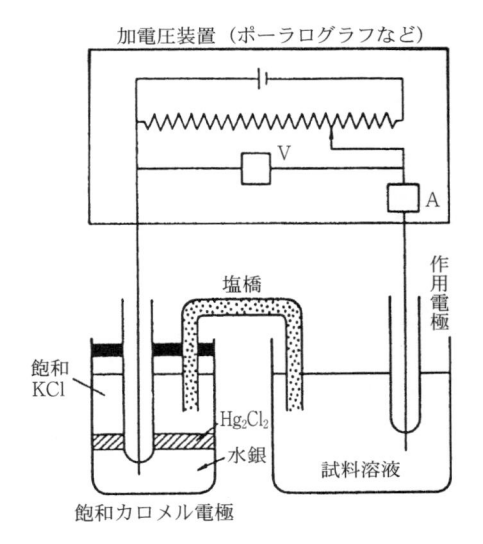

図 4・4 ボルタンメトリーに用いる測定装置
飽和カロメル電極は対極と参照電極を兼ねる．
V：電圧計，A：電流計．
[長谷部 清, 蠟崎悌司, ぶんせき, **1988**, 550]

電位曲線（ボルタモグラム）とよばれる．基本的な構成を図4・4に示す．

電解質溶液に2本の電極を挿入し，電極間に外部から電圧を印加して目的物質を電気分解する．このとき電極の一方で分析目的成分（復極剤という）が電気分解されるのでこれを作用電極，他方を対極とよぶ．一般に対極の面積は作用電極より十分大きいことが必要である．作用電極として滴下水銀電極を用いる方法はJ. Heyrovskyと志方益三によって創始されたもので，ポーラログラフィーとよばれる．この方法は，現在では直流ポーラログラフィーといわれ，さらに交流ポーラログラフィー，サイクリックボルタンメトリーなどの方法へ発展している．

4・4 化学センサー

4・4・1 バイオセンサーの原理

人間の舌の細胞には味を認識するレセプター物質があり，たとえば酸味物質とレセプターとの結合が細胞膜の電位変化を起こし，脳神経へ酸味の情報として伝送される．こうした生体の感覚メカニズムを模倣して，人工のバイオセンサーが数多く考案された．図4・5はバイオセンサーの原理を示したもので，生体機能膜で分子を認識して，化学物質，熱，光などの情報を電気信号に変換するトランスデューサーが組み込まれ

図 4・5 バイオセンサーの原理
［日本分析化学会編,"機器分析ガイドブック",丸善 (1996), p. 413］

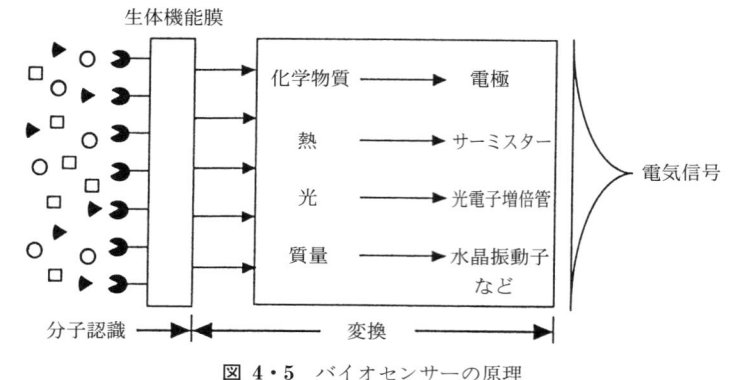

ている．市販されているバイオセンサーには，グルコースや乳酸などの濃度を測定するために酵素と電気化学デバイスを組み合わせたもの，BOD センサーとして微生物と酵素電極を組み合わせたものなど表 4・1 に示したような各種のものが知られている．

4・4・2　グルコースセンサー

　バイオセンサーのトランスデューサーには酸素電極を使用する場合が多い．グルコースセンサーでは，酵素反応で消費される酸素の減少量を酸素電極で測定する．センサーは酸素電極のガス透過膜上にグルコースオキシダーゼが固定化され，これがさらに半透膜で覆われている．すなわち，測定溶液中の溶存酸素がガス透過膜($10 \sim 20$ μm 厚のテフロン系膜，シリコン膜など）を透過すると，カソード（酵素電極）表面で電気化学的に還元され（アノードでは鉛電極の酸化反応が進む），このときの電流は酸素分圧に比例することから酸素濃度が測定できる．溶液中にグルコースを加えると，半透膜を透過したグルコースが酵素固定化膜中で次の酵素反応を起こす．

$$C_6H_{12}O_6 + O_2 \longrightarrow C_6H_{10}O_6 + H_2O_2$$

このため酸素電極への酸素の供給量が減少し，出力は低下する．グルコースや酸素の拡散が定常状態になると出力は一定値をとるので，グルコース添加前の定常値との差を電圧に変換して記録する．

表 4・1 酵素センサーで測定可能な物質

測定対象	生体試料	トランスデューサー
グルコース	グルコース酸化酵素	酸素電極, 過酸化水素電極
	ピラノース酸化酵素	酸素電極
ガラクトース	ガラクトース酸化酵素	過酸化水素電極
ラクトース	β-ガラクトシラーゼおよびグルコース酸化酵素	酸素電極
スクロース	インベルターゼ, ムタロターゼおよびグルコース酸化酵素	過酸化水素電極
	インベルターゼおよびピラノース酸化酵素	酸素電極
デンプン	アミログルコシダーゼおよびグルコース酸化酵素	酸素電極
L-乳酸	乳酸酸化酵素	酸素電極, 過酸化水素電極
	乳酸脱水素酵素	白金電極
ピルビン酸	ピルビン酸酸化酵素	酸素電極
	乳酸酸化酵素および乳酸脱水素酵素	
アスコルビン酸	アスコルビン酸酸化酵素	酸素電極
アルコール	アルコール酸化酵素	酸素電極, 過酸化水素電極
L-アミノ酸	L-アミノ酸酸化酵素	酸素電極
L-リジン	L-リジン酸化酵素	酸素電極
L-グルタミン酸	L-グルタミン酸酸化酵素	酸素電極
尿素	ウレアーゼ	アンモニアガス電極
尿素	ウリカーゼ	過酸化水素電極
コリン	コリン酸化酵素	過酸化水素電極
グリセロール	グリセロキナーゼおよびグリセロール3-リン酸酸化酵素	過酸化水素電極

[日本分析化学会編,"機器分析ガイドブック",丸善(1996), p.421]

4・4・3 イオンセンサー

イオンセンサーは溶液中の特定イオンに選択的に感応し,そのイオンの活量(濃度)を測定するためのセンサーで,主として電位差検出に基づくイオン選択性電極(図4・6)をいう.その形式はガラス膜電極に代表されるような固体膜電極と,種々のイオン活性物質を含む液体膜電極とに分けることができる.イオン選択性電極においては新しいイオン活性物質の研究が盛んに行われているが,その一つにニュートラルキャリヤーとよばれる多種類の化合物がある.図4・7に示した構造の化合物は,いずれも分子内の酸素原子が陽イオンとのイオン-双極子相互作用によって錯体形成に寄与し,錯

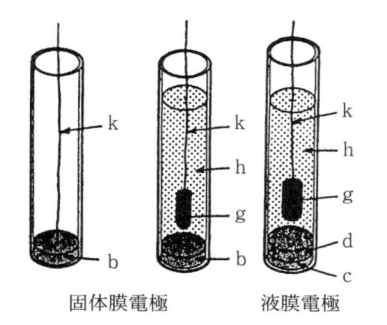

図 4・6　イオン電極の模式図
　　　　　b：固体膜，c：多孔質膜，d：イオン交換液膜，
　　　　　g：内部電極，h：内部液，k：リード線
[庄野利之，脇田久伸編著，"入門機器分析化学"，三共出版（1998），p.221]

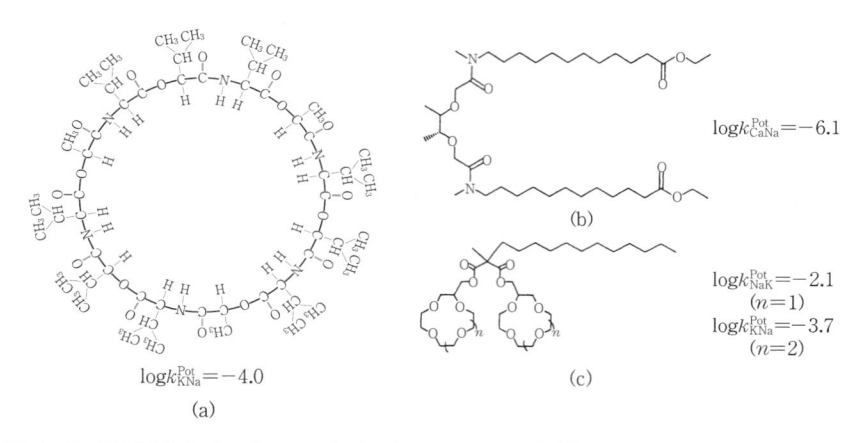

図 4・7　実用化されているニュートラルキャリヤーと選択係数
　　(a)　バリノマイシン（valinomycin）　　(b)　ETH 1001　　(c)　ビス（クラウンエーテル）
[計測自動制御学会編，"計測制御技術辞典"，丸善（1995），p.81]

体分子はその外側が疎水性基で覆われる構造となるために脂溶性を示す特徴をもっている．イオン電極の電位（E_i）は Nikolsky-Eisenman の式で与えられる．

$$E_i = E_0 + S' \log\{a_i + k_{ij}^{Pot}(a_j^{z_i/z_j})\}$$

ここで，S' はネルンスト係数とよばれる．測定対象イオン I^{z_i+} の活量を a_i とし，a_j は共存する同符号電荷の J^{z_j+} の活量，k_{ij}^{Pot} は選択係数を表している．k_{ij}^{Pot} の値が小さいほど I^{z_i+} イオンに対する選択性は優れている．ニュートラルキャリヤーを陽イオン活性物質としてイオンセンサーに用いる場合には，イオン活性物質をポリ塩化ビニル，シリコーンゴムなどのプラスチック膜（イオン交換液膜）に可塑剤などの有機溶媒ととも

もに分散溶解させた電極が利用されている。これらの電極によるイオンの濃度の測定はガラス電極の場合と同様で，イオン電極と参照電極を試料溶液に浸し，両極間の電位差 E_1 を測定する。電極の構成は次の通りである。

内部電極｜内部液｜プラスチック膜｜試料溶液｜外部参照電極

内部液は測定対象イオンと同じイオンの一定濃度の溶液で，内部電極には銀-塩化銀電極やカロメル電極，外部参照電極にはカロメル電極がよく利用される。

4・4・4 医用オートアナライザー

　医用オートアナライザー (clinical autoanalyzer) は血液臨床化学自動分析装置 (生化学自動分析装置) とよばれ，患者の血液中成分を自動的に同時分析する装置をいう。通常の医用オートアナライザーでは，糖，尿素窒素，クレアチニン，尿酸，脂質 (コレステロール，中性脂肪)，電解質 (ナトリウム，カリウム，カルシウム，微量金属，塩素イオン)，酵素 (トランスアミラーゼ，アミラーゼ)，ホルモンなどが測定され，測定方式にはディスクリート方式(分離独立方式)，フロー方式，フィルム方式などがある。臨床化学分析の特徴は非常に複雑な組成の体液を試料として，その中の特定の成分の含有量を迅速，正確に測定することにある。そのために，本書の中に述べられている紫外・可視吸光光度法あるいは蛍光光度法などの光学的な方法とバイオセンサー，イオンセンサーなどの電気化学分析法，さらにはイムノアッセイを用いるホルモンの分析法などが組み合わされて装置化されている。処理能力は 100～300 検体/時間のものが多い。

5

表面分析

5・1 電子プローブマイクロアナリシス

　電子プローブマイクロアナリシス（electron probe microanalysis, EPMA）は固体試料の局所元素分析法であり，試料中の原子番号 11 以上の元素の分布，成分の濃度勾配，マトリックス中の異物の同定などに広く使われている．

5・1・1　原　理

　集光された電子ビームを試料にあてると，電子は次のようなプロセスをたどってそのエネルギーを失う．① 反射電子：試料を構成する原子と衝突して試料表面から真空中に放出される．この場合はエネルギーは失われない．② 二次電子：衝突によりエネルギーの一部を失い，真空中に放出される．③ 吸収電子：試料中で衝突を繰り返してエネルギーのすべてを失う．②と③で失われたエネルギーの一部は試料を構成する原子の核外電子をその軌道からはじき出すのに使われ，ほかは熱および連続 X 線となる．核外電子をはじき出された原子は固有 X 線またはオージェ電子（図 2・19, p. 121 参照）を放射して緩和する．これは蛍光 X 線の場合と同様であるので 2・6 節を参照してほしい．試料表面から 1 μm 程度の深さから発生した X 線はあまり吸収されずに放出され，その波長は元素に固有なので元素を同定することができる．試料から放出された X 線の検出は分光結晶を使う波長分散方式または半導体検出器と波高分析器によ

るエネルギー分散方式を用いる．EPMA では蛍光 X 線に比べて X 線強度が小さいので分光結晶は湾曲したものを用い，大きい立体角で X 線を検出器上に集光する．EPMA の目的は顕微鏡で観察された像に対応する元素情報を得ることである．したがって，装置には光学顕微鏡，二次電子検出器，反射電子検出器などが組み込んであるのが普通である．光学顕微鏡では試料の色や外形を観察し，二次電子像は走査電子顕微鏡と同じで試料表面の凹凸像を示す．

5・1・2 装　置

波長分散型装置の概略を図 5・1 に示す．

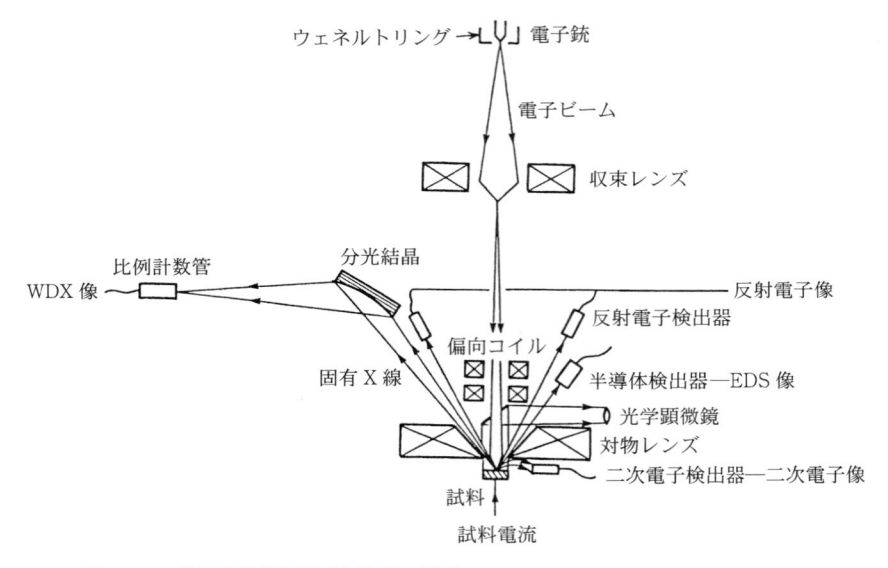

図 5・1　波長分散型 EPMA 装置の原理
　　WDX：波長分散型 X 線分光法，EDS：エネルギー分散型 X 線分光法
［日本分析化学会編，"機器分析ガイドブック"，丸善（1996），p. 489］

5・1・3 応用例

EPMA は微粒子，不均質材料中の微小領域，均質材料中の異物，表面付着物，変質部分の同定など主として無機物に関する広範な問題の解明に用いられる．応用例を表 5・1 に示す．

表 5・1　EPMA の応用例

金　属	析出相の同定，微量成分の相間分布，相間相互作用の測定，異物およびインクルージョンの同定，溶接層およびろうつけ層の組織および拡散の測定，表面処理層および表面硬化層の同定，腐食生成物の同定，腐食原因物質の検出，破壊および加工割れ原因解明，加工きず原因解明
化学，高分子，窯業	固体触媒キャラクタリゼーション，触媒毒の検出，製品中の異物やダストの同定および由来の追跡，セラミックス粒子の組成分布の測定，固相反応の進行状態のチェック，うわぐすり層の組成分析，ポリマー中残存触媒粒子の同定，ポリマー製品の点状欠陥の同定，糸切れ原因物質の同定
電　子	チップの欠陥調査，ダストの同定および由来の追跡，蒸着層組成分析，ディスク欠陥調査，磁性体や蛍光体の粒子組成分析，塗布層や蒸着層の面内点状欠陥の同定
鉱　物	岩石中鉱物組成分析，隕石の組成分析
環　境	粉じん源の特定，暴露表面付着物の同定，SS の同定，動植物器官組織中の蓄積物の検出
文化財	絵具や顔料の同定，金属の組成分析，金ばく痕跡の検出
その他	犯罪微小証拠品の同定および出所追跡，動物器官および組織中の金属蓄積の検出

［日本分析化学会編，"機器分析ガイドブック"，丸善（1996），p.504］

5・2　X 線光電子分光法

　電子分光法は固体表面に電子線，紫外線，X 線，イオンなどを照射して励起し，表面近傍から放出される電子のエネルギー分析を行う方法である．そのなかで X 線を試料に照射し，各軌道にある電子を真空中に放出させ，その運動エネルギーを測定する X 線光電子分光法（X-ray photoelectron spectroscopy, XPS）は表面の化学状態の解析に適している．

5・2・1　原　理

　一定のエネルギー（Mg の K_α 線 1253.6 eV，Al の K_α 線 1486.6 eV）を有する X 線により放出された光電子の運動エネルギー（E_{kin}），結合エネルギー（E_b）の間には次のような関係があるので，E_{kin} を電子分光器で測定することによって，物質のフェルミ準位基準の結合エネルギー（E_b）が測定される．

$E_b = E_{x-ray} - E_{kin} - \phi_{sp}$　（ϕ_{sp}は分光器の仕事関数[*1]でその装置特有の値である）

測定範囲は光源のエネルギーの大きさで定まるが，Al K_α 線では H から Mg までの 1 s 軌道，Li から Ge までの 2 s 軌道，K から Ce までの 3 s 軌道，Rb から U までの 4 s 軌道，Cs から Br ($Z=97$) におよぶ 5 s 軌道を測定できる．もちろん，これより浅い軌道に属する電子の測定は常に可能なので，Al K_α 線によりすべての元素の内殻ならびに最外殻電子の測定ができる．

5・2・2　装　置

XPS の装置は図 5・2 のように光源部，試料，電子エネルギー分析部，検出器，計数系からなり，一般に 10^{-7} mmHg 以下の高真空で測定が行われる．

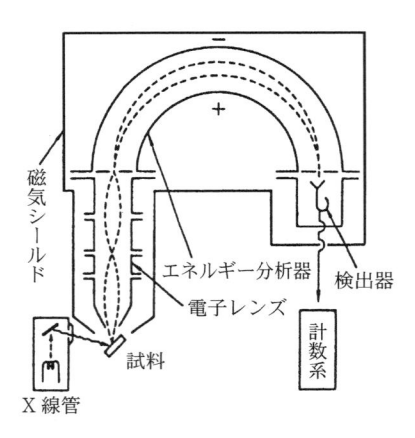

図 5・2　XPS 測定の概念図
[二瓶好正，ぶんせき，**1987**，841]

5・2・3　化学シフト

元素は結合状態によって結合エネルギーが異なるので，XPS スペクトルには化学シフトが現れる．そのために，XPS は ESCA (electron spectroscopy for chemical analysis) ともよばれている．ここでは有機分子中の炭素 (C_{1s}) の化学シフト (図 5・3) と無機元素の酸化状態の差による化学シフトを表示 (表 5・2) した．

[*1]　仕事関数：結晶表面から 1 個の電子を表面のすぐ外側にとり出すのに必要な最小のエネルギー，金属では仕事関数は電子親和力と一致する．

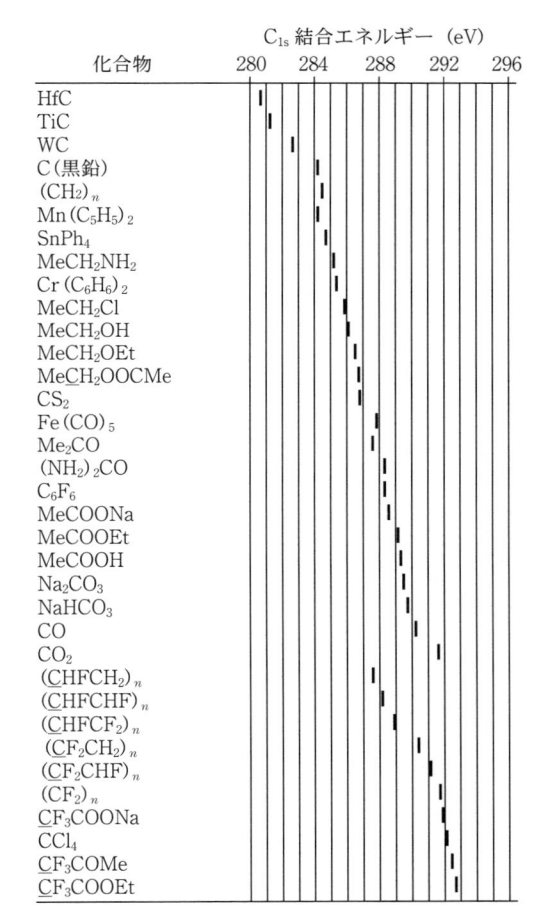

図 5・3 C_{1s} スペクトルの化学シフト
[二瓶好正, ぶんせき, **1987** (12), 838]

5・2・4 XPS の特徴と応用

XPS の特徴をまとめると次の通りである. ① 試料の表面より数～数十 Å のきわめて浅い固体表層の元素分析である. ② 分析感度は原子濃度として 0.1% 程度, ③ 化学シフトは各元素の結合状態, 酸化状態を表す. ④ 一次線照射による試料損傷が少なく, 非破壊分析である. ⑤ 面方向空間分解能は 150～250 μmφ 程度の微小領域である. これらの特徴を利用すると, ① 固体表面への吸着, 脱着, 拡散, 反応など表面科学的な解析への応用, ② 表面の酸化, 腐食, 付着, 接着, 改質など材料表面の解析, ③ 触

表 5・2 元素の化学シフト (eV)

			酸化状態									
			−3	−2	−1	0	+1	+2	+3	+4	+5	+6	+7
ホウ素	(1s)	—	—	—	0	—	—	+5.7	—	—	—	—
窒素	(1s)	—	—	0	—	+4.5	—	+5.1	—	+8.0	—	—
ケイ素	(2p)	—	—	—	0	—	—	—	+4.0	—	—	—
リン	(2p)	−1.3	—	—	0	—	—	+2.8	—	+3.1	—	—
硫黄	(2p)	—	−2.0	—	0	—	—	—	+4.5	—	+5.8	—
塩素	(2p)	—	—	0	—	—	—	+3.8	—	+7.1	—	+9.5
クロム	(3p)	—	—	—	0	—	—	+2.2	—	—	+5.5	—
銅	(2p)	—	—	—	0	+0.7	+4.4	—	—	—	—	—
ヒ素	(3d)	0	—	—	—	—	—	+3.9	—	+5.3	—	—
セレン	(3p)	—	−1.0	—	0	—	—	—	+3.6	—	+4.5	—
臭素	(3d)	—	—	0	—	—	—	—	—	+6.1	—	+7.6
モリブデン	(3d)	—	—	—	0	—	—	—	+4.3	—	+6.0	—
テルル	(3d)	—	−0.7	—	0	—	—	—	+2.4	—	+3.5	—
ヨウ素	(4s)	—	—	0	—	—	—	—	—	+5.3	—	+6.5
ユウロピウム	(4p)	—	—	—	0	—	+7.8	—	—	—	—	—

［二瓶好正, ぶんせき, **1987**, 839］

媒活性，被毒など触媒化学への応用，④ 半導体工業への応用，など物質表面に関するあらゆる研究分野への発展が期待される．

5・3 二次イオン質量分析法

5・3・1 原理

一次イオンを固体試料に照射し，試料から放出される二次イオンを質量分離して固体表面の構成成分の元素分析をするのが二次イオン質量分析法（secondary ion mass spectrometty, SIMS）である．イオンは電子に比べて質量が $10^3 \sim 10^6$ 倍重いので，固体表面との相互作用は非常に大きく，イオンのビーム（数百 eV～30 keV 程度のエネルギー）が固体表面に照射されると一部は表面原子によって反射するが，残りは固体内に侵入し，固体内原子と衝突を繰り返す．また，一次イオンに衝突された固体内原子もさらに他の固体内原子との衝突を繰り返すために固体内の原子の一部が試料表面から放出される（スパッタリング現象）．一般に，スパッタされた粒子の多くは中性粒子であるが，一部は正または負の電荷をもったイオンであり，このイオンを質量分

析にかける．

5・3・2 装置

図5・4に装置の一例を示す．一次イオン種は分析試料によって選択され，Ar^+，Ne^+などの希ガスイオン，電気陰性度の高い O_2^+ または O^- および電気陰性度の低い Cs^+ などが主として利用されている．

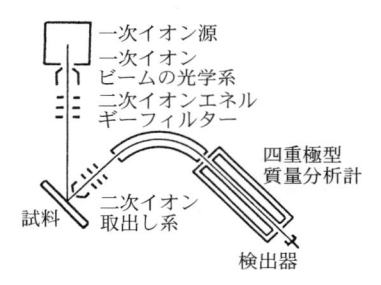

図 5・4 SIMS 装置の例（走査型）
［日本分析化学会編，"機器分析ガイドブック"，丸善 (1996)，p. 558］

5・3・3 SIMS の特徴と応用

SIMSは，① HからUまでの全元素の高感度分析，② 二次元および三次元元素像の観察，③ 微小領域（0.1～数百 μmφ）における微量分析（0.1 ppb～100 ppm），④

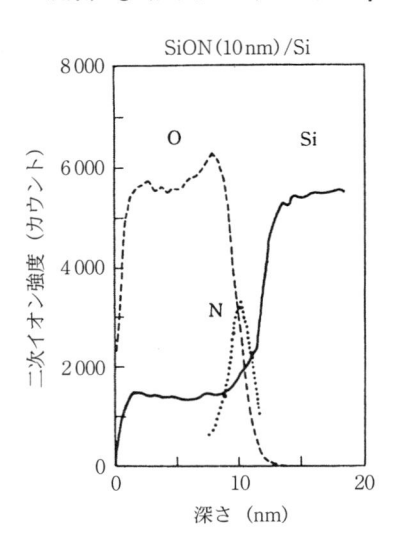

図 5・5 SIMS から得られる分析例
　　四重極型，一次イオン：Cs^+，2 keV．
［日本分析化学会編，"機器分析ガイドブック"，丸善 (1996)，p. 571］

同位体分析，などの優れた特徴をもっている方法なので，ごく微量分析を必要とする各種機能性材料およびデバイスの評価法として発達しつつある．

図5・5に四重極型質量分析計を用いてSi基板上の熱酸化膜 (10 nm) の窒化処理を観測した例を示す．

6

粉末 X 線回折法

X 線は結晶にあたると，進行方向を変える（回折を起こす）．この回折方向と回折強度とは結晶構造が異なると変化するので，この現象が物質の構造を調べるのに利用される．粉末 X 線回折法は Bragg 父子による X 線回折の発見（1912 年）の後，1916 年 Debye と Scherrer が発見した．この粉末法の発見により，単結晶でなくても粉末のままで多くの結晶性物質の分析が可能となった．

6・1 原 理

結晶の面に X 線が入射すると，一定の条件が満たされると反射が起こる．光の鏡面反射の場合は入射角の大きさにかかわらず反射を起こすが，結晶面による X 線の反射はある決まった入射角（したがって反射角）でしか起こらない．この反射を起こす角度は結晶面ごとに異なり，次式によって決まる（図 6・1）．

$$n\lambda = 2d \sin \theta$$

θ はブラッグ角とよばれ，n は回折の次数という．Cu K$_a$ 線（$\lambda=1.542$ Å）が NaCl の 3.258 Å の面間隔をもつ面（111 面）で回折を起こす条件は $n=1$ の場合，$\theta=\sin^{-1}(1.542/6.516)=13°69'$ となる．

波長が一定の X 線（単色 X 線）を平行ビームとして結晶性粉末に照射すると，中心角が異なったいくつかの回折 X 線が得られる．これを円筒形のフィルムで受けると図

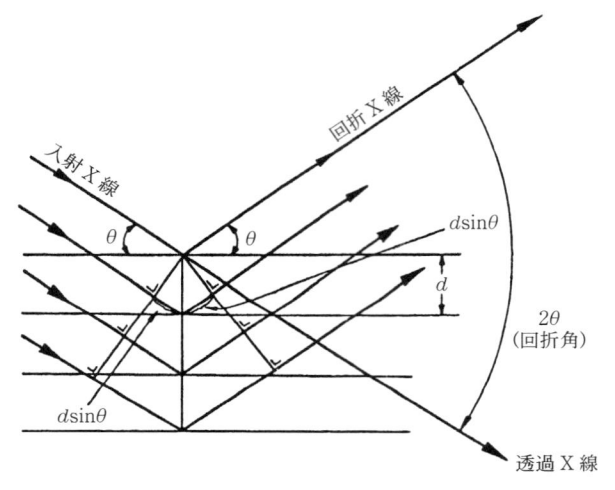

図 6・1 X 線の回折
[淺田栄一, 貴家恕夫, 大野勝美, "基礎分析化学講座 24. X 線分析", 共立出版 (1968), p. 27]

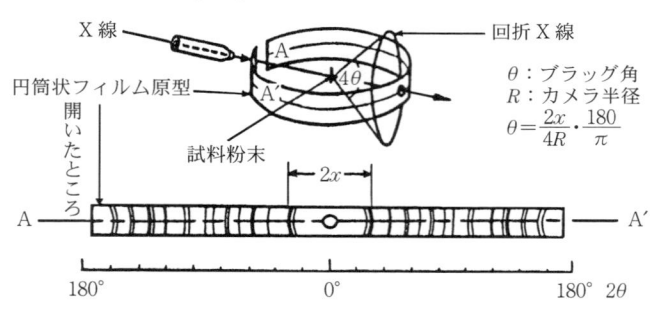

図 6・2 粉末法の原理
[淺田栄一, 貴家恕夫, 大野勝美, "基礎分析化学講座 24. X 線分析", 共立出版 (1968), p. 47]

6・2 のようになる。このときのフィルム上の同心円をデバイリングとよぶ。このデバイリングの中心 (A-A′) で計数管を移動させ, 各回折強度を測定するのが X 線回折計である。円筒形カメラの半径を R とすると $4R \cdot \theta$ (ラジアン) $= 2x$, θ を度で表すと $4R \cdot \theta \cdot (\pi/180)$ となる。デバイ-シェラー法では, カメラ半径は $180/\pi = 57.3\,\mathrm{mm}$ か, またはその半分の長さにされているので, 同種の回折線の弧までの距離 ($2x$) を mm 単位ではかり, これを 2 で割るか (前者) またはそのままの値 (後者) で 2θ が得られ

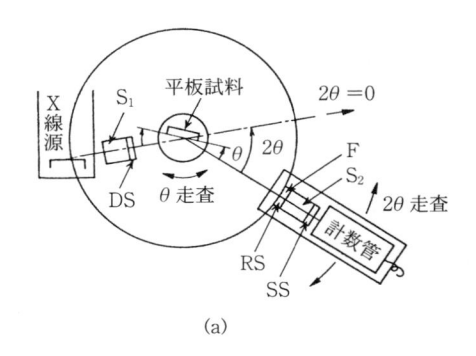

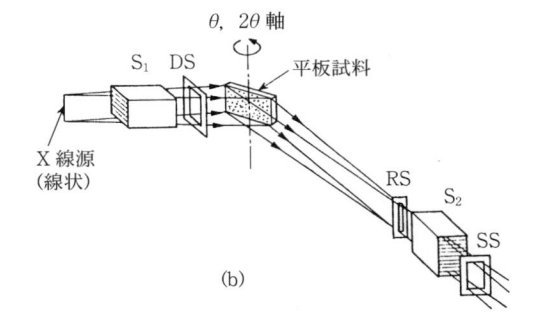

図 6・3 粉末 X 線回折計
(a) 構成図 (b) スリット光学系
S_1：ソーラスリット，DS：発散スリット，RS：受光スリット，S_2：ソーラスリット，SS：散乱スリット
[日本分析化学会編，"機器分析ガイドブック"，丸善 (1996)，p.583]

る．実際には，この方法では強度が弱くて迅速な測定ができないので，やや多量の試料を用い，平板状の広い面積に X 線をあて，ゴニオメーター（測角器）を使って測定される（図 6・3）．

6・2 応 用

X 線回折計では通常，装置に備えつけのアルミニウム製試料ホルダー（大きさ 35 mm×50 mm 前後，厚さ約 1.5 mm のアルミニウム板に 20 mm×15 mm 程度の穴をあけたもの）を平らなガラス板の上におき，試料を詰めて平らな面をつくり，これをゴニオメーターの試料台にとりつける．試料粉末の粒度は 1〜10 μm 程度がよい．図 6・4 に方解石の回折図を示す．回折計法では純度の高い物質の回折チャートと実測したチャートとを重ね合わせ，ピークの位置や強度が一致するかどうかを調べて同定する．

手頃な標準物質が得られない場合には，できるだけ多くの反射面の d 値と強度の関

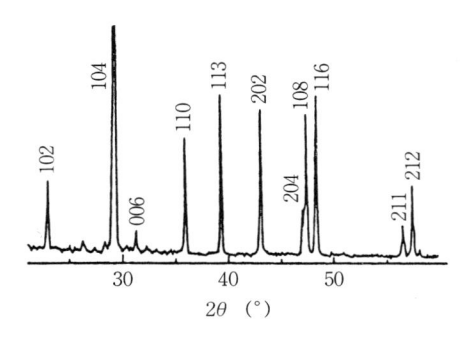

図 6・4 方解石の X 線回折チャート
図中の数字は反射に関与した原子網面のミラー指数．X 線管球：銅，電圧：30 kV，電流：15 mA，フィルター：ニッケル，発散，散乱スリット：1°，受光スリット：0.3 mm，マルチプライヤー：4×10^2 cps，時定数：1 s，走査速度：$2° \text{min}^{-1}$，チャートスピード：20 mm min^{-1}
［深沢 力，岩附正明，ぶんせき，**1988** (1), 8］

係を求め，これと物質別の"powder diffraction file"などの標準データとの比較が行われる．

7

走査電子顕微鏡と
分析電子顕微鏡

　電子顕微鏡は電子線を用いて試料の拡大像を得る装置である．図7・1のように走査電子顕微鏡（scanning electron microscopy, SEM）は集束電子線を試料表面に走査し，各走査点から二次電子を検出器に受けて増幅し，走査と同期させてブラウン管上に像をつくる．一方，試料を透過した電子を電子レンズを用いて結像する透過型電子顕微鏡（transmission electron microscopy, TEM）や走査透過電子顕微鏡（STEM）の鏡体に半導体X線検出器やエネルギーアナライザーなどの分析用付属装置を組み込み，像の観察を行いながら元素分析や状態分析を行う装置を総称して分析電子顕微鏡（AEM*1）という．

　図7・2はSEMの構成図を示したもので，ごく細い電子ビーム（$\sim 10^{-2}$ rad）で試料上を走査して結像させるので焦点深度は大きい．光学顕微鏡はμm以上の微小領域の拡大鏡の役割をもっているが，SEMはそれ以下のサブnm超微細領域までカバーしているので，半導体材料とそのデバイス，金属材料および生体関連などの絶縁物材料へも応用されている．

　図7・3はTEMの構成図を示したもので，電子線プローブマイクロアナライザー

---

　*1　analytical electron microscopy.

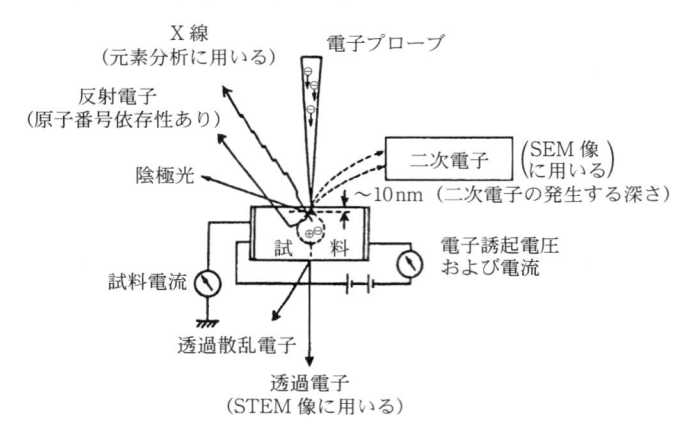

図 7・1 入射電子と固体試料との相互作用
[永谷 隆, ぶんせき, **1989** (5), 319]

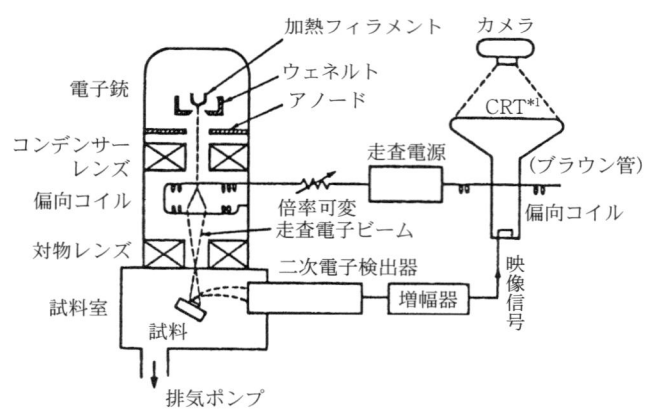

図 7・2 走査電子顕微鏡 (SEM) の原理.
*¹ cathode ray tube.
[永谷 隆, ぶんせき, **1989** (5), 319]

(EPMA) と比較すると, 空間分解能が数〜数十 nm と 2 桁以上高い利点をもっている. 最近の高性能分析電子顕微鏡では原子の配列を直視しながら約 1 nm といった超微細領域での元素分析が可能となっている.

7 走査電子顕微鏡と分析電子顕微鏡   191

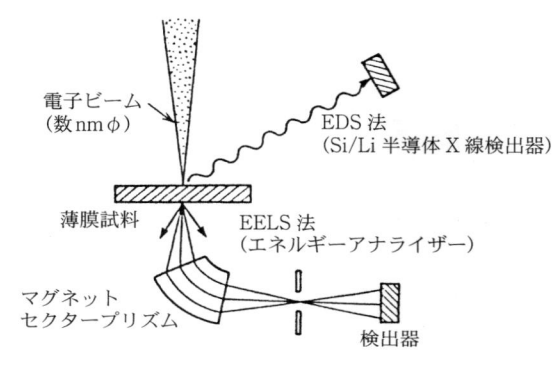

図 7・3 透過型電子顕微鏡（TEM）の概念図
［日本分析化学会編，"機器分析ガイドブック"，丸善(1996)，p. 687］

8 分離分析

8・1 クロマトグラフィー

8・1・1 原理と分類

　クロマトグラフィー(chromatography)は互いにまざり合わない固定相(stationary phase)とその間を流れる移動相 (mobile phase) の二相からなり，試料成分は固定相と移動相への分配を繰り返しながら，固定相中に分配されている間は移動せず，移動相中に分配されている間は移動相と同じ速度で移動する．したがって，クロマトグラフィーは試料成分の両相への分配（親和性）の違いにより，各成分の移動する速度に差が生じて成分ごとに分離される手法で，変化に富んだ非常に有力な分離分析法であり，移動相の種類，固定相の種類，固定相の形式により表8・1のように分類される．すなわち，クロマトグラフィーは移動相に気体を用いるガスクロマトグラフィー（GC）と，移動相に液体を用いる液体クロマトグラフィー（LC），移動相に超臨界流体を用いる超臨界流体クロマトグラフィー（SFC）の三つに大別される．

　また，固定相の種類により，試料成分の移動相と固定相への分配機構（すなわち分離機構）が異なる．固定相に液体を用いると，試料成分は固定相液体への溶解性の差により分離される．このような分離機構に基づくクロマトグラフィーを分配クロマトグラフィーという．固定相に吸着剤，イオン交換体，ゲルを用いると，それぞれ吸着力の差，イオン交換能の差，ゲル細孔への浸透性の差により試料成分が分離される．

8 分離分析

表 8・1 クロマトグラフィーの分類

分類の基準	クロマトグラフィー
移動相の種類	
気　体	ガスクロマトグラフィー (gas chromatography, GC)
液　体	液体クロマトグラフィー (liquid chromatography, LC)
超臨界流体	超臨界流体クロマトグラフィー (supercritical fluid chromatography, SFC)
固定相の種類	
液　体	分配クロマトグラフィー (partition chromatography)
吸着剤(固体)	吸着クロマトグラフィー (adsorption chromatography)
イオン交換体	イオン交換クロマトグラフィー (ion exchange chromatography)
ゲ　ル	サイズ排除クロマトグラフィー (size exclusion chromatography)*
固定相の形式	
沪紙に保持	ペーパークロマトグラフィー (paper chromatography)
薄板上に展着	薄層クロマトグラフィー (thin-layer chromatography)
チューブの中	カラムクロマトグラフィー (column chromatography)

* 分子ふるいクロマトグラフィーともいう.

これらをそれぞれ吸着クロマトグラフィー, イオン交換クロマトグラフィー, サイズ排除クロマトグラフィーという.

さらに, 沪紙を固定相の保持体とするペーパークロマトグラフィー, ガラスやプラスチック平板上に固定相を薄層状に展着した薄層クロマトグラフィー, 固定相をチューブに柱状に充填あるいは保持したカラムクロマトグラフィーがある.

上述のように, クロマトグラフィーは GC, LC, SFC の三つに大別されるが, 現在, 熱的に安定な揮発性成分には主に GC が, また難揮発性あるいは不揮発性成分には主に高速液体クロマトグラフィー (high performance liquid chromatography, HPLC) が定性・定量にもっとも広く用いられている.

GC と HPLC は移動相の違いのほかに, 移動相の種類を変えた場合, GC では分離の選択性はほとんど変わらないが, HPLC では大きく変化することである. したがって, GC では分離の選択性を変えるために固定相を変える必要があり, HPLC より多くの種類の固定相が用いられている. しかし, 近年, GC において高性能のキャピラリーカラムが多用されるようになり, その非常に高い分離能のため以前のように多くの種類の固定相を必要としない.

クロマトグラフィーでは, 分離された成分は一般にピークとして検出され, そのピーク位置から定性が, そのピーク面積 (または, ピーク高さ) から定量が行われる.

このため，検出成分に関する情報は乏しく，まったく未知の成分を同定することは不可能に近いといえる．したがって，成分の同定に関する情報を提供する他の分析法との併用が必要であり，質量分析法や赤外分光法などとの直結が行われている．質量分析法や赤外分光法などの分析法は成分が共存するとそのまま情報が重なってしまうため，クロマトグラフィーで分離して単一成分とすることが好都合となる．質量分析法は試料のサイズも同程度であるため，これをクロマトグラフィーと直結すると，複雑な混合成分からなる環境試料などの実試料の分析に非常に威力を発揮する．

8・1・2 クロマトグラフィーの基礎

a．成分の移動と保持時間

試料成分は固定相と移動相への分配を繰り返しながら，固定相中に分配されている間は移動せず，移動相中に分配されている間は移動相と同じ速度で移動する．固定相中および移動相中の成分濃度をそれぞれ C_S および C_M，固定相および移動相の体積がそれぞれ V_S および V_M のカラムを考えると，成分の分配係数（partition coefficient） K と容量比（capacity ratio） k'（あるいは分配比という）はそれぞれ次式で表される．

$$K = \frac{C_S}{C_M} \qquad k' = \frac{C_S V_S}{C_M V_M} = K \frac{V_S}{V_M}$$

試料成分全量のうち $1/(1+k')$ が移動相中にあり，移動相と同じ速度 u で移動するから，その成分全体は $u/(1+k')$ の速度でカラム内を移動することになる．したがって，長さ L のカラムを成分が通過するのに要する時間，保持時間（retention time） t_R は次式となる．

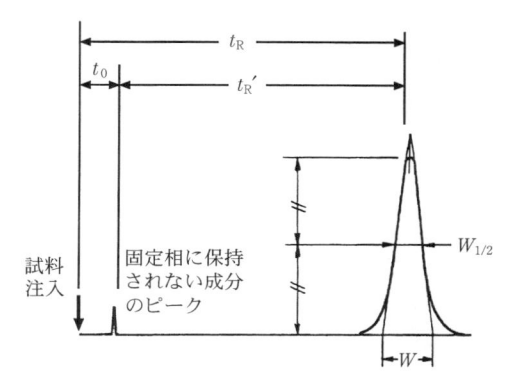

図 8・1　クロマトグラムとピーク
W：ピーク幅，$W_{1/2}$：半値幅

$$t_R = \frac{L}{u/(1+k')} = \frac{L}{u}(1+k') = t_0(1+k') = t_0\left(1+K\frac{V_S}{V_M}\right)$$

$t_0 = L/u$ は固定相に保持されない成分がカラム一端から他端まで移動するのに要する時間で，$t_R - t_0$ を調整保持時間（adjusted retention time）t_R' という（図8・1）．クロマトグラフ（装置）の条件を一定にすると，t_0, V_S, V_M は一定であり，t_R は K によってのみ変化することになる．したがって，K が異なる成分は t_R が異なり，カラムを通過する間に分離される．

b. 分離効率

試料中の成分を分離するには，カラム中で各成分帯が広がらず，重なり合わず，完全に分離していることが必要である．カラムを溶出してくる成分帯の広がりの大きさによってカラムの分離効率（性能）を判定することができる．そのようなカラム性能を表す尺度の一つとして理論段数（number of theoretical plates）N がある．

$$N = 16\left(\frac{t_R}{W}\right)^2 = 5.54\left(\frac{t_R}{W_{1/2}}\right)^2$$

ここに，W はベースラインでのピーク幅[*1]，$W_{1/2}$ はピーク高さの半分の高さでのピーク幅で半値幅[*1]という（図8・1）．N の大きなカラムほど，同じ保持時間のピーク幅は狭くなり，カラム性能が高いことを意味している．

また，カラム長さ L を N で割った一理論段のカラム軸方向の長さを理論段高さ (height equivalent to a theoretical plate, HETP) H といい，これもカラム性能の尺度となる．H が小さいほどピーク幅は狭くなり，カラム性能が高いことを示す．GLCでは H は3項の和として表される（ファンディームター（van Deemter）の式）．

$$H = \frac{L}{N} = A + \frac{B}{u} + Cu$$

A, B, C は定数，u は移動相の平均線速度である．第1項は渦巻拡散項（充塡剤粒子の間隙でつくられる多くの流路に起因），第2項はカラム軸方向の分子拡散項，第3項は移動相と固定相間の物質移動の遅れに起因する物質移動に対する抵抗の項である．H の最小値 H_{min} を与える最適の u（u_{opt}）は $u_{opt} = \sqrt{B/C}$ のときとなる．一方，液体クロマトグラフィーでは分子拡散項は普通無視でき，粘性の低い移動相をゆっくり流すと H は小さくなる．

[*1] N の計算には t_R と同じ単位を用いる．

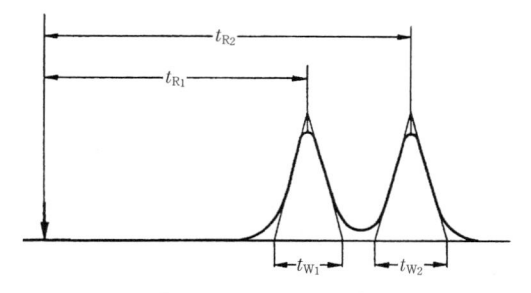

図 8・2　ピークの分離

c．分離度

二つのピークの相対的な分離の程度を表す尺度に分離度（resolution）R_S があり，次式で定義される（図 8・2）．

$$R_S = \frac{t_{R_2} - t_{R_1}}{0.5(t_{W_1} + t_{W_2})} \quad (t_{R_2} > t_{R_1})$$

また，次のように書き換えられる．

$$R_S = \frac{1}{4}(\alpha-1)\sqrt{N}\left(\frac{k'_1}{1+k'_1}\right) \quad R_S = \frac{1}{4}\left(\frac{\alpha-1}{\alpha}\right)\sqrt{N}\left(\frac{k'_2}{1+k'_2}\right)$$

ここに，α は分離係数（separation factor）または相対保持値とよばれ，$\alpha = k'_2/k'_1$ で表される．二つのピークは $R_S = 0.4$ でほぼ完全に重なり，$R_S = 1.5$ でほぼ完全に分離する（ピーク幅により変わる）．

d．定性と定量

試料物質の同定にもっともよく用いられている方法は保持時間 t_R に基づくものである．t_R は試料をクロマトグラフに注入してからピークの頂点が現れるまでの時間，すなわち試料成分の最高濃度域が検出器に到達するまでの時間である．さて，t_R はクロマトグラフ条件が一定なら分配係数 K によって決まるが，K は移動相，固定相および温度が一定ならば各成分に固有の値となるため，t_R により試料成分の同定が可能となる．すなわち，同一条件下で測定された同じ成分の t_R は等しく，t_R が異なれば同じ成分でないといえるが，t_R が一致したからといって，必ずしも同じ成分であるとは限らない．したがって，確実に同定を行うには，他の適当な確認法を併用する必要がある．保持時間以外に，ピーク頂点が現れるまでに流れた移動相の体積，保持容量（retention volume）V_R も保持値として用いられており，これは熱力学的関数との関係づけ

において有利である．

さて，測定条件を厳密に一定に保つことは難しく，とくにカラムは同一カラムを用いない限り同一特性のカラムを再現することはできない．したがって，異なる装置で得られたデータを比較するのに t_R では不都合となる．この欠点を補うために，適当な内標準物質 S を選び，試料成分 X の調整保持時間 $t'_{R\,X}$ と S の調整保持時間 $t'_{R\,S}$ の比で定義される相対保持値（relative retention）$\alpha = t'_{R\,X}/t'_{R\,S}$ が用いられている．α はクロマトグラフ系が同じなら温度にのみ依存し，同一カラムを用いて得られるデータでなくても比較的再現性がよく，好都合である．

GLC（gas-liquid chromatography）における保持値をさらに標準化したものに保持指標（retention index）I があり，試料成分の保持値を n-アルカンの炭素数いくつのもの（想定）の保持値に等しいかを次式により求めるものである．

$$I = 100 \left(\frac{\log t'_{R\,X} - \log t'_{R\,Z}}{\log t'_{R\,Z+1} - \log t'_{R\,Z}} + Z \right)$$

ここで，$t'_{R\,X}$, $t'_{R\,Z+1}$, $t'_{R\,Z}$ はそれぞれ試料成分，炭素数 $(Z+1)$ および炭素数 Z の n-アルカンの調整保持時間である．

通常，カラムから溶出してきた各成分の定量はピーク面積の測定により行われているので，ピーク面積を正確に求めなければならないが，今では各種データ処理装置により迅速で精度よくピーク面積を求めることができる．なお，ピーク幅が狭くて対称なピークの場合は，ピーク面積の代りにピーク高さを用いて定量することもできる．一般には，感度は求めずに検量線（calibration curve）を用いて定量を行っており，絶対検量線法，内標準法あるいは標準添加法が利用されている（2・3・4項）．

8・2　ガスクロマトグラフィー

1952 年に Martin らによってガスクロマトグラフィー（gas chromatography, GC）が発表され，その簡便性と迅速性のため，急速に進歩し，その成果が液体クロマトグラフィーに導入され，HPLC へと発展し，現在に至っている．GC は移動相に気体を用いるカラムクロマトグラフィーで，一定流量の移動相（キャリヤーガス）流中に試料を注入し，試料は気化してカラムに運ばれ，各成分に分離され，検出器で検出される．したがって，分析操作温度で安定な気体となり得る物質（揮発性で熱的に安定）でなければ直接分析の対象とはならないが，GC は全体的にほぼ確立された方法で，質量分

析計（MS）との結合が強力な分離法や構造決定法となる．

8・2・1 装 置

GC 装置をガスクロマトグラフ（gas chromatograph）といい，図 8・3 に示すように成分は注入部，分離カラム，検出器を通って装置系外に放出される．

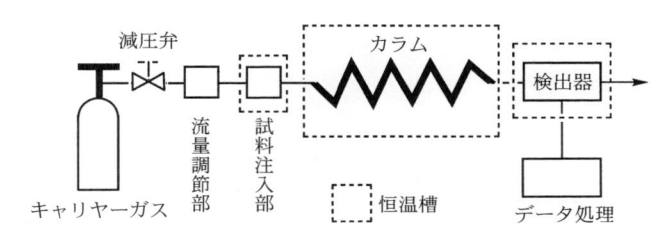

図 8・3 ガスクロマトグラフの概念図

a．キャリヤーガス（carrier gas）

化学的に不活性なヘリウム，窒素がよく用いられているが，検出器によっては適合しないキャリヤーガスがあるので注意しなければならない．

b．試料注入部

充塡カラムおよびワイドボアカラムの場合，シリンジでシリコーンセプタムを通して注入されることが多い．カラムの性能を十分に発揮させるには，注入された試料のバンド幅をできるだけ小さくする必要がある．キャピラリーカラムの場合，充塡カラムと同様の注入法では最初の注入時にバンド幅が大きくなり，シャープなピークが得られなくなるのでいくつかの注入法が考案されており，注入した試料をスプリッターで分割し，一部だけをカラムに導入するスプリット法と，スプリットしない全試料注入法がある．

c．カラム

カラム（column）には，内径 1～4 mm，長さ 1～5 m のチューブに固定相となる充塡剤を詰めた充塡カラム（packed column）と，内径 0.1～0.75 mm（内径約 0.5 mm 以上をワイドボアカラムという），長さ 10～100 m の溶融シリカキャピラリー内壁に固定相を保持した開管カラム（open tubular column）がある．開管カラムには内径の小さいキャピラリーが一般に使用されているため，開管カラムのことをキャピラリーカラム（capillary column）ともいう．

当初のキャピラリーカラムでは固定相液体をキャピラリー内壁に物理的にコーティングしていたが，最近では内壁との化学結合やコーティングされた固定相液体同士の架橋により，固定相の安定化がはかられ，長期間にわたって使用できるものが主流となってきており，メチルシリコン系，PEG-20 M 系，OV 系などがある．

カラム温度を一定に保つ定温分析と，昇温させる昇温分析がある．沸点範囲の広い混合成分からなる試料を定温分析すると，低沸点成分のピークは鋭いが，高沸点成分のピークは幅広くて保持時間が長くなる（図 8・4(a)）．低沸点成分の分離に適したカラム温度では高沸点成分は極端な場合には溶出しないし，逆に高沸点成分の分離に適したカラム温度では低沸点成分の分離は不十分となる．このような場合に昇温分析すれば各成分のピークは同じような形状で，短時間に分離できる（図(b)）．その試料に適した昇温プログラムを設定し，カラム温度を昇温すればよい．

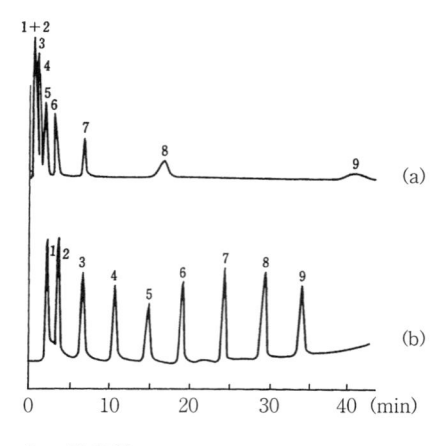

図 8・4 定温分析 (a) と昇温分析 (b) の比較
[庄野利之，脇田久伸編著，"入門機器分析化学"，三共出版 (1988)，p. 201]

d．検出器

カラムで分離された成分を検出し，その溶出量に対応する応答を示す働きをするのが検出器であり，不特定多数の化合物に応答する万能型のものと，特定の化合物にのみ高感度に応答する選択的なものがあり，近年では高感度で万能型の質量分析計の利用が普及している（2・8・5 項参照）．

(i) 熱伝導度検出器 (thermal conductivity detector, TCD) カラム出口とつながる R_1 と R_4 の二室からなる図 8・5 のような回路に一定電流を通じ，キャリヤーガスだけが流れている状態でつり合わせておく．R_1 に熱伝導度がキャリヤーガスと異なる成分が入ってくると，二室の抵抗体間に温度差が生じ，抵抗値が変化する．この変化を G の電位差として検出する．

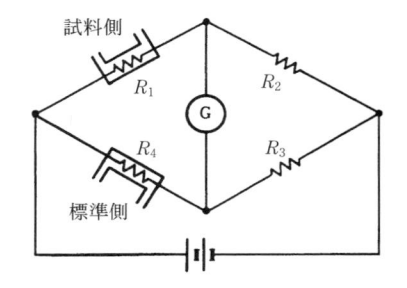

図 8・5 熱伝導度検出器（TCD）の原理図

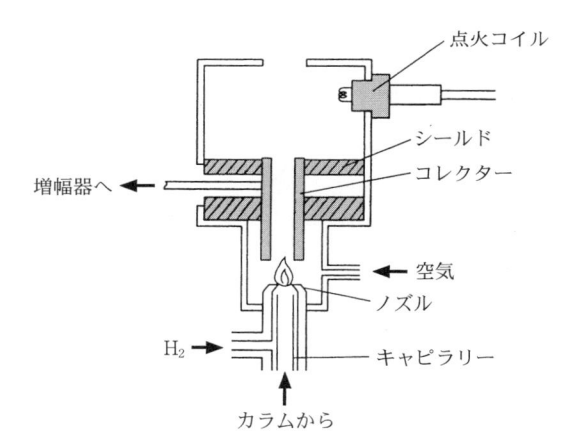

図 8・6 水素炎イオン化検出器（FID）の原理図
［島津製作所カタログ］

（ii）**水素炎イオン化検出器**（flame ionization detector, FID）　カラムから流入してきたキャリヤーガスに水素ガスをまぜ，ノズルの尖端で燃焼させる（図8・6）．ノズル上部の電極間に300 Vの電圧がかかっており，有機物質がフレームに入るとイオン化が起こり，電極間にイオン電流が流れるので，これを増幅して記録する．

（iii）**電子捕獲検出器**（electron capture detector, ECD）　^{63}Niからのβ線でキャリヤーガス（N_2）をイオン化し，電極間に電圧をかけるとイオン化電流が流れる．ここに親電子性物質が入ってくると電子を捕獲して負イオンとなり移動速度が遅くなる．また，陽イオンと結合しやすいため，イオン化電流が減少する．この減少分を測定すれば親電子性物質を選択的に検出できる．また，非放射線源式ECDはグロー放電により励起されたHe（キャリヤーガス）のペニング（Penning）効果でCO_2ガスをイオン化している．イオン化以後の応答原理は放射線源式ECDと同じである．

（iv）**炎光光度検出器**（flame photometric detector, FPD）　水素フレーム中で

硫黄化合物, リン化合物およびスズ化合物はそれぞれ 394 nm, 528 nm および 610 nm 付近に特有の強い発光を示す. これらの光を光学フィルターを通してホトマル管で測定し, 硫黄, リンやスズを含む化合物を選択的に検出できる. リンやスズ化合物の場合には, 検出器の応答 (R) と試料濃度 (S) は広範囲でほぼ直線関係にあるが, 硫黄化合物では R は S の n 乗に比例する. n は化合物によって異なるが, 2 に近い値を示すものが多い.

（v）熱イオン化検出器（thermionic detector, TID） 加熱されたアルカリ金属表面上で選択的に生成した化学種へのアルカリ金属源からの電子移動により, アルカリ金属のイオン化が促進され, イオン電流が増大する. 検出器に供給するガスの組成やセル加熱温度などにより, 検出器のレスポンスが異なってくる. 水素と空気を供給してフレームを用いる熱イオン化検出器（flame thermionic detector, FTD）は窒素あるいはリンを含む化合物に対して高い応答を示す.

（vi）光イオン化検出器（photoionization detector, PID） FID の水素フレームの代りに, PID では紫外線で物質をイオン化し, 電極間に流れる電流を測定している. He の放電により発生した 60〜110 nm の遠紫外線を用いる. He, Ne 以外の無機ガス, さらにエタン, エチレン, ベンゼン, トルエンなどの有機化合物の ppm あるいはそれ以下のレベルの検出が行える.

（vii）原子発光検出器（atomic emission detector, AED） AED は大気圧ヘリウムマイクロ波誘導プラズマ（MIP）で成分を励起し, 得られた各元素に固有の発光線（170〜800 nm）を回折格子で分光してホトダイオードアレー検出器で測定する. 発光線は分子構造によらず一定の感度を示し, 25 元素の高感度検出ができる. 元素により異なるが, 検出限界は 1〜120 pg s^{-1}, ダイナミックレンジは 5×10^2〜2×10^4 である.

代表的な 5 種類の検出器の大まかな測定濃度範囲と分析対象例を表 8・2 に示す.

表 8・2 検出器の測定濃度の比較

検出器	測定濃度範囲	分析対象
TCD	10 ppm〜100%	キャリヤーガス以外
FID	0.01 ppm〜10%	有機化合物
ECD	0.1 ppb〜10 ppm	ハロゲン, ニトロ基を含む化合物, 有機金属
FPD	10 ppb〜100 ppm	硫黄, リン, スズを含む化合物
FTD	1 ppb〜100 ppm	窒素, リンを含む化合物

8・2・2 誘導体化ガスクロマトグラフィー

　GCにおける分離や検出感度の向上あるいは分析対象の拡大などのために，次のような手法が用いられている．分析対象を適当な試薬（誘導体化試薬，ラベル化剤）との化学反応で誘導体に変換することを誘導体化（derivatization）とかラベル化（labeling）とよんでいる．成分中の活性サイトと反応する適当な形の誘導体化試薬が用いられており，誘導体化試薬の種類は非常に多いが，多用されている反応のタイプはいくつかに限定されている．誘導体化は分析対象の拡大と検出感度を高める目的で主に用いられている．GCでは揮発性・熱安定性および検出感度を高めるために，LCではもっぱら検出感度の向上のために誘導体化が行われている．誘導体化にはプレカラムとポストカラム法があり，それぞれにオンラインとオフライン方式がある．

　① 揮発性が乏しい，② 吸着性が強い，③ 熱的に不安定，などの直接GCの対象とならない成分をGC分析可能な形に変換する方法が以前より用いられている．それらには，$-OH, -COOH, -SH, -NH_2, =NH$ などを含む化合物や，不揮発性の金属陽イオンや無機陰イオン，あるいは繊維や樹脂などの高分子物質があげられる．常用される誘導体化反応には次のようなものがある．

　　　シリル化，アシル化，アルキル化，環状誘導体化，キレート化（金属イ
　　　オン），無機陰イオンの誘導体化，熱分解

　すでに述べたように，選択的で高感度な電子捕獲検出器（ECD）や構造解析に威力があるMSで検出するための誘導体化には，揮発性で熱的に安定な誘導体を与えるペンタフルオロフェニル基の導入がとくに適しており，そのための種々の試薬が考案されている．

8・3　高速液体クロマトグラフィー

　高速液体クロマトグラフィー（HPLC）は移動相に液体を用い，高圧送液ポンプと高性能充填剤の使用により分離を高速で行う液体クロマトグラフィーである．移動相に溶ける試料が分離の対象となるが，高い機能と効率をもつ充填剤の開発により金属イオンから生体高分子まで広範囲のものが分離対象となる．したがって，目的対象に適する分離モードと分離カラムの選択が重要である．

8・3・1 装 置

基本的な HPLC 装置（高速液体クロマトグラフ）の概念図を図 8・7 に示すが，送液ポンプで送られている移動相（液体）の流れの中に試料は注入され，分離カラム，検出器を通って廃液槽またはコレクターに集められる．

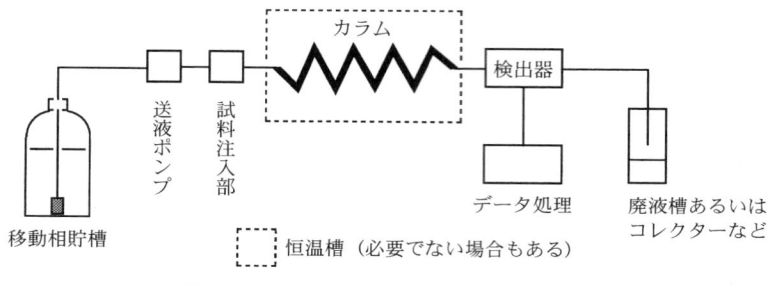

図 8・7 高速液体クロマトグラフの概念図

a．送液ポンプと移動相

送液ポンプには，プランジャー型，シリンジ型，ガス圧型があり（表 8・3），使用目的に合ったものを選択する必要がある．

移動相に終始単一または一定組成の混合溶媒を用いる単一溶離（均一濃度溶離ともいう，isocratic elution）と，移動相を不連続的に変える段階溶離（stepwise elution）および移動相組成を連続的に変える勾配溶離（gradient elution）がある．

単一溶離は，クロマトグラムの再現性がよく，操作も簡単であるが，保持の大きく異なる成分の混合物を分析するときは分析時間が長くなる．一方，勾配溶離は分離度

表 8・3 送液ポンプ

ポンプ	特 徴
プランジャー型	・連続送液が可能で流量制御が容易なことから，もっともよく用いられている ・シングルプランジャータイプでは，脈流を抑えるためダンパーを使用するのがよい．
シリンジ型	・無脈流の送液が可能であるが，一定量以上の連続送液は不可． ・ミクロカラムを用いる HPLC で使用される．
ガス圧型	・大流量の送液が可能なことより，カラム充填用や大量分取用 HPLC で使用される．

や感度の向上，分析時間の短縮ができるが，再現性のよい結果を得るためには，グラジエントをかける時間だけでなく，カラム平衡化時間やカラム洗浄時間などを一定に保つ必要がある．

b．試料注入部

GCと同様にマイクロシリンジで注入する方法と，一定容積のループ内に試料を満たしたのち流路バルブを切り換えて注入する方法があり，後者のループバルブインジェクター（図$8\cdot 8$）が広く用いられている．まず，注入口4から試料を注入してループに一定量の試料を採取するが，余分の試料は1から6を経て排出される．この間，ポンプからの移動相は2から3を経てカラムに流れている．試料採取後，バルブを切り替えると，移動相は2, 1, 4, 3を経てループ内の試料をカラムへ運ぶ．

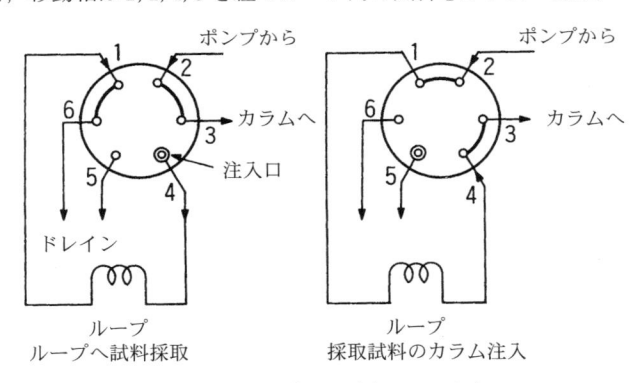

図$8\cdot 8$　ループバルブインジェクター

c．カラム

一般分析には内径$2\sim 5$ mm，長さ$5\sim 30$ cmのまっすぐのクロマト管(ステンレス製が多い)が使われている．カラム充填剤には全多孔性のものと表面多孔性のものがあるが，粒径$2\sim 10$ μmの全多孔性のシリカゲル系あるいはポーラスポリマー系のものがよく用いられている（図$8\cdot 9$）．

d．検出器

カラム出口から検出器までの配管はできるだけ短くし，セルの内容積も小さくするなど，カラム外での分離能低下が起こらないような工夫が必要である．感度，選択性，操作性などを考えて検出器を選ぶことが重要である．HPLCでよく用いられている検出器とその検出下限などの概略を表$8\cdot 4$に示す．近年では質量分析計の利用が普及してきている（$2\cdot 8\cdot 5$項参照）．

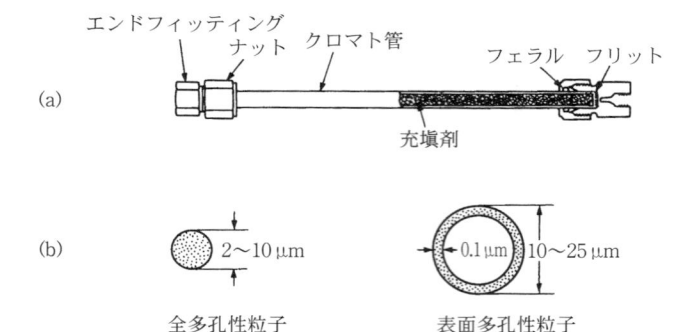

図 8・9 分離カラム (a) と充填剤 (b)

表 8・4 HPLC 検出器の例

検出器	対象	検出下限 (g)	温度の影響	勾配溶離
紫外吸光検出器 (ultraviolet absorption detector)	紫外部に吸収のある物質	10^{-10}	少ない	可
蛍光検出器 (fluorescence detector)	発蛍光性の物質	10^{-12}	少ない	可
電気化学検出器 (electrochemical detector)	電気化学的な酸化還元に活性な物質（アミン，フェノール類など）	10^{-12}	あり	困難
電気伝導度検出器 (electric conductance detector)	イオン性の物質	10^{-8}	あり	不可
示差屈折率検出器 (refractive index detector)	すべての物質	10^{-7}	あり	不可

8・3・2 分配クロマトグラフィー

　分配クロマトグラフィーは担体上に保持された固定相液体と移動相液体への分配（溶解）の差により試料成分は分離され，固定相液体に溶解する割合の大きい成分ほど溶出が遅くなる．

　担体にはシリカゲルとポーラスポリマーがよく使われており，疎水性あるいは極性の固定相液体を担体表面に化学結合させた充填剤がもっぱら用いられている．とくに，オクタデシル基をシリカゲル表面に結合させた充填剤は種々の分離に広く用いられて

いる．この場合，固定相は疎水性であり，移動相には固定相より極性の強い溶媒（一般に水と有機溶媒の混合物）が用いられる．このような系を逆相（reversed phase）といい，反対に移動相に固定相より極性の低いものを用いる場合を順相（normal phase）という．一般に，前者は疎水性物質の分離に，後者は極性物質の分離に適している．

ところで，シリカゲルはアルカリには弱いため，シリカゲルを担体とする充填剤はpH 2～8 での使用に限られ，アルカリ側での使用にはポーラスポリマーを担体とする充填剤が適している．

8・3・3 吸着クロマトグラフィー

吸着クロマトグラフィーは固定相である吸着剤表面の活性点への吸着力の差により試料成分は分離され，吸着力の強い成分ほど溶出が遅くなる．固定相に吸着されるのは成分だけでなく，移動相の吸着も競合して起こっているので，固定相に対する親和力（吸着力）の強い移動相を使うほど試料成分は速く溶出する．分配クロマトグラフィーでは，試料成分の溶解性の高い移動相を用いるほど成分が速く溶出するのと同じように，移動相の選択が微妙に試料成分の保持に影響を与える．

ところで，実際の固定相では多くの場合，分配モードと吸着モードが同時に作用していると考えられている．

8・3・4 イオン交換クロマトグラフィー

イオン交換クロマトグラフィーでは，固定相に種々のイオン交換体を用い，試料イオンと移動相中の溶離イオンとの間で可逆的なイオン交換を行わせる．

イオン交換体は骨格をなす基材と，イオン交換能をもつ交換基とからなる．基材にはシリカゲルやポーラスポリマーが用いられ，前者の場合はイオン交換のみが分離に関与していると考えられるが，後者の場合には疎水性相互作用なども関与してくることが多い．イオン交換体は交換基により表 8・5 に示す 4 種類に分類される．基材にスチレンとジビニルベンゼン共重合体を用い，これにイオン交換基を導入したイオン交換樹脂がよく用いられている．陽イオンの交換に用いられる代表的なものにスルホン酸基を導入したものがあり，たとえば H 形樹脂中の H^+ は溶液中の Na^+ と次式のように交換される．

表 8·5 交換基によるイオン交換体の分類

交換イオン	種類	交換基
陽イオン	・強酸性陽イオン交換体	$-SO_3H$
	・弱酸性陽イオン交換体	$-COOH$
陰イオン	・強塩基性陰イオン交換体	$-N(CH_3)_3Cl$
		$-N(CH_2CH_2OH)(CH_3)_2Cl$
	・弱塩基性陰イオン交換体	$-NH_2, -NHR, -NR_2$

$$R-SO_3^-H^+ + Na^+ \rightleftarrows R-SO_3^-Na^+ + H^+$$
　　H形　　　　　　　　　Na形

スルホン酸基は強酸性で,pH 2以上でほぼ完全に解離するため有効にイオン交換でき,強酸性陽イオン交換体とよばれている.カルボキシル基をもつ交換体も陽イオンの交換が可能であるが,弱酸性のため pH 8以上でなければ有効にイオン交換できず,弱酸性陽イオン交換体とよばれている.

陰イオン交換体は第四級アンモニウム基をもつ強塩基性陰イオン交換体と,第一級から第三級アミンである弱塩基性陰イオン交換体に分けられる.後者は pH 6以下の酸性側でのみアンモニウム基の状態になり,イオン交換できる.OH 形の陰イオン交換体の Cl^- とのイオン交換は次式で表される.

$$R-N^+(CH_3)_3OH^- + Cl^- \rightleftarrows R-N^+(CH_3)_3Cl^- + OH^-$$
　　OH 形　　　　　　　　　　Cl 形

低濃度の移動相で迅速にイオン交換を行わせるため,イオン交換容量は通常のイオン交換樹脂に比べて小さい.

また,当初は無機イオンを対象とするイオン交換クロマトグラフィーで,分離カラム(低イオン交換容量)の後に除去カラムを接続し,試料イオンと反対の電荷をもつ移動相中のイオンを取り除いて,電気伝導度検出器で高感度検出するイオンクロマトグラフィー(ion chromatography)とよばれる方法がある.最近では,除去カラムは必ずしも必要ではなくなり,無機イオンだけでなく有機イオンの分析も行われている.

移動相中にイオン対試薬を加えて試料成分イオンとイオン対を形成させ,これを逆相モードで分離するイオン対クロマトグラフィー(ion-pair chromatography)がある.イオン対試薬は,比較的大きな疎水基を有する有機塩で,陰イオン性試料にはアルキルアンモニウム塩が,陽イオン性試料にはアルキルスルホン酸塩がよく使われている.上述のイオン交換による方法と比べ,種類が豊富,比較的安価,高性能な逆相

系カラムが使用できる点で優れている．

8・3・5 サイズ排除クロマトグラフィー

サイズ排除クロマトグラフィーは固定相に三次元網目構造をもつ多孔性粒子を用い，試料成分はその細孔への浸透性の差により分離される．細孔の大きさより大きい成分は細孔内部へ浸透できないため粒子の間を素通りしてくるが，細孔内部へ浸透できる成分は細孔内に取り込まれるため，溶出が遅くなる．

固定相となるゲルには，多孔性シリカ，多孔性ガラスのほかに架橋された有機ポリマーゲル（ポリスチレンゲル，ポリビニルアルコールゲル，ポリヒドロキシエチルメタクリレートゲルなど）が用いられている．図8・10に示すように，ある大きさA(排除限界) より大きい分子はゲルの全細孔から排除されて浸透できず，またB（全浸透限界）より小さい分子はゲル細孔に完全に浸透できる．したがって，AとBの間の大きさの分子が大きい分子から順に溶出してくる．ゲルには種々の細孔径のものが市販されており，分離しようとする成分の大きさに適合するゲルを選択する必要がある．

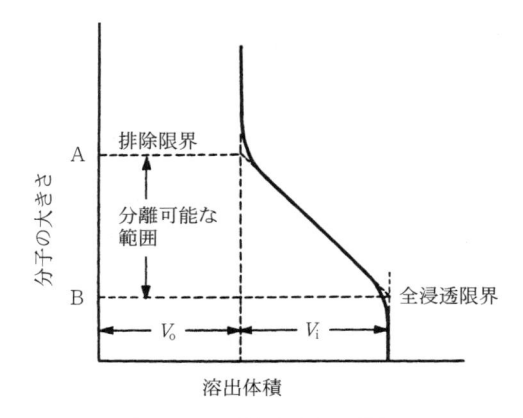

図 8・10 仮想的な較正曲線

8・4 薄層クロマトグラフィー

薄層クロマトグラフィー (thin-layer chromatography, TLC) は，ガラス，プラスチックなどの平板上に固定相を薄層状に展着し，このプレート上で簡単，迅速に分離

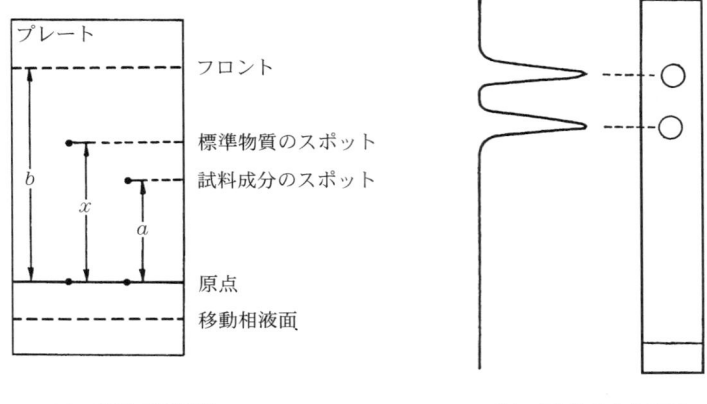

(a) 移動率の評価　　　　　　　(b) TLC による定量

図 8・11　TLC による定性 (a) および定量 (b) 分析

を行う方法である．また，HPLC などの条件設定のための予備試験としても重要な意味をもっている．

図 8・11(a) に示すように，プレートの下端から一定距離に試料溶液を小さいスポット（原点）としてつける．密閉した展開槽中の移動相液の中にプレートの下端を浸して展開する．移動相の前端（フロント）がプレートの上端近くに上昇すれば展開を中止し，フロントに印をつける．溶媒を蒸発させ，試料成分が無色のときは適当な発色剤で発色させるか，紫外線ランプを照射するなどして試料成分のスポット位置を検出する．

試料成分の定性は，移動相に対する成分の移動率 (flow rate, rate of migration) $R_f = a/b$，または適当な標準物質に対する移動率 $R_x = a/x$ を標品のそれらと比較する．R_f 値は 0.1〜0.7 の範囲が適当である．

試料成分の定量は，デンシトメーターを使ってスポットによる光の吸収を測定し，得られたピークの面積から定量できる（図(b)）．

8・5　キャピラリー電気泳動

近年，細いキャピラリー中で電気泳動を行うキャピラリー電気泳動 (capillary electrophoresis, CE) が，その非常に高い分離能，迅速な分析時間，少ないサンプル

量, 簡便な操作性などのため, 広範な分野で注目されている. このようなCEの特徴はエナンチオマーの分離に適しており, 医学, 薬学, 生化学など生物に関連する有機化合物を取り扱う分野でとくに深い関心を集めている. また, 多種多様な物質が共存する環境試料の分析においても, これらCEの特徴は好都合と考えられる.

CEにはいくつかの方式[*1]があり, その一つにキャピラリーゾーン電気泳動 (capillary zone electrophoresis, CZE) がある. これは, キャピラリー内に1種類の泳動液 (電解質溶液) を満たし, そのキャピラリーの一端に試料溶液を導入して両端に高電圧を印加し, キャピラリー内を移動する各成分イオンの電気泳動移動度の差により分離を行う方法である. さらに, CZEの泳動液中にイオン性の界面活性剤を加え, イオン性ミセルを生成させて行う方式があり, 試料成分のミセルへの分配の差により分離を行う方法で, これをミセル動電クロマトグラフィー (micellar electrokinetic chromatography, MEKC) という. イオン性の界面活性剤のほかに, 電荷をもつイオン性のシクロデキストリン誘導体, 高分子イオン, マイクロエマルション, タンパク質などを泳動液に添加した研究もある. MEKCも含め, これらは動電クロマトグラフィー (electrokinetic chromatography, EKC) といわれている. 原理的に, CZEでは電荷をもたない物質は分離されず, イオンあるいは電荷をもつ物質のみが分離されるが, EKCでは電荷をもたない物質も分離できる点がCZEとの大きな違いである. ここでは, CEの中でもっともよく用いられているCZEとMEKCの両方式について簡単に説明する.

8・5・1 装 置

一般的なCE装置は図8・12に示すように, 高圧電源, キャピラリー, 検出器および緩衝液槽の主要部で構成されており, 自動化された装置が市販されている. 一般に, 内径25〜75 μm, 長さ20〜80 cmのフューズドシリカ管がキャピラリーに用いられており, この一端に試料溶液を吸引, 加圧あるいは電気的方法などにより短いプラグ状に導入し, 10〜30 kVの高電圧を印加する. 検出は, キャピラリー中で分離された移動中の成分を直接検出するオンキャピラリー法が一般的に多用されている. 検出器には

[*1] キャピラリーゾーン電気泳動, 動電クロマトグラフィー, キャピラリーゲル電気泳動, キャピラリー等速電気泳動, キャピラリー等電点電気泳動, エレクトロクロマトグラフィー.

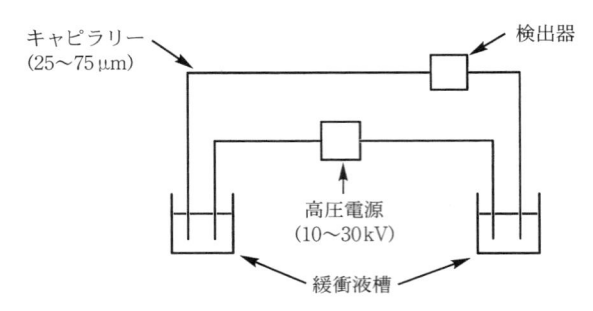

図 8・12 キャピラリー電気泳動装置の概念図

UV 検出器が汎用されているが,レーザー蛍光検出器,電気化学検出器なども使われている.また,LC-MS と同様に MS との結合も行われている.

8・5・2 原　理
a. CZE における分離

未処理のフューズドシリカキャピラリー内に緩衝液を満たすと,シラノールの解離によりキャピラリー内壁が負に帯電するので,これを中和するため正電荷が引き寄せられて電気二重層が形成される.ここに電圧をかけると,図 8・13 に示すように正極から負極方向に電気浸透流 (V_{eo}) が生じる.陰イオン性の溶質は電気泳動 (V_{ep}) により正極方向に移動するが,通常の中性からアルカリ性条件では $V_{eo} > V_{ep}$ のため,負極側にゆっくり移動することになる.一方,陽イオン性の溶質は電気浸透流および電気泳動とも負極方向で,両者の和で負極方向に速く移動する.電荷をもたない中性の

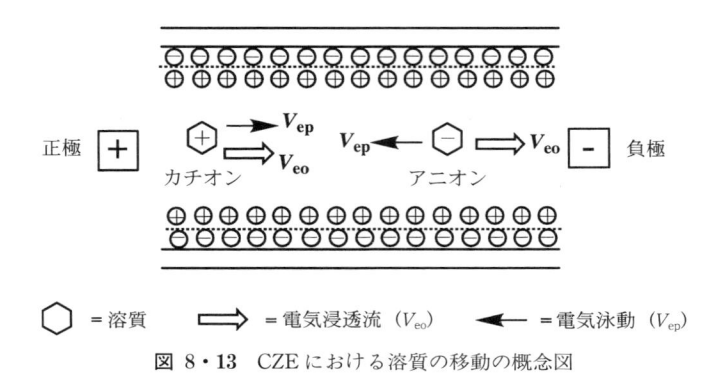

図 8・13　CZE における溶質の移動の概念図

溶質は電気浸透流のみにより負極方向に同じ速度で移動するため，電気的に中性の溶質間の相互分離はできない．

なお，電気浸透流は流体力学的な流れ（キャピラリーの中心部の速度が速い）と異なり，栓流（キャピラリーのどの部分でも速度が等しい）となるため，高い分離能が得られる．

b. MEKC における分離

MEKC では，CZE の泳動緩衝液にイオン性界面活性剤を臨界ミセル濃度（CMC）以上添加してミセルを生成させる．陰イオン性界面活性剤を用いたときの溶質の移動のようすを図 8・14 に示す．陰イオン性ミセルは電気泳動で正極方向に移動するが，負極方向への電気浸透流の方が大きい一般的な場合には遅い速度で負極方向に移動する．この泳動液中に電気的に中性の溶質を導入すると，溶質はミセルと緩衝液の水相間に分配され，ミセルに取り込まれた溶質はミセルと同じ速度で移動し，水相中の溶質は電気浸透流速度で速く移動する．したがって，ミセルに取り込まれる割合の大きい溶質ほどキャピラリー中を遅く移動することになり，ミセルへの分配の差により分離が行われる．MEKC では，イオン性の溶質も分離対象となるが，この場合には溶質とミセルの電荷間の相互作用も加味されてくる．イオン性界面活性剤としてもっともよく使用されているのは硫酸ドデシルナトリウムである．

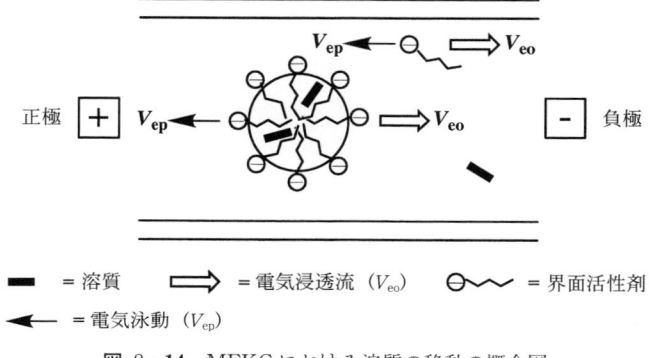

図 8・14 MEKC における溶質の移動の概念図

8・5・3 定性と定量

　GC や LC で，保持時間およびピーク強度によりそれぞれ定性および定量が行われるように，CE でも移動時間およびピーク強度から定性および定量を行うが，移動時間は電気浸透流速に大きく依存するため，電気浸透流速の再現性に十分注意する必要がある．

　CE が GC や LC と大きく異なる点は，CE ではピーク強度が移動速度により同じ成分でも変化するところで（移動速度が遅くなれば，ピーク幅は大きくなる），したがって，成分の移動速度の変動が大きくなると，定量の信頼性を損なう要因になることを知っておく必要がある．

8・5・4 応　用

　原理のところで述べたように，CZE はイオン性の物質に，MEKC はイオン性および電気的に中性の両物質に適用できるが，どちらの方式も低分子量の物質が主な対象となる．したがって，応用は無機イオンから有機化合物まで多岐にわたっているが，最近とくにエナンチオマー分離への応用例が多い．

　CZE では試料成分の電気泳動移動度の差によって分離が行われるが，エナンチオマーは等しい電気泳動移動度をもっているので，エナンチオマーと相互作用して移動度に差を生じさせる適当な物質（キラルセレクター）を泳動液中に加える．また，MEKC の場合にはミセル相と水相間への試料成分の分配の差により分離が行われるので，キラルな界面活性剤を用いてそのミセルへのエナンチオマーの分配の差を利用したり，分配に差を生じさせる物質を水相中に加えるなどしてエナンチオマー分離が行われている．

9

イムノアッセイ

　イムノアッセイ (immunoassay)[*1]は抗原 (antigen, Ag) と抗体 (antibody, Ab) の結合能を利用した測定法である．

　図 9・1 に示したように Ag と Ab とは特異的に結合する．結合定数 $K_a = k_1/k_2$ は 10^9 にもおよぶ場合がある．イムノアッセイでは一般には抗原の方を定量する．たとえば，インスリン (Ag) を定量するには抗インスリン抗体が分析試薬として必要である．抗体の大部分を占める IgG クラスの免疫グロブリン (図 9・2) はアミノ酸総数約 1250 (分子量 15×10^4) で 4 本のペプチド鎖からなる．4 本のペプチド鎖の斜線部分のアミノ酸配列は抗体ごとに異なる可変域であり，抗原が結合するのはこの可変域である．

　抗原・抗体の結合様式は共有結合ではなく，イオン結合，水素結合，疎水結合，ファンデルワールス力などである．アッセイ液の pH は血液の pH と同じ 7.4 ぐらいで，

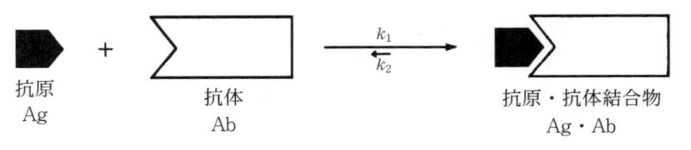

図 9・1　抗原抗体結合反応
［西川　隆, ぶんせき, **1989** (4), 247］

[*1]　免疫 (immunity) と分析 (assay).

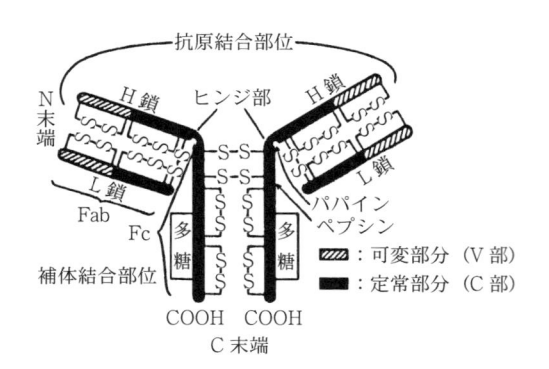

図 9・2 免疫グロブリン

図のように 2 本の H 鎖 (heavy chain) と 2 本の L 鎖 (light chain) からなる．斜線部分は抗原決定基の違いに対応してアミノ酸組成が変わり得るので可変部分 (V 部)，また，ここで抗原と特異的に結合するので抗原結合部位とよばれる．他の部分は免疫グロブリンによって変化しないので定常部分 (C 部) という．

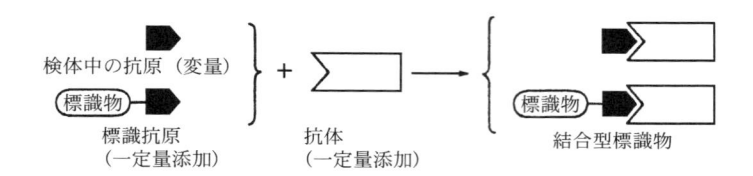

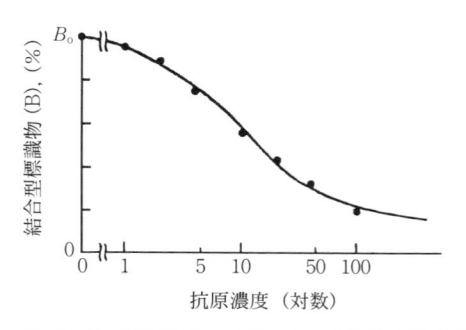

図 9・3 競合的イムノアッセイの原理と検量線
[西川 隆，ぶんせき，**1989** (4)，249]

リン酸緩衝液がよく使われる．イムノアッセイを原理から分類すると競合法と非競合法とがある．

競合法では抗体の結合部位を標識した抗原と検体中の抗原とで競合させる．抗体の入った各試験管に一定量の標識抗原と一定量の抗体を入れる．抗原濃度 0 の検体では

表 9・1 主なイムノアッセイ法

標識剤	イムノアッセイ法名	測 定 法
放射性同位元素	ラジオイムノアッセイ	放射線測定
酵　素	酵素イムノアッセイ	比色法，蛍光法，電気化学検出法，化学生物発光法
蛍光色素	蛍光イムノアッセイ	蛍光法，偏光蛍光法
発光物質	発光イムノアッセイ	化学発光法
スピン化合物	スピンイムノアッセイ	電子スピン共鳴スペクトル法
金属イオン	メタロイムノアッセイ	原子吸光法，プラズマ発光法，時間分解蛍光法

［日本分析化学会編，"機器分析ガイドブック"，丸善（1996），p.882］

標識抗原が抗体と結合し，抗原が多い検体ではその量に応じて標識抗原は結合できなくなり，抗体結合標識抗原（B）は減少し，抗体に結合していない遊離の標識抗体（F）が増加する．適当な方法でBとFを分離し，BまたはFの中の標識量を測定し，B/F の値または $B/(B+F)$ の値を縦軸に，横軸に非標識抗原の量をプロットして検量線をつくる（図9・3）．

非競合法は抗体が固相化されている．イムノアッセイ法は標識剤別に表9・1のように分類することができる．

付　録

付録──陽イオンの定性分析フロー

　このフローはいわゆるマクロ法による定性分析法を示している．したがって，陽イオン分析用の溶液は硝酸塩を主に用い，溶液1mL中に5〜50mgのイオンを含む溶液で実験することが望ましい．

　性質の類似したイオンをまとめてグルーピングすることを分族というが，ここではもっとも一般的な硫化水素を分族試薬として使う方法を示す．なお，種々の機器分析法の発展によってこのフローに示したような湿式法は行われることが少なくなってきているが，イオンの反応，基本操作を通じ，初学者に対して大きな教育的意義がある．学生諸君はぜひ一度は陽イオンの分離にチャレンジして欲しい．フローに示した方法の中で，第6族陽イオンについて，最適の分離法と考えられるイオンクロマトグラフィーによる実験結果を示しておく．また，陰イオンについては陽イオンのように分離操作があまり行われないので，ここではイオンクロマトグラフィーの分離例を示しておく．

表1　陽イオンの分族

族	分族試薬	イオン	希元素イオンなど
第1族	HCl	Ag^+, Hg_2^{2+}, Pb^{2+}	Tl^+
第2族	酸性 H_2S	A. Pb^{2+}, Hg^{2+}, Cu^{2+}, Cd^{2+}, Bi^{3+} B. Sn^{2+}, $Sn(IV)$, Sb^{3+}, $Sb(V)$, $As(III)$, $As(V)$	Au^{3+}, $Ge(IV)$, 白金属元素
第3族	NH_4Cl, $NH_3\,aq$	Fe^{3+}, Al^{3+}, $Cr^{3+}(Mn^{3+})$	$Th(IV)$, UO_2^{2+}, $Zr(IV)$, $Hf(IV)$, Be^{2+}, Ga^{3+}, In^{3+}, $V(III)$, 希土, Tl^+, $Ta(V)$, $Nb(V)$
第4族	$NH_3\,aq + H_2S$	Co^{2+}, Ni^{2+}, Mn^{2+}, Zn^{2+}	$V(II)$
第5族	$(NH_4)_2CO_3$	Ba^{2+}, Sr^{2+}, Ca^{2+}	Ra^{2+}, Li^+
第6族	なし	Mg^{2+}, Na^+, K^+, NH_4^+	Rb^+, Cs^+

*　水銀：酸化数1および2の化合物があり，溶液中ではそれぞれ $[Hg-Hg]^{2+}$ と Hg^{2+} が存在する．
　[吉野諭吉，綿抜邦彦，"基礎分析化学講座6. 無機定性分析"，共立出版（1965），p.25]

表2 陽イオンの系統的分析法

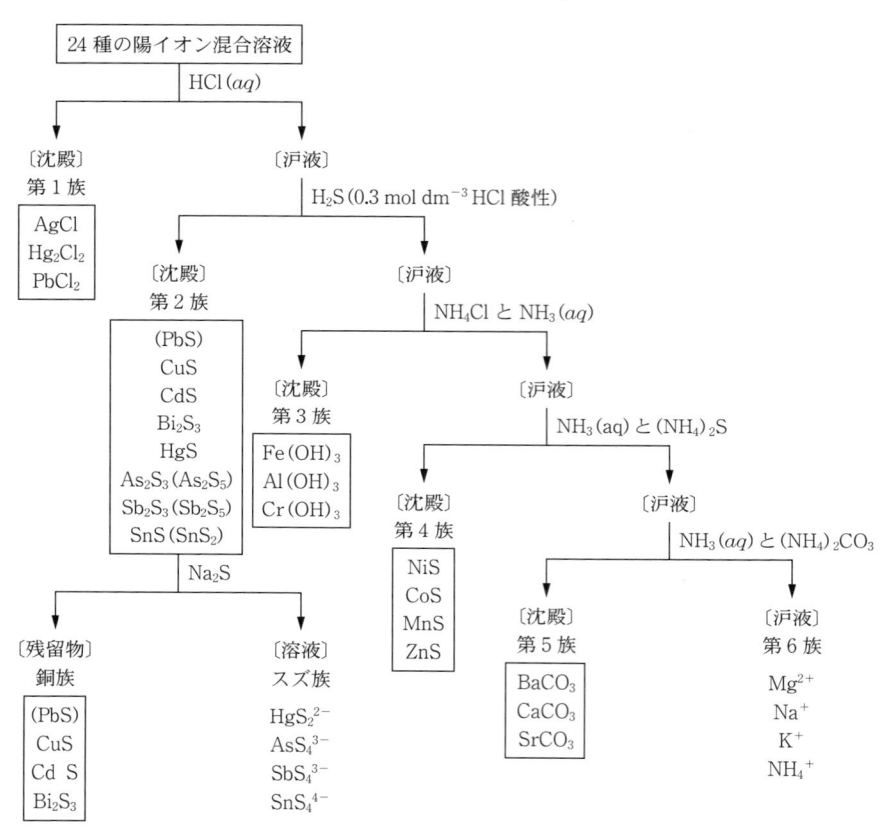

```
              24種の陽イオン混合溶液
                      │ HCl(aq)
         ┌────────────┴────────────┐
       [沈殿]                     [沪液]
       第1族                        │ H₂S(0.3 mol dm⁻³ HCl 酸性)
       ┌─────┐           ┌──────────┴──────────┐
       │AgCl │         [沈殿]                 [沪液]
       │Hg₂Cl₂│         第2族                   │ NH₄Cl と NH₃(aq)
       │PbCl₂ │         ┌──────────┐      ┌─────┴─────┐
       └─────┘          │(PbS)     │    [沈殿]       [沪液]
                        │CuS       │    第3族         │ NH₃(aq) と (NH₄)₂S
                        │CdS       │   ┌──────┐  ┌────┴────┐
                        │Bi₂S₃     │   │Fe(OH)₃│ [沈殿]    [沪液]
                        │HgS       │   │Al(OH)₃│ 第4族     │ NH₃(aq) と (NH₄)₂CO₃
                        │As₂S₃(As₂S₅)│ │Cr(OH)₃│ ┌───┐ ┌─────┴─────┐
                        │Sb₂S₃(Sb₂S₅)│ └──────┘  │NiS│[沈殿]    [沪液]
                        │SnS(SnS₂)  │           │CoS│ 第5族     第6族
                        └───────────┘           │MnS│ ┌─────┐  Mg²⁺
                              │ Na₂S            │ZnS│ │BaCO₃│  Na⁺
                  ┌───────────┴──────────┐      └───┘ │CaCO₃│  K⁺
               [残留物]                [溶液]          │SrCO₃│  NH₄⁺
               銅族                    スズ族          └─────┘
               ┌────┐                 ┌─────────┐
               │(PbS)│                │HgS₂²⁻   │
               │CuS  │                │AsS₄³⁻   │
               │Cd S │                │SbS₄³⁻   │
               │Bi₂S₃│                │SnS₄⁴⁻   │
               └────┘                 └─────────┘
```

[木村 優, 中島理一郎, "分析化学の基礎", 裳華房 (1996), p. 266～270]

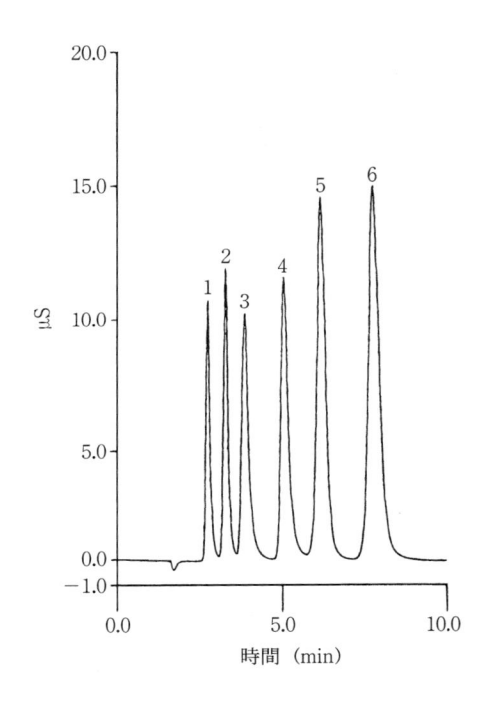

1. リチウム　　1 ppm
2. ナトリウム　4
3. アンモニウム　10
4. カリウム　　10
5. マグネシウム　5
6. カルシウム　10

○分析条件
　分離カラム　　IonPac CS 12
　ガードカラム　IonPac CG 12
　溶　離　液　　20 mM メタンスルホン酸
　流　　　量　　$1.0\,\mathrm{mL\,min^{-1}}$
　サプレッサー　CSRS-I（リサイクルモード）
　検　出　器　　電気伝導度検出器
　バックグラウンド　1 µS 以下
○溶離液の調製
　メタンスルホン酸を 1.3 mL 秤量し，超純水で全量を 1 L とする．

図1 イオンクロマトグラフィーによる第6族陽イオンの分離

［日本ダイオネクス(株)，資料］

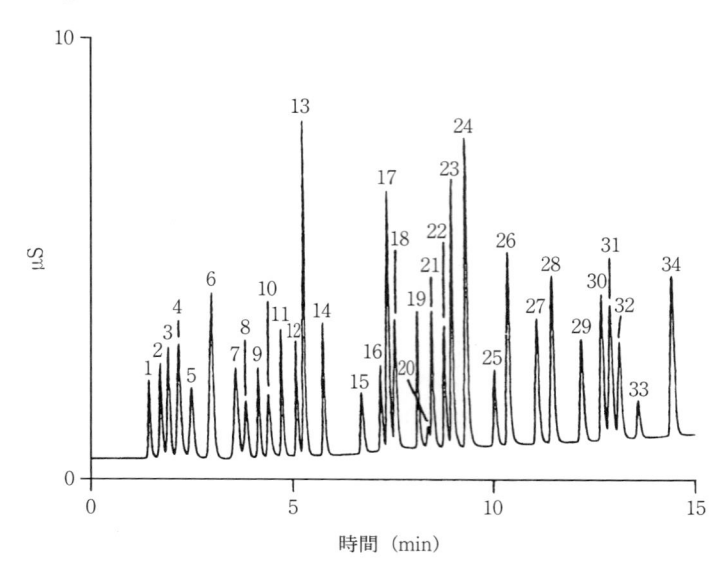

1. イソプロピルエチルホスホン酸 2. キニン酸 3. フッ素 4. 酢酸 5. プロピオン酸 6. ギ酸 7. メチルスルホン酸 8. ピルビン酸 9. 亜塩素酸 10. 吉草酸 11. モノクロロ酢酸 12. 臭素酸 13. 塩素 14. 亜硝酸 15. トリフルオロ酢酸 16. 臭素 17. 硝酸 18. 塩素酸 19. SeO_3^{2-} 20. 炭酸 21. マロン酸 22. リンゴ酸 23. 硫酸 24. シュウ酸 25. ケトマロン酸 26. タングステン酸 27. フタル酸 28. リン酸 29. クロム酸 30. クエン酸 31. トリカルバリル酸 32. イソクエン酸 33. cis-アコニチン酸 34. trans-アコニチン酸

○一般分析条件
　分　離　カ　ラ　ム　　IonPac AS 11
　ガ ー ド カ ラ ム　　IonPac AG 11
　溶　　離　　液　　E 1 D. I. Water, E 2 5.0 mM NaOH, E 3 100 mM NaOH
　グ ラ ジ エ ン ト　　時間(min)　　E 1(%)　　E 2(%)　　E 3(%)
　　　　　　　　　　　　0.0　　　　90　　　　10　　　　0
　　　　　　　　　　　　2.0　　　　90　　　　10　　　　0
　　　　　　　　　　　　5.0　　　　 0　　　 100　　　　0
　　　　　　　　　　　15.0　　　　 0　　　　65　　　　35
　流　　　　　量　　$2.0\ mL\ min^{-1}$
　サ プ レ ッ サ ー　　ASRS-I (リサイクルモード)
　検　　出　　器　　電気伝導度検出器

○溶離液の調製
　E 2：50%(w/w) NaOH を 0.26 mL 秤量し, 脱気した超純水で全量を 1 L とする.
　E 3：50%(w/w) NaOH を 5.21 mL 秤量し, 脱気した超純水で全量を 1 L とする.

図 2　イオンクロマトグラフィーによる陰イオンの分離例
[日本ダイオネクス(株), 資料]

付　録

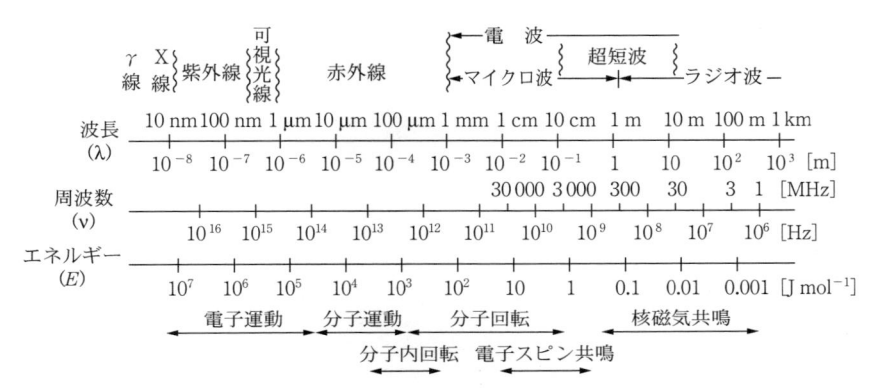

| | γ線 | X線 | 紫外線 | 可視光線 | 赤外線 | 電波（マイクロ波） | 超短波 | ラジオ波 |

波長 (λ)　　10 nm　100 nm　1 μm　10 μm　100 μm　1 mm　1 cm　10 cm　1 m　10 m　100 m　1 km
　　　　　　10^{-8}　10^{-7}　10^{-6}　10^{-5}　10^{-4}　10^{-3}　10^{-2}　10^{-1}　1　10　10^{2}　10^{3} [m]

周波数 (ν)　　　　　　　　　　　　　　　30 000　3 000　300　30　3　1 [MHz]
　　　　　　10^{16}　10^{15}　10^{14}　10^{13}　10^{12}　10^{11}　10^{10}　10^{9}　10^{8}　10^{7}　10^{6} [Hz]

エネルギー (E)
　　　　　　10^{7}　10^{6}　10^{5}　10^{4}　10^{3}　10^{2}　10　1　0.1　0.01　0.001 [J mol^{-1}]

　　　　　　←電子運動→　←分子運動→　←分子回転→　　　←核磁気共鳴→
　　　　　　　　　　　　　　←分子内回転→　←電子スピン共鳴→

付図　電磁波の分類と分子の示す性質
［安西和紀，ぶんせき，**1998** (2), 100］

索引

あ

INAA	*126*
ICPトーチ	*114*
ICP発光分析法	*114*
ICP-MS	*116*
アセチルアセトン	*73*
アンチストークス線	*146*
安定度定数	*50*

い

EI法	*129*
ESR	*161*
——装置	*162*
ES法	*129, 135*
EMF	*62*
EKC	*211*
ECD	*201*
EDTA	*54*
——の解離定数	*54*
EPMA	*177*
イオン化干渉	*112*
イオン強度	*15*
イオンクロマトグラフィー	*208*
イオン交換クロマトグラフィー	*194, 207*
イオン交換樹脂	*207*
イオン交換体	*207*
イオン性界面活性剤	*213*
イオン積	
水の——	*25*
イオンセンサー	*173*
イオン対クロマトグラフィー	*208*
イオン電極	*174*
イオントラップ質量分析計	*131*
一次X線	*122*
一次のスピン結合	*157*
移動相	*193*
移動率	*210*
イムノアッセイ	*215*
医用オートアナライザー	*175*
陰イオン交換体	*208*
インターフェログラム	*143*

う

右旋性	*150*

え

AED	*202*
ATR法	*144*
液間電位差	*167*
液体クロマトグラフィー	*193*
液体クロマトグラフ質量分析法	*135*
SIM	*135*
SI法	*129*
SEM	*189, 190*
SFC	*193*
ESCA	*180*
STEM	*189*
エチレンジアミン四酢酸	*54*
X線回折法	*92*
X線光電子分光法	*91, 179*
XPS	*179*
HETP	*196*
HPLC	*93, 194, 203*
——検出器	*206*
NAA	*125*

索引

NHE	60
NMR	154
¹³C——	159
n→σ*遷移	98
n→π*遷移	98
エネルギー分散型	123
FID	201
FI 法	129
FAB 法	129
FT-IR 分光光度計	143
FD 法	129
FPD	201
MRI	160
MEKC	211
MS	128
MS/MS	136
LC	193
LC-MS	135
エレクトロスプレー法	129, 135
塩基	26
——の解離定数	28
塩基性溶媒	26
塩効果	41
炎光光度検出器	201
遠赤外	139
円二色性	89, 151

お

ORD	151
オキソニウムイオン	26
オージェ電子	177

か

開管カラム	199
回折	185
——の次数	185
解離定数	
塩基の——	28
酸の——	27
化学イオン化法	129, 130
化学干渉	112
化学シフト	156, 180
化学センサー	171

化学的酸素要求量	67
化学発光（法）	87, 117
化学方程式	17
核磁気共鳴	154
——分光法	90, 154
ガスクロマトグラフ	199
——質量分析法	134
ガスクロマトグラフィー	93, 193, 198
かたより	77, 78
活量	14
活量係数	14
活量定数	23
過マンガン酸カリウム法	66
ガラス電極	167
カラムクロマトグラフィー	194
還元気化法	111
還元剤	19
還元体	19
還元法	65
緩衝液	30
緩衝価	32
緩衝指数	32
緩衝能	32
緩衝容量	31
間接滴定法	58
緩和	154

き

機器中性子放射化分析	126
機器分析法の特徴	83
基準振動	139
規定濃度	12
起電力	
ダニエル電池の——	61
ギブズの標準自由エネルギー変化	23
逆相	207
逆抽出	71
逆滴定法	45, 58
キャピラリーカラム	199
キャピラリーゾーン電気泳動	211
キャピラリー電気泳動	210
——装置	212
キャラクタリゼーション	5
キャリヤーガス	199

索引　227

吸光係数	95
吸光度	95
吸収極大波長	98
吸収スペクトル	98
吸着クロマトグラフィー	194, 207
吸着指示薬	46
強塩基	26
——の水溶液	27
強塩基性陰イオン交換体	208
競合法	216
強酸	26
——の水溶液	27
強酸性陽イオン交換体	208
共通イオン効果	41
共鳴ラマン散乱	146
共役酸塩基対	30
許容遷移	98
キラルセクター	214
キレート化合物	50
キレート剤	50
キレート試薬	72
近赤外	139
禁制遷移	99
金属-EDTA キレート	
——の条件生成定数	56
——の生成定数	54
金属指示薬	57
銀滴定法	43

く

偶然誤差	77
グラファイト電気加熱炉	110, 111
グルコースセンサー	172
クロスポーラリゼーションマジック角回転	159
クロマトグラフィー	193
イオン—	208
イオン交換——	194, 207
イオン対—	208
液体——	193
ガス——	93, 193, 198
カラム——	194
吸着——	184, 207
ゲル——	194, 209
高速液体——	93, 194, 203
超臨界流体——	193
動電—	211
薄層——	194, 209
分配——	193, 206
ペーパー——	194
ミセル動電——	211

け

蛍光	103
蛍光X線	121
——分析装置	122, 123
——分析法	87, 121
蛍光光度計	104
蛍光光度法	86, 102
蛍光試薬	105
蛍光スペクトル	104
系統誤差	77
結合性軌道	98
原子吸光分析装置	109
原子吸光分析法	86, 107
原子蛍光分析法	108
原子スペクトル分析	107
原子発光検出器	202
原子発光分析法	108
検出限界	118
原子量	9
顕微ラマン法	150
検量線	112

こ

抗原	215
交互禁制律	147
高次のスピン結合	157
高速液体クロマトグラフ	204
高速液体クロマトグラフィー	93, 194, 203
高速原子衝撃法	129
酵素センサー	173
抗体	215
勾配溶離	204
黒鉛電気加熱炉	110
誤差	77
五座配位子	51

索引

固体 NMR	159
コットン効果	151
固定相	193, 199
ゴニオメーター	187
固有 X 線	121
混合溶液	32

さ

サイズ排除クロマトグラフィー	194, 209
錯イオン	49
錯解離定数	52
錯生成平衡	53
錯体	49
錯体組成の決定	101
錯滴定	54
左旋性	150
サーモスプレー法	129
酸	26
——の解離定数	27
酸塩基指示薬	36
酸塩基滴定	33
酸解離定数の決定	101
酸化還元指示薬	66
酸化還元滴定	65
酸化還元反応	18, 19, 63
酸化剤	19
酸化状態	19
酸化数	18, 19
酸化体	19
酸化法	65
三座配位子	50, 51
参照電極	62, 167
酸性溶媒	26

し

CI 法	129, 130
CE	210
CMC	213
COD	67
GC	93, 193, 198
GC-MS	134
CZE	211
g 値	161
CD	151
CPMAS 法	159
C.V.%	78
ジエチルジチオカルバミン酸ナトリウム	73
ジェットセパレーター	134
紫外・可視吸光光度法	86, 95
磁気回転比	155
磁気共鳴映像法	160
磁気モーメント	154, 161
式量	10
——電位	60
——濃度	11
$\sigma \to \sigma^*$ 遷移	98
示差走査熱量測定	164
示差熱分析	164
示差分光光度法	102
指示電極	167
四重極型 ICP-MS	116
四重極型質量分析計	131
質量均衡の法則	17
質量作用の法則	22
質量スペクトル	128
質量対容量比濃度	10
質量百分率濃度	10
質量分析計	
イオントラップ——	131
四重極型——	131
磁場型——	128, 131
飛行時間型——	131
質量分析法	88, 128
液体クロマトグラフ——	135
ガスクロマトグラフ——	134
タンデム——	136
二次イオン——	92, 182
誘導結合プラズマ——	116
質量モル濃度	12
磁場型質量分析計	128, 131
SIMS	182
指紋領域	142
弱塩基	26
——の水溶液	28
弱塩基性陰イオン交換体	208
試薬ガス	130
弱酸	26
——の水溶液	28

索引　229

弱酸性陽イオン交換体	208
しゃへい定数	156
終　点	33
──誤差	33
充填カラム	199
準安定イオンピーク	133
順　相	207
昇温分析	200
条件生成定数	54, 56
金属-EDTA キレートの──	56
条件抽出定数	75
条件標準電位	60
消　光	105
消光物質	105
伸縮振動	139
深色移動	99
真の値	77

す

水銀還元気化装置	111
水素炎イオン化検出器	201
水素化物発生法	111
水素指数	25
ストークス線	146
スピン結合	157
──定数	157
一次の──	157
高次の──	157
スピン-スピン結合	157
──定数	157
スピンデカップリング	159
スプリット法	199
スポット	210
スロットバーナー	110

せ

正確さ	
測定の──	77
生成定数	50
金属-EDTA キレートの──	54
絶対──	56
全──	52
逐次──	52
見掛けの──	54
精　度	
測定の──	77
赤　外	139
赤外活性	140
赤外不活性	140
赤外分光光度計	
波長分散型──	142
フーリエ変換型──	143
赤外分光法	88, 139
赤外分析計	
非分散型──	145
絶対検量線法	112
絶対生成定数	56
ゼーマン分裂	154
ゼロ磁場分裂	161
旋光角	150
旋光性	89, 150
旋光分散	151
浅色移動	99
全試料注入法	199
全浸透限界	209
全生成定数	52
選択係数	174
全多孔性粒子	206
全反射吸収法	144

そ

送液ポンプ	204
走査電子顕微鏡	189, 190
走査透過電子顕微鏡	189
相対誤差	77
相対標準偏差	78
相対保持値	197, 198
測　定	
──の正確さ	77
──の精度	77
測定値	77
即発 γ 線	126

た

大気圧化学イオン化法	129, 135
多座配位子	50

230　索引

ダニエル電池	168
──の起電力	61
単一溶離	204
段階溶離	204
単座配位子	50, 51
淡色効果	99
^{13}C NMR	159
タンデム質量分析法	136

ち

置換反応	18, 19
逐次酸解離定数	29
逐次生成定数	52
中空陰極ランプ	109
抽出百分率	74
中性子放射化分析	125
中和滴定	33
調整保持時間	196
超微細構造	161
超臨界流体クロマトグラフィー	193
直接滴定法	45, 56, 57
沈殿剤	43
沈殿生成平衡	53
沈殿滴定	43

て

TIM	135
TID	202
DRS	164
TEM	189, 191
TSC	164
DSC	164
──曲線	164
TS 法	129, 135
TME	164
TLC	209
定温分析	200
TG	164
──曲線	164
DGA	164
TCD	200
呈色試薬	100
定性分析	9

DTA	164
──曲線	164
DTG	164
d-d 遷移	100
定量的沈殿	41
定量分析	9
滴　定	33
滴定曲線	33, 44, 65
滴定誤差	33, 37, 47
テトラフェニルポルフィリントリスルホン酸	
	101
デバイ-ヒュッケル理論	14
電　位	
当量点での──	64
転移イオンピーク	133
電位差測定分析法	167
電位差滴定	170
電界イオン化法	129
電界脱離法	129
電荷移動遷移	100
電荷均衡の法則	18
電気泳動	212
キャピラリー──	210
キャピラリーゾーン──	211
電気化学分析法	91
電気浸透流	212
電気的中性の規則	18
電極電位	59
電子衝撃法	129
電子スピン共鳴	161
──分光法	90, 161
電子遷移	98
電磁波	223
電子プローブマイクロアナリシス	91, 177
電子捕獲検出器	201

と

同位体イオンピーク	133
透過型電子顕微鏡	189, 191
透過度	95
透過率	95
透光度	95
動的反射スペクトル法	164
動電クロマトグラフィー	211

索引　231

当量点	33
——での電位	64
——の指示法	36, 45
特性吸収帯	140

な

内標準法	113

に

二価イオンピーク	133
二クロム酸カリウム法	67
Nikolsky-Eisenman の式	174
二座配位子	50, 51
二次イオン質量分析法	92, 182
二次イオン法	129
二波長分光光度計	102
二波長分光光度法	102
ニュートラルキャリヤー	173

ね

熱イオン化検出器	202
熱機械分析	164
熱刺激電流	164
熱重量測定	164
熱伝導度検出器	200
熱分析法	90, 163
熱力学的平衡定数	23
ネルンストの式	59, 169

の

濃色効果	99
濃度平衡定数	23

は

配位化合物	49
配位子	49
バイオセンサー	171
排除限界	209
$\pi \to \pi^*$ 遷移	98
薄層クロマトグラフィー	194, 209
波長分光型	122
——EPMA 装置	178
——蛍光 X 線分析装置	122
——赤外分光光度計	142
発光分析法	87
ICP——	114
誘導結合プラズマ——	114
発色試薬	100
発色団	99
発生気体分析	164
バリノマイシン	174
パルス FT-NMR 装置	155
パルス FT 法	156
反結合性軌道	98
反ストークス線	146
半値幅	196
半電池	169
半電池反応	59
反応次数	22
反応速度	17, 21
——定数	22
半反応	59

ひ

PID	202
PAS	153
pH 指示薬	36
ppm	13
ppt	13
ppb	13
光イオン化検出器	202
光音響効果	152
光音響分光分析装置	153
光音響分光法	89, 153
非競合法	217
4′-ピクリルアミノベンゾ-18-クラウン-6	101
非結合性軌道	98
飛行時間型質量分析計	131
微細構造	161
比　重	13
ビス(クラウンエーテル)	174
比旋光度	150
8-ヒドロキシキノリン	73
ヒドロニウムイオン	26

非プロトン性溶媒	26
微分吸光光度法	102
非分散型赤外分析計	145
微分熱重量測定	164
百分率濃度	10
標準酸化還元電位	60, 61
標準自由エネルギー変化	
ギブズの――	23
標準水素電極	60
標準添加法	113
標準電極電位	60, 61
標準偏差	78
表面多孔性粒子	206

ふ

ファヤンス法	46
ファンダメンタルパラメーター法	125
不安定度定数	52
ファンディームターの式	196
負イオン化学イオン化	134
フォルハルト法	45
複光束分光光度計	96
物質収支の法則	17
物質量	10
物理干渉	112
フラグメンテーション	130
フラグメントイオンピーク	133
ブラッグ角	185
ブラッグの条件	122
フーリエ変換型赤外分光光度計	143
ブルーシフト	99
フレーム法	110
フレームレス法	110
ブレンステッド-ローリーの定義	26
プロトン収支	18
プロトン性溶媒	26
フロント	210
分光干渉	112
分子イオンピーク	133
分子ふるいクロマトグラフィー	194
分子量	10
分配クロマトグラフィー	193, 206
分配係数	73, 195
分配定数	73
分配比	73, 195
分配平衡	73
分別沈殿	41
粉末X線回折計	187
分離係数	76, 197
分離度	197

へ

平均活量係数	15
平衡定数	17, 63
熱力学的――	23
濃度――	23
見掛けの――	23
ペーパークロマトグラフィー	194
変角振動	139
偏差	78
変動係数	78

ほ

放射化分析（法）	88, 125
――の感度	127
放射性核種	125
飽和	154
保持時間	195
保持指標	198
保持容量	197
ポテンシオメトリー	167
母平均	77
ボルタンメトリー	170

ま

膜電位	169
マスキング	58
マスキング剤	58, 76
マトリックス効果	122
マルチチャネル型ICP発光分析装置	115
丸め方	79

み

見掛けの生成定数	54
見掛けの平衡定数	23

水のイオン積	25
ミセル動電クロマトグラフィー	211
密　度	13

め

免疫グロブリン	215

も

モル吸光係数	95
モル楕円率	151
モル濃度	11
モル分率	11
モール法	45

ゆ

有機試薬	71
有機溶媒	72
有効数字	78
誘導結合プラズマ	
——質量分析法	116
——発光分析法	114
誘導体化	203
——ガスクロマトグラフィー	203

よ

陽イオン	
——の系統的分析法	220
——の分族	219
溶解度	39
溶解度積	39
ヨウ素法	68
溶媒抽出	71
——に用いられる有機溶媒	72
容量比	195
容量百分率濃度	10
予混合バーナー	110
ヨージメトリー	68
ヨードメトリー	68
四座配位子	51

ら

ラベル化	203

ラマン活性	147
ラマン散乱	146
ラマン不活性	146
ラマン分光法	89, 146
ランベルト-ベールの法則	95

り

両性溶媒	26
理論段数	196
理論段高さ	196
臨界ミセル濃度	213
りん光	103
——スペクトル	104
りん光光度法	86, 102

る

ルイスの定義	26
ループバルブインジェクター	205
ルミノール	119
——化学発光システム	120

れ

励起極大波長	104
励起スペクトル	104
レイリー散乱	146
レーザーラマン分光光度計	148
レッドシフト	99
連続 X 線	122, 177
連続抽出	74
連続波法	155
連続変化法	101

ろ

六座配位子	50, 51

わ

ワイドボアカラム	199

著者紹介

田 中　　稔
1970 年　大阪大学大学院工学研究科博士課程修了
現　在　大阪大学保全科学研究センター教授　工学博士
専　攻　工業分析化学

澁 谷 康 彦
1976 年　大阪工業大学大学院工学研究科修士課程修了
現　在　大阪工業大学工学部教授　工学博士
専　攻　工業分析化学

庄 野 利 之
1948 年　大阪大学工学部応用化学科卒業
現　在　大阪大学名誉教授　工学博士
専　攻　工業分析化学

化学教科書シリーズ

分析化学概論

平成 11 年 7 月 30 日　発　　　行
令和 5 年 3 月 10 日　第 15 刷発行

著作者　　田　中　　　稔
　　　　　澁　谷　康　彦
　　　　　庄　野　利　之

発行者　　池　田　和　博

発行所　　丸善出版株式会社
〒101-0051 東京都千代田区神田神保町二丁目 17 番
編集：電話(03)3512-3263／FAX(03)3512-3272
営業：電話(03)3512-3256／FAX(03)3512-3270
https://www.maruzen-publishing.co.jp

© Minoru Tanaka, Yasuhiko Shibutani,
　Toshiyuki Shono, 1999

組版印刷・中央印刷株式会社／製本・株式会社松岳社

ISBN 978-4-621-08168-6 C 3343　　Printed in Japan

本書の無断複写は著作権法上での例外を除き禁じられています。

―――― 化学教科書シリーズ ――――

塩川二朗・松田治和・松田好晴・谷口　宏　監修

一　般　化　学	竹本喜一・伊藤克子　著	2,900 円
基　礎　化　学	野村良紀・中村吉伸　著	2,500 円
第2版　無機化学概論	小倉興太郎　著	2,900 円
第2版　物理化学 I 　　物質の構造	池上雄作・岩泉正基・手老省三　著	2,400 円
第2版　物理化学 II 　　化学熱力学，速度論	〃	2,500 円
分　析　化　学　概　論	田中　稔・澁谷康彦・庄野利之　著	3,400 円
第2版　有機工業化学	松田・野村・池田・馬場・野村　著	2,800 円
第2版　電気化学概論	松田好晴・岩倉千秋　共著	2,900 円
固体化学の基礎と無機材料	足立吟也　編著	3,700 円
第3版　環境化学概論	田中　稔・角井伸次・芝田育也 庄野利之・澁谷康彦・森内隆代　共著	2,500 円
化　学　工　学　概　論	大竹伝雄　著	3,000 円

(税別)